赵燕枫 ／ 著

Legends of the Enigma

Legends of the Enigma

密码传奇

科学出版社
北京

图书在版编目（CIP）数据

密码传奇 / 赵燕枫著 . —北京：科学出版社，2008
ISBN 978-7-03-020082-2

Ⅰ. 密… Ⅱ. 赵… Ⅲ. 密码－普及读物 Ⅳ. TN918.2-49

中国版本图书馆 CIP 数据核字（2007）第 150258 号

责任编辑：侯俊琳　王　建　胡升华 / 责任校对：陈玉凤
责任印制：李　彤 / 封面设计：黄华斌

科 学 出 版 社 出版
北京东黄城根北街 16 号
邮政编码：100717
http://www.sciencep.com

北京虎彩文化传播有限公司 印刷
科学出版社发行　各地新华书店经销

*

2008 年 4 月第　一　版　开本：B5（720×1000）
2022 年 2 月第 六 次印刷　印张：23 3/4
字数：455 000

定价：58.00 元
（如有印装质量问题，我社负责调换）

谨以此书
献给爱妻秦忆

序　言

我对作者写这本书一直有些疑惑，也问过作者两个问题：为什么写？给谁看？

作者很老实地回答："没想过……"

在这个充满功利主义气氛的社会里，还有人不为什么就花好几年时间写一本也许根本没人看的书？

我很好奇，于是认真通读了一遍《密码传奇》。

我想，现在我可以提出并回答下面两个问题了。

第一个问题是：这本书是给谁看的？对于我们这些永远也不会去涉猎密码学的外行人来说，读一本关于密码的书，会有什么收获呢？

至少，读者从这本书中可以体会出知识怎样转化为力量，体会到在知识转化为力量的过程中，细致扎实、严守规范的重要性。从这个意义上说，这本书适合一切重视和修炼科学方法的人。

"是什么？""为什么？""怎么办？"在创新过程中，"怎么办"往往比所有其他环节更重要。我们整天说"知识就是力量"，却往往说不出知识怎样才能转化为力量，转化之后会有什么威力。

整本《密码传奇》可以说是知识力量的范本，它着力于介绍思维交锋的具体细节，几乎每一页都记录着加密、破密双方的那些思维巨人的刀来剑往。与国力无关，与阴谋无关，也没有内裤外穿的超人，完全是智慧和知识的较量。洞悉敌人的想法，弥补自己的缺陷，其凶险猛恶、曲折微妙之处，非细读不足以领会。而一旦弄明白巨人们是怎么想到那些天才主意，又是怎么实现自己想法的，读者自己不也就找到了从书呆子变成大师的指路明灯吗？

本书的另一个闪光点在于，它用血淋淋的史实告诉我们，细节里确实有魔鬼。

为了不让敌人听懂，加密的人费了牛劲，把文件弄成天书，用上最新的机器，设定严格的操作规程，却仅仅因为操作者重复了前几个字母，或者因为偷懒没有及时更换密钥而漏了馅。最终既害了战友，又送了自己的命，甚至搭上了国家的命运。

规章制度是为了保护自己人而设立的。越是不近人情的规定，往往越是从血的教训中总结出来的，每个细节都应该严格执行。可规章制度本质上又是反人性的，它不应该被违反，却最容易被违反。

不能强迫自己严守规范、一丝不苟，就不能完成真正的科学工作。

第二个问题是：科普著作的真正作用是什么？

科普著作的读者，不仅仅是想开阔眼界，或者对别人的结果好奇，也许他们更关心的是科学家的脑子里发生的事情：他们怎么想出这些绝妙的主意？又是怎么做到的？有哪些困难？又是怎么克服的？

读者真正关心的，是思维的方法。高人点石成金，我们不满足于他点给我们的那块金子，我们想要那根手指头。科学思维的方法，就是点石成金的那根手指。学会了科学的思维方法，一定会受益终身。

科普著作的作者，就是把金手指和咒语交给我们的人。写科普著作，是惠及众生的功德。

这本书只要认真读，有益又有趣。

挥洒自如而又不失严谨，是科普写作的极高境界。能够把问题讲明白的是专家，能够把问题讲得既明白又有趣的就是高人了。《密码传奇》文字流畅活泼，又处处显示着清晰强大的逻辑力量和对细节的充分把握；既说明作者天资高卓，更说明作者用功至勤。

在这个浮躁的世界里，这本书也许可以提醒我们，潜心于一些看不见经济效益的事，做一个愿意为喜欢的事付出心血的人，也照样有它的价值。

此外，这本书的写作方法也给了我很大的启发。

与一般的科技史话不同，它不是从源流写下来，而是从业余爱好者学习研究的角度，从一个具体产品入手逐渐扩展到一般原理的探讨。这种写法提供了一个科学思维的范本，有着它特殊的价值。

作者描写的那些破解 Enigma 的高人、大牛们，他们的工作，从思维的角度看，就是力图由一斑而窥全豹，通过对一些具体直接的零散问题的研究，推导出解决这类问题的通则。

从苹果落地推断出天体运行法则，有本事小中见大，得一端而知全局，这正是高人的不凡之处。高人与我们看见的是同样的事实，大家也都想着解决问题。只不过我们是就事论事，而高人们解决具体事的同时，念念不忘的是两个问题：这件事的实质是什么？有没有什么规律？

高人不凡，这不凡在于心。

也许是巧合，这本书的写作，最精彩的部分就是破解者们如何在一团乱麻中发现规律的，一旦你发现了这些规律，艰苦单调的工作立刻变成庖丁解牛。刀锋所向，瓦解冰消。

我们都可能成为高人，只要不被表象迷惑，而是注重发现规律。

这本书告诉我们，发现规律的道路也许曲折，但掌握规律之后的生活很甜蜜。

最后要说一句，1001n 兄命余为序，而不请名家，是个挺特别的做法。究其原因，多半是自信作品自身有其价值，不需借名家提升；当然，也不排除他有自认为找了名家作序也卖不出去，还不如不连累人家的厚道心思。

是为序。

抱朴仙人

前　　言

　　2005 年 4 月的一天，我在西西河中文论坛看到了一个讨论密码史的帖子，看完觉得很对胃口，就凭着自己的印象跟贴回答了几句。没有想到的是，这个跟贴被当时的版主"不爱吱声"设置为了精华。虚荣心作怪之下，我决心挑出 Enigma 这个密码史上的著名代表，来写一个稍微长些的东西。计划中，打算以每篇长达两三千字的篇幅，壮观地写它五六篇，还要很生猛地附上十几张图，让这个系列帖能够在长达半个月的时间里，经常出现在论坛科学版的首页，以达到虚荣心的最大满足。

　　我完全失算了。

　　现在，作为一个答案呈现在各位朋友面前的这本书，有将近 30 万字，图片则将近 300 张，早已大大突破了我起初所能想到的最伟大的结果。而在时间跨度上也远非半个月，它的逐渐成形加上后来的反复修改，居然一直延宕到了 2007 年的 12 月。

　　在这两年多的时间里，"密码"二字就像一个魔咒，几乎是天天摁在我这个外行的脑门上。无论是在路上，在家里，在单位，意识中总是不自觉地闪过相关的问题。从一开始的"讲故事"，到中期的"想原理"，再到最后的"融汇贯通"，整部书的写作思路也在不断地调整着。就在这个过程中，搜集的资料也渐渐泛滥成灾：各种图片收集了数百张、PDF 格式的电子文档近百份；500 页一包的 A4 打印纸至少用掉了 5 包，连家里的激光打印机都为此换了一次硒鼓、重新灌了两次墨粉；相关书籍摞起来，更是大约有 1 米高……

　　以上这些，其实只不过是很外化的一些表象，跟这本书"好看不好看"、"事实准确不准确"之类，根本一点关系都没有。但也是从以上这些"代价"，我倒是越来越明白"密码"二字被误读的根本原因了，概括一下就是两个字：门槛。

　　"密码"有门槛么？我个人的看法，也有也没有。说它有，是因为密码学本身是数学的一个分支，严格符合逻辑和推导，想要弄明白，一定要有比较强悍的逻辑思维；说它没有，则是因为密码学的一般应用很简单，不用去深入探究它的基本原理，我们每个人都可以很熟练地掌握一些最简单的密码操作——就如当年德国报务员完全不需要知道什么叫多表加密，一样可以把 Enigma 玩得滴溜转。

密码学是一种专门的学问，我们知道，对任何一种专门学问，被挡在门槛之外的公众都很容易产生误读。比如，前几年非典流行的时候，某些地区的白醋意外脱销，就很形象地说明了这个问题。对于"密码"来说，这两个貌似神秘的汉字下面，更是许许多多怪力乱神容身的最佳场所——毕竟，要去正确地了解到底什么是密码，总是要付出一些时间和精力的。而这个代价，在当下这个速读时代，肯定是不受追捧的。

尽管如此，我还是做了这样的尝试，看看到底能不能把一个对大多数人来说是全新和陌生的领域，用平实的文字来讲清楚。我基本上是毫无理由地相信，这本书的内容，对一些读者朋友来说会很新鲜、也挺有趣；对另一些读者朋友来说，或许会有一些思考方面的助益。假如真的能够实现这些愿望的话，那么这本严格说来属于技术史的科普作品，应该说已经超额完成了它的任务。

真实的对抗最好看，人的对抗最好看，智慧的对抗最好看。以这三个好看为标准，Enigma 的历史当然也是非常好看的。当然，限于作者的学识水平和文笔，埋头苦干之下，倒是很可能把三个好看变成了一个不好看。果真如此，那就完全是作者个人的问题，只能请大家包涵了。

尤其令我难忘的是，在本书的创作过程中，得到了难以计数的朋友们的热情鼓励和大力支持。如前所述，本书最初以连载的形式首发于西西河中文论坛。在那里，大家以相当平和、理性的态度进行了热烈的探讨，不仅让我在具体的技术问题上受益匪浅，整个的讨论氛围，更让我感觉如饮甘露般的惬意。有了这么多朋友的帮助，如今这部书的硬伤才能更少，也渐渐有了一点点值得大家阅读下去的理由——更重要的是，写这部书其实是个很痛苦的过程，毕竟让我这样的外行来研究一个比较专业的领域，还要整理成文，难度是客观存在的。而在西西河，大家一直在鼓励我；摸着良心说，这确实是我能够坚持到底的一个极为重要的理由。在此，对以下朋友表示诚挚的感谢（排名完全不分先后）：

铁手、不爱吱声、雪个、抱朴仙人、ArKrXe、ragtime、韩亚梓、landlord、马鹿、老叶、非、林小筑、一直在看、萨苏、吴健、land-kid、懒厨、思考得人、导演刘化卿、孔雀王、晨枫、葡萄干、夏翁、碧血汗青、禅人、睡虫、acms、望京雨默……

其中，

雪个：不仅多次在技术性问题上给予了相当关键的帮助，而且以柔弱之躯，不远万里、不辞辛苦、不嫌麻烦、不止一次地为我邮寄甚至亲自扛来了大量参考书籍（我估计总重量应该超过她的体重了……），实在无以为报，只好在这里鸣谢了。

抱朴仙人：对书稿的主线和写作方法进行了归纳，明显增强了全书的内在逻辑结构。如今又在百忙之中答应了我的不情之请，为全书作序。顺便说一句，与仙人闲谈，实在是件很快乐的事情。

不爱吱声：若不是他将首帖设置为精华，从而极大地鼓励了我的虚荣心，那么这本书基本上是不可能写出来的。之后我们的多次沟通，不仅对我是极大的鼓励，而且从此多了一位好朋友，不亦快哉。

等等等等，实在太多了……

Enigma 大致可以说是由谢尔比乌斯一个人发明的，而为了对付它，同盟国几乎调动了所有的智力资源；这本书的情况也很类似，Enigma 还是那位老兄发明的，但是为了帮助我把它的经历讲得更好一些，许许多多的朋友都做出了贡献。借这个机会，我很想诚心地说一句：谢谢你们！

在科学出版社科学人文分社社长胡升华博士的直接推动下，在侯俊琳编辑、王建编辑的辛苦操作下，时至今日，这本书终于能够与大家见面了。对他们的深切感谢，渐渐变成了一个惶恐：希望这本书别让出版社赔本才好，呵呵……

最后，还要很私人地感谢一下我的爱妻。在历时两年多的写作过程中，她极为耐心地给予了一切可能的协助，从一起思考转轮加密规律到协助整理文稿，始终以逻辑思维帮助我、以热情言语鼓励我、以具体行动支持我，点点滴滴，令我没齿难忘。我很希望能把这本书作为送给她的一份礼物，现在也终于可以成真了。这份纪念，我想我们都会很看重的。

2008 年 1 月于北京三里屯

目　　录

| 密码传奇 Legends of the Enigma |

Enigma 在密码学界里，绝对是划时代的丰碑。并且，它所凝聚而成的不是一座丰碑，而是两座：研究并制造出 Enigma 是一座，研究并破解掉 Enigma 是另一座。只要稍微了解一下 Enigma 的历史，或许很多人就会被其中闪耀的人类智慧之美所折服；而如果要向这样辉煌的智慧敬献花环的话，我想，主要应该献给 3 个人：首先是德国人亚瑟·谢尔比乌斯（Arthur Scherbius）；其次是波兰人马里安·雷耶夫斯基（Marian Rejewski）；然后是英国人阿兰·图灵（Alan Turing）。

　　这 3 个人中，德国人发明了 Enigma；波兰人初步破解了简单的 Enigma；而英国人彻底终结了最高难的 Enigma。

　　那么，就让我们顺着时间的主轴，先从德国人亚瑟·谢尔比乌斯说起吧！

第一章

密码并不神秘

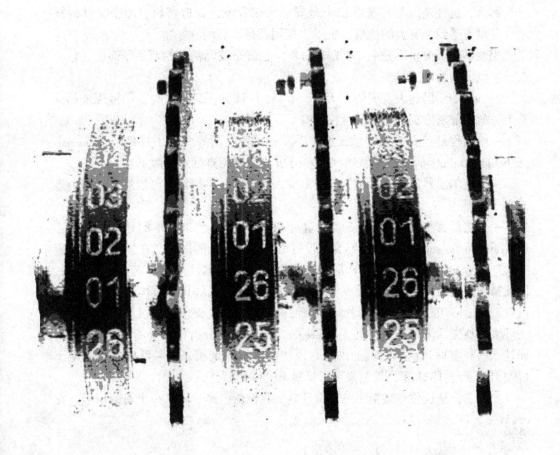

伴随着第一次世界大战（以下简称一战）的千里烽火，时间转眼就跨入了 1918 年。就在这一年，密码学界的一件大事"终于"发生了：在德国人亚瑟·谢尔比乌斯的努力下，人类历史上第一台能够投入实用的密码机器——Enigma，横空出世了！

说是"终于"发生，也还真不是夸张。在工业革命浪潮席卷西方世界那么多年以后，在一切新技术都必然首先应用于军事领域的大背景下，攸关战事成败的数学分支——密码学——的发展，竟然不可思议地始终是停滞的。放眼当时的战场，天上已经有了飞机，地上已经有了坦克，海中已经有了潜艇，甚至连空气里都已经掺杂了毒气；可就在这种情况下，人们用来加密文件的办法，竟然还是千百年来流传下来的纯手工的传统方式！

那么，也许是因为传统办法十分安全？或者说，制造密码、加密文件的技术，并没有遭到强有力的挑战，所以"能用就行，够用就好"？

当然不是。何止不是——在密码分析，也就是破译密码的新手段面前，它简直已经到了崩溃的边缘！

——诸如斯巴达人发明的"天书"（skytale 或 scytale）之类，严格说来都算不上密码的加密方法，死得已经很难看了。

——堪称最经典的传统手工加密手段、那种所谓的"单表替代"（monoalphabetic substitution），也早就被"频率分析法"毫无难度地破解了。

——简单的移位密码，种类倒是不少，花样也一再翻新，可依然被一个个揪出来干掉了。

——之后密码界的一代王者，曾经傲视群雄将近 300 年的"多表替代"（polyalphabetic substitution），终究也没有逃过数学刀锋的屠宰。在复杂的"多表替代"大家族中，那个几乎算是"硬度"最高、技术性最强、安全强度最高，因此被认为是最完美的维吉尼亚（Vigenère）密码，最终仍被英国人查理斯·巴贝奇（Charles Babbage）给摁死了。顺便说一句，这个查理斯·巴贝奇还真不是个凡人，他先后设计了差分机（difference engine）和分析机（analytical engine）；而这么一对宝贝儿，从原理上讲正是现代计算机的老祖宗——可他老人家生于 1792 年，死于 1871 年，说起来可得算是 19 世纪的人！

实际上，从这位查理斯·巴贝奇开始，我们就已经步入了一个新的世界。在这个迥然不同的世界里，触目所及，真是风景无穷、高手遍地。随着我们一路走去，那一个个惊心动魄、异彩纷呈的故事，也不间断地从我们的身边闪过。

嗯？前面那座拔地而起、高入云霄的山峰，真是漂亮啊！

走，我们看看去。

一、密码就是错别字

本书要讲的是密码史上的一段传奇故事。在具体讲述以前，我们还是先来泛泛地看一下，到底什么才叫"密码"吧——这"密码"二字，如今实在是被用得太滥了，以至于神秘兮兮的。比如一本新书，明明是本菜谱，书名非叫《饮食密码》；明明在讲养生，非叫《健康密码》；明明是白话历史，非叫《帝王密码》；明明是散布迷信，非叫《风水密码》……这都哪儿跟哪儿啊……

其实，我们可以极不精确、简而言之地为密码下个朗朗上口的定义：密码就是错别字。与小学生在课堂上无心写出的错别字相比，密码唯一的不同，就是"有意写错"的。老师能认出学生的错别字，因为毕竟学生再错"也还是那个意思"；而密码这种"有意写错"的字，压根儿就没打算让非授权的人认出来。

此外，有时候我们生活中习以为常的某些"密码"，严格说来也还不是真正意义上的密码。一个最常见的例子，就是刷银行卡时，机器要求我们输入的"密码"，它就不是真正的密码。精确地说，它应该被称为"口令"。事实上，"口令"并不是依照正常的加密规则对"用户名"之类的信息进行加密后得到的，而且也不能通过正常的脱密规则"还原"出初始的用户名（真要能还原出来那就糟了，想像一下：假如大家的银行卡都能根据口令还原出用户名的话……），它只不过提供了一个额外的身份验证信息而已。而类似这种并非使用标准加密变换机制生成的所谓"密码"，当然也就根本不能算是真正的密码。也许有人会说，我的银行卡的"密码"就是我自己对"用户名"进行某种加密之后得到的，怎么能不算密码呢？对此我们的回答是，也许你个人的口令的确是这么得到的，但是从口令的生成规则上讲，没有人要求你必须这样去做，因此这样的特例并不具备普遍意义。从一开始，"口令"就没有被设计成必须与"用户名"相关，尽管你可以让它们之间产生某种密码对应关系，但是我们永远也无法找到一个规则，可以通过它将所有的（包括你的，也包括别人的）用户名信息"还原"出来。换言之，从普遍意义上讲，"用户名"与"口令"，实际上是并行不悖的两驾马车，彼此之间，谁也不能替代谁——无论通过什么变换规则，你也不能肯定地将任意的某个用户名转换为相对应的口令，或者把任意的口令转换成相对应的用户名。而这一点，与真正的密码形成了鲜明的对照。

关于"口令"并非"密码"的情况，我们还可以进一步扩展说明。比如，当你在夜间走到军营大门附近时，警惕的哨兵就会喝问：口令！你知道当天的规定，于是回答说"团结"，然后反问：回令！哨兵回答"警惕"，双方发现对方的回答完全正确，也就通过了相互的身份验证。在整个过程中，哨兵喝问的"口令"就像我们刚才说过的"用户名"，而你要求哨兵回答的"回令"，则类似于我们刚才所说的"口令"。通过这个例子我们可以看出，无论当初这个"口令 – 回令"体系是怎么制定的，"团结"也并非一定对应着"警惕"，反过来也一样。

总之，类似的"用户名 – 口令"体系在我们的生活中经常可以碰到，除去上面说的刷银行卡以外，还包括登录计算机、登录电子邮箱、登录 MSN 或 QQ 之类即时通信软件等。现在我们已经很清楚，在这些需要"密码"的场合，"密码"的真身实际上都没有出现——尽管口令有时会被加密以便安全传输，但那与口令本身是不是密码毫无关系。从普遍意义上讲，口令仍然与用户名信息没有充分必要的关联。

既然如此，那么什么才是真正的密码呢？下面，就让我们通过一段虚拟故事，来介绍一下密码学中几个重要的基本概念吧。

故事的梗概很简单。男青年小张和女青年小李，二人正在热恋中，只是分居两地。故事的基本设定之一就是：他们联系彼此的手段，只有互相写信——别提手机和互联网，我们就这么设定。可是女青年小李的母亲老王总是不乐意让他们交往，因此总在私拆这对小鸳鸯的信件。令他们头疼的是，来往信件必须经过老王过目，这就是故事的基本设定之二。为此，男青年小张铤而走险，他与女青年小李约好，开始使用"错别字大法"炮制天书——这就是说，他们要开始使用密码了。具体来说，男青年小张先写好一封信，然后找来《新华字典》，把信中的每个字都查出来，然后把这些字在字典中对应的页码数和行数都记录下来，再按行文顺序抄录在另一张纸上，最后寄出。老王成功地截获了这封信，仔细地研究之后气得浑身发抖——倒不是因为信中的文字冒犯了她，而是因为她完全没有看懂里面的一串串数字在说什么——最后，女青年小李成功地拿到信，又拿出《新华字典》，把文字挨个翻译了回来，成功地读到了一封新鲜热辣的情书。

至于后来，男青年小张和女青年小李的恋爱究竟是成功还是失败，我们就不管了。故事讲到这里，"密码学"的几个最重要概念都已经先后出现，下面我们就来把它们对号入座吧。

男青年小张：加密方、发送方

女青年小李：接收方、脱密方

小李的母亲老王：非法接收方

原信：明文

《新华字典》：密本

根据《新华字典》转抄：密码编码，或加密

抄录的信：密文

寄信：密码通信

老王收到信：截收

老王读信：密码分析，或破译

小李读信：脱密

如此一来，上面那个听上去很感性的故事，就可以用密码术语重新改写成一句冷冰冰的话：

发送方使用密本，对明文进行了加密或密码编码，发送后遭到非法接收方的截收；但非法接收方破译或密码分析失败，而接收方成功脱密。

顺便说一句，这个"非法接收方"并不是真的说违了什么法，就算真违了什么法也不在我们的讨论范围内——我们只是说，这位不请自来的"接收方"，并非发送方指定的那位而已。

有了这些基本概念以后，我们就可以来简要回顾一下密码学的大致框架和发展历史了。值得多说一句的是：由于密码学的起源和兴盛都在使用"字母语言"的那些文明里，因此毫不奇怪地，它关注的主要对象也正是字母语言，在本书中，则单指西方的语言，特别是英语和德语。这一点对我们这样使用方块字的中国人来说，确实有些别扭，不过只要多看看，也就习惯了。在刚才举的例子里，男青年小张使用《新华字典》，对明文中的汉字进行了替换。类似的，"密码编码学"研究的主要对象也是这个，就是把明文里的字母用其他字母替换。除去"替换"这个主流编码手段以外，还有另一大类密码编码手段，主要是把明文字母移位或者转化成数字再移位，究其实质，也可以算是一种替换，只不过貌合神离而已——而它跟我们要讲述的故事关系不大，在本书中就不提了。

明文字母经过替换以后，就变成了密文字母。这个过程，我们就称之为加密，或密码编码。具体来说，当时流行的操作有以下几种。

（一）单表替代

只使用一张换字表的替代方法。从广义的角度看，可以把它拆成 3 种类型。

1. 单字替代

这个办法比较简单，就是制定某种对应替代规则（即"换字表"），能够把明文每个字母，都以一个相对应的字母代替，比如把 A 换成 T，K 换成 F。狭义地说，这个单字替代就是通常意义上所说的"单表替代"。

2. 多名码替代

某一个明文字母，要被替代成几个密文字母。比如把明文的 A，换成密文的 TVW。

3. 多字替代

明文的几个连续字母作为固定组合，被另外的字母组合替代。比如把 WE 换成 EDDTYM，把 NAVY 换成 UCT。

（二）多表替代

与单表替代近似，但是要制作多张换字表。其中，每张换字表里规定的字母替代关系都不同，比如，按第一张表的规定，K 将被替换为 U；而第二张表则规定 K 被替换为 M；第三张表又规定 K 将被替换为 Y，等等。

替代的办法，无论具体表现如何，大致就是这几类。有时，字母也会被替换为数字或数字组，但究其实质，基本原理仍然相仿；当然，变换成数字组以后，就有了相互运算的可能——这些，我们也不提了吧。

如果我们仔细观察这些字母替代方法的核心，就不难发现：其实明文字母和密文字母的关系，无非就是"一对一"，"一对多"，"多对多"这么几种。有人也许会奇怪，那"多对一"呢？认真说起来的话，这"多对一"在脱密的时候可就麻烦大了，一份密文能脱出 N 份明文来，那不是要人命吗？从历史上看，"多对一"的例子如果不说没有，也必定是非常罕见的。而在"一对多"和"多对多"两种情况时，也有着各自的不便之处。其中，"一对多"会导致密文长度的大大膨胀——例如，在"1 对 3"的设定下，200 个字母组成的明文，加密后就将变成 600 个字母——在实际应用时必然很受限制。而"多对多"又受限于语言规律，其替换规则的制定必然非常麻烦。不难想像，针对千变万化的单词和字母组合，去挨个制定替换规则，肯定要比仅仅针对 26 个字母（这里以英文为例）制定规则要困难和复杂得多。好在群众总是不怕麻烦的，"多对多"这条路也能走通，并逐渐形成了密码编码江湖中的另一大派系，即密本制密码。前文我们举例所说"用新华字典加密情书"，实际上就是密本制密码的应用。只不过，要把这个密本制密码讲清楚，那可实在不是一句两句话的事情；同时，它跟我们的主题关系也不大，在本书中就略去了。

大家都很清楚，西方文字是以字母为最小文字单位的。不管单词如何千变万化，说到底，还是这些字母在不断改变排列顺序而已。因此，如果能够将明文字母一个个改掉，其实也就相当于改变了原来的词汇和语句的模样，进而，也就守住了秘密。从这个意义上讲，"一对一"的模式获得了最大的成功，被普遍地应用在各种加密场合。而在这个"一对一"的替换模式中，主流的办法有两种，就是刚才介绍的单表替代和多表替代。

在这里要强调一句，以后本书所提到的"单表替代"，全部是狭义的，只意味着上面所介绍过的"单字替代"。下面，就先从单表替代说起吧。

我们可以自己拟定一个规则，比如说，CODE（编码）一词的字母 C、O、D、E，分别被替换成 A、K、L、Y。而根据同一法则，DECODE（解码）就应该成为 LYAKLY。猛一看到 LYAKLY，一般人是得发晕，不知道这说的是什么。但是，数学家不是一般人，他们统计了相当数量的文本以后，发明了频率分析法，专门用来对付这个单表替代。

类似地，我们可以整理出各种语言（指拼音化文字）中的字母出现频率。

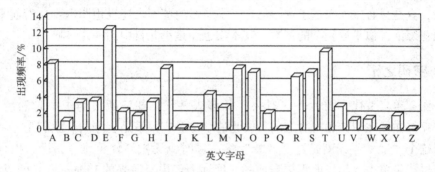

图 1　英语字母出现频率分布图

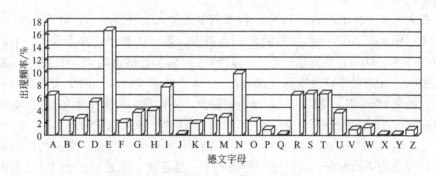

图 2　德文字母出现频率分布图

通过上面两张图我们可以看出，什么字母出现概率最大？毫无疑问就是 E——这个乍看上去毫不出众的字母，在频率分布表中，一点也不客气地遥遥领先！

事实上，不仅在英语和德语中，在诸如法语、挪威语、瑞典语、匈牙利语、拉丁语、丹麦语、荷兰语、芬兰语等许多语言中，字母 E 依然是频率冠军。即便在俄语、意大利语、土耳其语、葡萄牙语、西班牙语、冰岛语等语言中，E 的排名虽然不是第一，但是也没有被 PK 出前三名。

现在，让我们回到英文或德文的世界来吧。当我们接收到单表替代的密文时，不管对手怎么替换，出现频率最高的这个字母，不会是别的，只能是 E。因此，只要找到密文中出现频率最高的字母，就可以把它还原成明文的 E。尔后，在英文中出现频率第二高的字母是 T、德文则是 N，沿着这个思路，一个个辨认并标定其他字母甚至字母组合，再做一些适当的微调和语言学上的猜测，完全可以将密文的字母全部还原为明文字母，进而彻底破译明文。

看上去更像个小聪明的单表替代，就这么可耻地失败了。类似地，前面提过的"多名码替代"既然没有歪曲明文字母出现频率的本事，自然也一样无法逃避频率分析的大棒，跟着也被拿下了。但是，拿下归拿下，多名码替代却还有人在用；直到一战中的某些场合，英国人还在用这个明显不可靠的加密方式。原因为何，真是只有鬼才知道了——估计，那时候的英国人还没想明白：这看起来令人眼花缭乱，似乎挺复杂的招数，其本质也还是小儿科中的小儿科吧。

二、密码之王

比起单表替代，同为"一对一"的多表替代，却一跃成为了一时的主宰。它好就好在：在明文和密文之间，彼此的字母对应关系是会变的。我们千万不要小看这个"变"字，就是这个"变"字，顿时令无数破译英雄竞折腰，搞得他们穷尽毕生精力，却依旧无可奈何——扯远一点说，后来的 Enigma，它的成功，其实也就在这个"变"字上。

在大约 6 个世纪前的 1412 年，埃及数学大牛人艾哈迈德·卡勒卡尚迪（Ahmad al – Qalqashandi）在他编写的百科全书中，第一次提出了多表替代（polyalphabetic substitution）的思想。现在我们知道，如果想炮制出比那更复杂的多表替代密码，就必须要有"方表（tableau）"和"密钥（key）"两个关键性的东西才行。而在 1508 年，德国的一位修道院院长约翰内斯·特里特米乌斯（Johannes Trithemius）首先构造出了方表；47 年后的 1553 年，意大利学者吉奥万·巴蒂斯塔·贝拉索（Giovan Battista Bellaso）又设计出了密钥。如此一来，"贝拉索密码"已经成为了当时相当先进的一种密码了，甚至到了将近 3 个世纪后，美国内战期间的北军依然在用这个加密方法。

但是，贝拉索密码有着自己与生俱来的死穴，在后文中我们还要说到。在 1586 年，法国的外交官布莱斯·德·维吉尼亚（Blaise De Vigenère）针对性地进行了加密方式的改良，大大增强了整个密码的安全强度。

值得多说几句的是，维吉尼亚先生的改良密码很快被埋没了，直到大约 3 个世纪后才又被别人重新"发明"出来。令人莫名其妙的是，他当时所着力改进的"靶子"——贝拉索密码，却居然被后人张冠李戴地命名为"维吉尼亚密码"，就连其中非常具有特色的方表，也被爱屋及乌地命名为"维吉尼亚方表"，一直流传至今，成为了标准的密码学术语。

更加"祸不单行"的是，由于本身确实很难被攻破，曾经沉寂过很长时间的"维吉尼亚密码"的名气渐渐大了起来，后来甚至成为了多表替代密码的象征；而当它果然不出维吉尼亚先生的预料，终于惨遭数学刀锋分解之后，境况便急转直下，迅即又被指责为一种极不牢靠的土鳖密码。人们不记得贝拉索，人们只知道维吉尼亚先生盛名之下，其实难负——也真不知道他到底惹谁了……

在维吉尼亚密码之后，伴随着著名的博福特（Beaufort）等密码的诞生，这类密码也渐渐演变成了一个大家族。当然，从原理上看，无论维吉尼亚密码还是博福特密码，其实都只是多表替代体制的不同表现而已。下面，我们就以其中最为典型的维吉尼亚密码为例，来看看多表替代加密是怎么进行的吧。

它的原理简单描述一下，大概是这个样子（不是很严密的）：我们打算加密明文 EEEE。在对第一个明文字母 E 加密的时候，我们使用第一张换字表，查到 E 对应 T，于是把它加密为 T；再碰上第二个明文字母 E，我们改用第二张换字表，再次查找 E 对应的密文字母。总之，每加密一个字母，就改用下一张换字表。那么，这"换字表"又是个什么东西呢？我们举个例子，也许大伙就明白了。

先仔细观察一下我们要加密的某份明文。很明显，不论它多长多短，其文字必然由 26 个字母构成（这里以英文为例）。我们把明文的字母按字母表顺序一个个罗列下来，就是这样的：

明文字母表 ABCDEFGHIJKLMNOPQRSTUVWXYZ

然后，我们需要制定一个加密规则；不过，无论替代规则具体如何，至少这 26 个字母，都应该被囊括在规则之内。说到制定替代规则，自然是既有简单的办法，也有麻烦的办法。现在，我们就用最简单的办法，也就是通过"把整个明文字母表向前错动一位"的办法，直接生成新的密文字母表，如下：

密文字母表 BCDEFGHIJKLMNOPQRSTUVWXYZA

可以看到，本来起始的 A，已经被错动到了最后，除此以外，其他字母都向前移动了一位。顺便说一句：这个对应关系的数学实质，就是做了一个模为 26 的减法。然后，我们建立明文字母和密文字母的一一对应关系，得到

明文字母表 A B C D E F G H I J K L M N O P Q R S T U V W X Y Z
          | | | | | | | | | | | | | | | | | | | | | | | | | |
密文字母表 B C D E F G H I J K L M N O P Q R S T U V W X Y Z A

明文 – 密文字母对照表

现在我们看到，每个明文字母，都已经有了相对应的密文字母。这就是说，明文的 A，将被替代成密文的 B；明文的 M，将被替代为密文的 N。换言之，如果在明文中遇到 A，我们就把它加密为 B；遇到 M，就加密为 N。而这个一一对应的表，我们就叫它换字表。

很显然，上面列出的这种换字表是非常简单的，而以这种换字表为核心炮制

出的密码，就是单表替代体系中很经典的"恺撒密码"。据古希腊历史学家的描述，正是恺撒大帝本人在通信中使用了这种加密手段。认真分析起来，狭义的"恺撒密码"与我们上面列的这张换字表的唯一不同是：我们只往前移动了一位，它则是移动3位；而在广义的"恺撒密码"中，只要字母表整体序列不变，移动几位都成，当然也就包括了我们所列的那一种。

以上是换字表的概念和最简单的产生方法。而在应用时，人们也动开了脑筋：对明文加密，全文始终只用同一张换字表，显然不太好——那不就是单表替代么？而单表替代，已经被证明是不安全的了啊……为此，人们就在换字表的数量上打起了主意：谁说加密一份明文，只能用一张换字表？我加密3个字母后就换一张换字表，再接着加密后面的文字，行不行？我每加密一个字母，就换一张换字表，行不行？

当然行。

一般来说，在加密时所更换的不同的换字表，其数量（就像度量纸的数量一样，我们一般以"张"来计算）越多，安全性就越高。比如，在某篇密文中，一共变换了20张不同的换字表，我们就认为，它比只变换了5张换字表的密文，要更保险一些。

回到前面那个例子，我们换了多张换字表，来加密明文EEEE。而这些换字表的内容彼此不同，因此E被替换成的密文字母，自然也可以各个不同。

为了清楚起见，我们以最简单的"递加顺延"换字表规则为例吧。比如它规定：每张换字表的字母替代关系，依次顺延；如果第一张换字表里指定E对应T，则在第二张换字表里，就指定E对应T后面的第一个字母，即（T+1）位字母；在第三张换字表里，再指定E对应T后面的第二个字母，即（T+2）位字母；第四张换字表指定E对应（T+3）位字母，依此类推。这样一来，在对明文EEEE的4个字母加密时，我们会陆续使用第一、第二、第三和第四张换字表，按规定，它们将分别变成T、（T+1）、（T+2）、（T+3），即T、U、V、W。

这样一来，明文里本是4个同样的字母E，在密文中却大相径庭，成了TUVW。

我们刚才说过，E本身是英文字母中，出现频率是最高的一个。以明文EEEE为例，如果进行单表替代，那么无论使用什么字母替代明文的E，结果都将变成4个相同的字母，比如HHHH，UUUU之类——无论具体是什么字母，它都将"继承"E的高频率出现特征，锲而不舍、持之以恒地暴露着E的真实位置。而现在经过多表替代，E的4次出现机会，就变成了不同字母T、U、V、W的轮流亮相；危险的频率"波峰"被"散开"了——用行话讲就是"分布频率被歪曲"——E就变得不好辨认了。于是，E的高频率出现特征被成功地"隐藏"起来，当然，是隐蔽在其他字母的"汪洋大海"中了。类似的，在正常文本中出现频率极低的字母 Z，也因为类似原因，被虚假地"提高"了出现频率。

如此一来，波峰被削，波谷被填；26 个字母的分布规律，也就像被人从上下同时用力"挤"了一下似的，全在平均值附近晃悠了。

现在，再试图用简单频率分析的办法对付多表替代，显然就会失灵了：字母的分布频率都被歪曲了，还有可能继续套用正常文本的字母分布频率结果来分析么？进而，又怎么可能正确地还原明文字母，达到破译密文的目的呢？何况，在实际使用中，加密一方总是千方百计"抹掉"任何一点点稍微明显的规律；谁又知道他在加密时，使用的换字表的顺序，究竟是递加顺延还是递减顺延呢？他是不会告诉你的；谁又知道是加 1（即刚才的 T+1）还是减 5（即 T−5）呢？他也是不会告诉你的。更有甚者，对手万一不用递加或递减，而是采用乘法除法，或者利用某个数列（比如素数数列，或者随手写的一个数列）来直接加密呢？

而维吉尼亚密码，用的就不是顺延，恰恰正是一组任意指定的数列！这个数列里的内容，就是维吉尼亚密码的密钥。按当时的习惯，大家是这样使用维吉尼亚密码加密明文的。

明文：ABCDEFGHIJK

密钥：3，2，6，8，1，4（表示各对应字母向后顺延的位数；本例中都是个位数，可以连写为 326814）

那么经过密钥的加密，密文字母应该呈现为

（A+3），（B+2），（C+6），（D+8），（E+1），（F+4）（此时密钥用尽，于是从头再次读取密钥，开始重复加密），（G+3），（H+2），（I+6），（J+8），（K+1）

最终得到密文：DDJLFJJJOQL

一次标准的维吉尼亚密码加密就完成了。如果接收方要解密，只需要知道密钥 326814，然后把密文字母挨个倒着推算回去就是了。

仔细观察这个例子，我们会发现：在密文 DDJLFJJJOQL 里面，一共出现了 4 次 J、2 次 D、2 次 L、1 次 F、1 次 O 和 1 次 Q。而它们所对应的明文，竟然是没有重复的 ABCDEFGHI-JK！不用说，使用频率分析法来对付密文，结果必然出错；比如出现频率最高的字母 J，不仅不代表 E，而且也不代表某一个特定的字母，而是分别代表着 C、F、G、H——这维吉尼亚密码的厉害，也就可见一斑了！

图 3　维吉尼亚（Blaise De Vigenère，1523~1596 年）

老实说，如此强悍的密码，被破译是"不正常"的，不被破译才是"正常的"。由此，多表替代体制，也就逐渐奠定了它在加密安全性方面的王者地位。

虽然因为种种原因，维吉尼亚密码被湮没在文献之中，并没有被大规模地使用，但是其科学性无可置疑，以至于几个世纪后被人们从故纸堆里重新翻出来、重新成为一种加密潮流的时候，照样是无人能破，甚至被称为"不可破译的密码"（le chiffre indéchiffrable）！正是借着维吉尼亚密码的光彩，这一大类密码——也就是多表替代体制密码－－终于成为了密码之王。多少年过去了，它一直被看作是最保险的加密手段。相应地，密码编码学，也因此成功地遥遥领先于密码分析学的前进脚步了。

	A	B	C	D	E	F	G	H	I	J	K	L	M	N	O	P	Q	R	S	T	U	V	W	X	Y	Z
A	A	B	C	D	E	F	G	H	I	J	K	L	M	N	O	P	Q	R	S	T	U	V	W	X	Y	Z
B	B	C	D	E	F	G	H	I	J	K	L	M	N	O	P	Q	R	S	T	U	V	W	X	Y	Z	A
C	C	D	E	F	G	H	I	J	K	L	M	N	O	P	Q	R	S	T	U	V	W	X	Y	Z	A	B
D	D	E	F	G	H	I	J	K	L	M	N	O	P	Q	R	S	T	U	V	W	X	Y	Z	A	B	C
E	E	F	G	H	I	J	K	L	M	N	O	P	Q	R	S	T	U	V	W	X	Y	Z	A	B	C	D
F	F	G	H	I	J	K	L	M	N	O	P	Q	R	S	T	U	V	W	X	Y	Z	A	B	C	D	E
G	G	H	I	J	K	L	M	N	O	P	Q	R	S	T	U	V	W	X	Y	Z	A	B	C	D	E	F
H	H	I	J	K	L	M	N	O	P	Q	R	S	T	U	V	W	X	Y	Z	A	B	C	D	E	F	G
I	I	J	K	L	M	N	O	P	Q	R	S	T	U	V	W	X	Y	Z	A	B	C	D	E	F	G	H
J	J	K	L	M	N	O	P	Q	R	S	T	U	V	W	X	Y	Z	A	B	C	D	E	F	G	H	I
K	K	L	M	N	O	P	Q	R	S	T	U	V	W	X	Y	Z	A	B	C	D	E	F	G	H	I	J
L	L	M	N	O	P	Q	R	S	T	U	V	W	X	Y	Z	A	B	C	D	E	F	G	H	I	J	K
M	M	N	O	P	Q	R	S	T	U	V	W	X	Y	Z	A	B	C	D	E	F	G	H	I	J	K	L
N	N	O	P	Q	R	S	T	U	V	W	X	Y	Z	A	B	C	D	E	F	G	H	I	J	K	L	M
O	O	P	Q	R	S	T	U	V	W	X	Y	Z	A	B	C	D	E	F	G	H	I	J	K	L	M	N
P	P	Q	R	S	T	U	V	W	X	Y	Z	A	B	C	D	E	F	G	H	I	J	K	L	M	N	O
Q	Q	R	S	T	U	V	W	X	Y	Z	A	B	C	D	E	F	G	H	I	J	K	L	M	N	O	P
R	R	S	T	U	V	W	X	Y	Z	A	B	C	D	E	F	G	H	I	J	K	L	M	N	O	P	Q
S	S	T	U	V	W	X	Y	Z	A	B	C	D	E	F	G	H	I	J	K	L	M	N	O	P	Q	R
T	T	U	V	W	X	Y	Z	A	B	C	D	E	F	G	H	I	J	K	L	M	N	O	P	Q	R	S
U	U	V	W	X	Y	Z	A	B	C	D	E	F	G	H	I	J	K	L	M	N	O	P	Q	R	S	T
V	V	W	X	Y	Z	A	B	C	D	E	F	G	H	I	J	K	L	M	N	O	P	Q	R	S	T	U
W	W	X	Y	Z	A	B	C	D	E	F	G	H	I	J	K	L	M	N	O	P	Q	R	S	T	U	V
X	X	Y	Z	A	B	C	D	E	F	G	H	I	J	K	L	M	N	O	P	Q	R	S	T	U	V	W
Y	Y	Z	A	B	C	D	E	F	G	H	I	J	K	L	M	N	O	P	Q	R	S	T	U	V	W	X
Z	Z	A	B	C	D	E	F	G	H	I	J	K	L	M	N	O	P	Q	R	S	T	U	V	W	X	Y

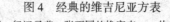

图 4 经典的维吉尼亚方表

每一行记录着一张不同的换字表，一共 26 行

但是，既然有人能发明，总有人能找到它的弱点；虽然迟到了一点－－比起上课迟到那是要狠多了，因为足足迟到了 269 年——这个金钟罩铁布衫一般的维吉尼亚密码、乃至整个多表替代体制的命门，终于还是被人点中了！

首先，我们前文提到的那位英国奇人查理斯·巴贝奇（Charles Babbage），在 1854 年就成功地破解了维吉尼亚密码的变种。

细说起来，这件事情的经过挺有意思。当时，有个叫斯维提斯（John Hall Brock Thwaites）的人，声称自己发明了一种新密码，并发表在一份杂志上。巴贝奇研究之后断定，这个"新密码"压根就不新，从原理上看，不过是维吉

图 5　巴贝奇（1791～1871 年）

尼亚密码原理的变形而已。这个结论把斯维提斯弄得火冒三丈，于是向巴贝奇提出了挑战，看他能否破开自己的密码。起初，巴贝奇拒绝接受这种逻辑混乱兼莫名其妙的挑战，但斯维提斯执意进行挑战，最后他也只好接受了。而结果，让斯维提斯更加难堪：使用所谓"斯维提斯密码"加密的一首诗，被巴贝奇成功地破译出来，甚至连它的密钥"Emily"，都被解了出来。顺便说一句，这个 Emily，正是那位诗人的妻子名字中的第一个词——当然，"Emily"是一串字母而不是一串数字，但我们可以合理地猜想，斯维提斯应该是把每个字母的相应位置转化成数字，再进行后面的加密的。

一时风光无两的"密码之王"多表替代，由此遭到了重重一击！

之后又过了 9 年，在 1863 年，一位业余数学爱好者、时年 58 岁的普鲁士退役炮兵少校弗里德里希·卡西斯基（Friedrich Kasiski）出版了一本小册子，名字叫《密写和破译的艺术》（*Die Geheimschriften und die Dechiffrierkunst*）。一般来说，无论在哪个国家，业余性质的"民间科学家"总是有相当数量的，而其中真正能对科学的发展有重大贡献的，不说凤毛麟角，恐怕也是寥若晨星——可这位卡西斯基不仅是其中一个，而且他的研究成果，甚至被密码史学家评价为"导致了密码学的革命"！

在这本只有 95 页的小册子里，有大概 2/3 的篇幅都是在讲多表替代的，其中就有关于如何拆解它的详细介绍。由此，该书也成为了人类历史上第一本讲述

如何破解多表替代的著作。也正因此，比起巴贝奇来说，卡西斯基的贡献更加得到世人的公认：虽然是巴贝奇首先破解了具体密文，但卡西斯基则明确提出了破解的理论和操作手法，明显更高一筹。毕竟，不是每种密码体系都有机会傲世数百年而不倒，更不是每个破译人员都能有机会尝试并成功地摧毁它。顺便说一句，这本书出版7年之后，卡西斯基的祖国普鲁士，和维吉尼亚的祖国法国，也开始掐起来了，史称"普法战争"……

说到卡西斯基的破解方法，的确就是个纯粹的数学问题了。不过，我们可以简单描述一下它的原理，那就是：被加密方指定的这个数列，也就是密钥，在实践中不可能是无限长的；在通常情况下，它的长度不仅不会超过明文长度，甚至往往还相当短——在斯维提斯的例子中，密钥"Emily"的长度是5位，也就是说，每加密5个明文字母，就要循环使用"Emily"，对后面的明文字母继续加密。

"循环使用密钥进行加密"——整个多表替代的破绽和死穴，也正在这里！

实际上，除非你用的多表替换的密钥既无规律又无限长，这个破绽和死穴当然也就消失了，但稍微想想我们就知道，实现这个目标的难度实在太大了。不说别的，仅仅是记录所有这些无穷无尽的密钥的密码本，就应该是无限厚的……在密码通信实践中，密钥不仅不可能无限长，实际上也不可能"太长"——它的每一位都对应着一张换字表，如果太长了，所对应的换字表太多，在操作者一个字母一个字母地对照、换表、对照、换表……时，不说麻烦，至少也太容易出错了啊！

于是，这就涉及了"密码的代价"这么一个很有意思的问题。从理论上讲，人们尽可以去编制无穷复杂的密码，但在实践中，受具体客观条件的影响，就必须根据使用情况做出某种妥协；换言之，就是在一定程度上牺牲密码编码的安全性，来获取整体密码操作的可行性和方便性。类似的事情，在那之前和以后，都在不断地发生着，或许，我们也可以把它理解成一种"理想和现实"之间无奈的差距吧。

回到密钥的问题。当时在实际应用中，密钥的长度普遍是20位左右，这样，就取得了一个方便性和安全性的平衡。但是严格来说，选择20位的密钥，还是太短了——在数学家眼里，这基本相当于彩票管理机构大放水，36选7的体彩改7选3了。理所当然的，那破译方"中奖"的概率，也就大大增加了。既然如此，他们的眼光也就很自然地盯死了这个密钥长度，并开始大做文章。仔细观察足够多的密文，有时候他们会发现间隔多少多少位，会有规律地出现特定的字母组：比如说，第23位起依次出现了字母组UL，第63位起又依次出现UL，第103位时又出现了UL。

根据那位普鲁士退役军官的证明，重复出现 UL 的"间距"，在本例中也即 63 − 23 = 40，或者 103 − 63 = 40，就是可能密钥长度的整倍数。换言之，密钥长度很可能就是 40 的因子之一，即 1、2、4、5、8、10、20、40。这 8 种长度究竟哪个正确，还需要后面的分析。一般而言，没人会用太简单的密钥，因此 1 和 2 这样的数字一般就不用考虑了。

尔后，在大致估计出密钥长度的范围以后，就可以通过计算密文重合指数的办法，以排除法来确定它到底是多长。对寻常的英语文本来说，数学家们发现了如下的普遍规律：

1）如果明文是近似随机的任意字母排列，那么密文中随机两个字母的重合指数约为 0.069（我们随机挑选两个密文字母，比方说第 18 个和第 29 个，它们恰好都是 R——出现这种"重合"情况的概率是 0.069，我们就可以说，重合指数是 0.069）。

2）如果明文是正常的有意义文本，那么随机两个密文字母的重合指数约为 0.038。

这就是说，通过分析重合指数究竟更接近 0.069 还是 0.038，就可以分析出该密文到底是不是经过"单表替代"加密而成的——因为我们前面说过，"单表替代"是不影响字母分布频率的。

在初步剔除掉单表替代加密的可能后，再利用我们估计的密钥长度，对整个密文进行分段。比如我们估计密钥长度是 40，那么就列一张大表，宽 40 格，高若干格，然后把密文字母从左到右挨个顺次填进空格，到了尽头就换行，如此将全部密文填好。这样一来，我们就有了一张共有若干行、每行 40 个字母（最后一行可能会填不满）的表。现在，我们把每一行的同位置字母挑出来。比如，第 1、2、3、4、5、6、7、8 行里的第 7 个字母。这些被挑出来的字母"位置相同"的真正含义是，如果我们对密钥的长度的估计是正确的，也即我们没有分错段，那么它们就一定都是被密钥中的同一位数字所加密的。回忆多表替代的加密法则我们不难判断出，如果真是这样的话，那么这些字母在加密时所产生的"位移量"一定是相同的；由此，对这些位置的明文字母所进行的加密操作，一定是典型的单表替代加密。如前所述，单表替代的操作是不影响字母分布频率的，所以，只要对这些被挑出来的密文字母再次进行重合指数计算，就可以判断出它们是否真的是被单表替代所加密过的。而计算的结果，也只会有两种：接近 0.069；或者，接近 0.038——接下来的逻辑思考，也就更加精彩了。

1）接近于 0.069：依据重合指数的计算规则，我们认为被挑选出来的字母近似于随机分布。而真正的有意义文本无论怎样截取，都不太可能呈现出字母随机分布的现象的，因此，这样的分段有问题。这就是说，我们对密钥长度的估计有误。

2）接近于 0.038：这个结果说明，被挑选出的密文字母们体现了一个正常文本应该体现出的字母分布情况。换言之，如果它们确实是被同一个数字加密的，那么现在的结果说明，我们对密钥长度的估计是正确的。

当然，以上的对比是很粗略的，具体操作时，还要考虑到诸如公倍数（比如正确的密钥是 20 位，但是它一定也能通过 40 位的计算）以及分布巧合等因素所造成的干扰。最终，在所有可以通过以上测试的密钥长度中，其中数值最小的那个，就是正确的密钥长度（比如 10、20、40 都能通过，那么正确答案就应该是其中数值最小的 10）。总之，经过两步主要的重合指数计算（第一步用来确定是否多表替代加密，第二步用来计算多表替代的密钥长度，可能细分成多次计算），密文的密钥长度是可以被攻破的。

而这种专门用来破解多表替代中密钥长度的狠毒招式，在密码学中也是鼎鼎大名的。因人而名，它被理所当然地称作"卡西斯基试验"（Kasiski examination，有时也写作 Kasiski test 或 Kasiski method），记载在几乎所有涉及多表替代密码破解的文献中，至今我们也还可以很方便地查到。

在确认了正确的密钥长度并进行正确的分段后，每一行的密文字母也就重新恢复了单表替代的本来面目，频率分析法又可以大显身手了。这时候只要结合上语言学的特点，比如常出现的"the"、"of"、"we"等固定组合，再付出一些耐心，一点点地分析可疑对象，逐个逐片地恢复明文字母，密文最终是可以被攻破的。

曾经牛得一塌糊涂的多表替代，终于尝到了失败的滋味。而城门失火，又怎能不殃及池鱼？那多表替代体制内的维吉尼亚密码，以及原理仅与维吉尼亚密码有微小差异的博福特密码，也终于在数学的威力下陆续败下阵来……

第二章

Enigma：横空出世

让密码编码研究者很恼火的数学家，就这样一个个击破了传统的加密方法。如上文所说，甚至连一个聪明的普鲁士退役少校，一个业余数学爱好者，都能找出多表替代的致命缺陷。而这样的事实，也给了大家两个启示：

第一，没有哪种"绝对安全"的密码是不会被攻破的，这只是个时间问题。

第二，破译密码这活儿，看来只要够聪明、懂数学，单枪匹马也能扳倒权威——那些加密方式，也无非是一个个单枪匹马的人具体研究出来的嘛。

在古典密码时代，以上两个启示真是启发了许多人，以至于大家普遍认为，哪怕再聪明的人，他设计出的密码也会被另外的人攻破——诸如此类的观点，其实还是挺有道理的。

只是当时的人们完全没有想到，随着密码编码手段的强力进化，这个所谓"能攻破的人"不再是单数，而是复数；不仅单个的人不再可能自行攻破，甚至，就是倾全国之人力物力，也未必能很快奏效。他们没想到，因为他们没见过非人工编码的加密方式，而这个"非人工"，说的当然就是机器。

从第一艘蒸汽船"真的"开始在纽约的哈得逊河里航行开始，人们就渐渐发现，以人的力气，根本无法与机器对抗。随着机器的不断改良和进化，人们又渐渐发现，不要说人的力气，就连人的灵巧准确，也根本无法与机器对抗。再后

图6　工业革命的象征——人类第一艘投入实用的蒸汽船"克莱蒙特"号

来，当那些被抢了饭碗的工人们忍无可忍，终于开始集体行动、大规模捣毁机器的时候，人们唯一还能自豪的就是：我们有智慧，而机器没有。

而密码编码和解码，那自然更是人类智慧的结晶，机器又怎么可能做得到？

事实说明了一切。

——机器不仅能做到，而且一出手就改变了整个密码学的面貌！

第一位应该接受花环的亚瑟·谢尔比乌斯（Arthur Scherbius），就这样当仁不让地站在了大时代的最前端。

一、小老板谢尔比乌斯

1878 年，历史长河中一个普通得不能再普通的年份——普法战争刚刚结束 7 年，俄土战争刚结束半年，离一战还有 36 年。往远了说，在这一年里，中国和日本前后脚诞生了两个娃娃，日后都成了陆军上将，还都跟孙中山有点关系。其中一个叫陈炯明，一个叫松井石根：一个帮过孙中山后来又要杀孙中山，创立了中国致公党，最后客死香港；一个支持并响应孙中山的革命，后来直接指挥侵华战争，最后在东京巢鸭监狱被绞死，灵位进了靖国神社。

也就在这一年的 10 月 20 日，在遥远的欧洲，在德国美因河畔法兰克福（Frankfurt-am-Main）的一个小商人家，也有一个娃娃诞生了。没错，他就是谢尔比乌斯（图7），一个看上去和其他同龄孩子没有任何区别的普通小孩，也是一样长大了，读书了。非要区别的话，就是后来他在慕尼黑技术学院（Technical College in Munich）读的是电力专业，并在 1904 年，以一篇《关于间接水涡轮调节器构造的建议》（*Proposal for the Construction of an Indirect Water Turbine Governor*）的论文获得了汉诺威技术学院（Technical College in Hanover）的工程学博士学位。

这时候的谢尔比乌斯，还未满 26 岁。

说起来，这位德国工程师在一战之前及一战中间究竟做了什么，我们确实还不是很清楚。清楚的是，在一战即将结束的 1918 年 2 月 23 日，在参考了荷兰人科赫的构想之后，谢尔比乌斯为自己设计的一种密码机器申请了专利。这是人类第一份关于转轮密码机的专利申请——在他之后，还有荷兰人科赫、瑞典人达姆、美国人赫本陆续提出自己的转轮密码机专利申请。但是，首先被官方批准的，却是赫本的专利。考虑到当时各位发明家是独立地向各自国家提出的申请，谢尔比乌斯没有首先获得批准，大概也只能说是造化弄人了吧。

就在提出申请的同年，谢尔比乌斯和朋友一起开了一家公司，开始出售这种机器——Enigma。之所以取名为 Enigma（意为"谜"），我猜当时的谢尔比乌斯对这机器肯定是很自豪，甚至是很自负的。实话说，他的这项发明的确使加密产

图 7　亚瑟·谢尔比乌斯

本图扫描自《Seizing the Enigma：The Race to Break the German
U-Boat Codes 1939—1943》，原作者 David Kahn

生了巨大的飞跃，他的自豪甚至自负，也绝对是有道理的：因为这台 Enigma，人
类终于迈入了机械化编码的时代！而且，较之荷兰人科赫初步和粗糙的设想，
Enigma的起点要高得多——它已经完全不是蹒跚学步的水平，而是个刚刚出生就
已具备了强大战斗力的武士！

图 8　后续型号 Enigma 上的两个转轮

图 9　后续型号 Enigma，此图为整部机器打开盖板后的模样

　　Enigma 的构造之精巧、思路之诡异，的确让每个稍微仔细思考过它原理的人大为叹服。有诗为证：

次第转轮幻无穷，展化密字亿万千。

此谜只合天上有，缘何飞落人世间！

　　为了不过多干扰整个故事进程，关于它的详细机械原理，将在本书第五章专门阐述。现在，我们只是简要介绍一下 Enigma，便于大家理解后来发生的事情吧。

　　它的加密核心，是 3 个转轮。在每个转轮的边缘上，都标记着 26 个德文字母（不包括变异元音字母 Ä、Ö、Ü，与英文字母完全相同），借以表示转轮的 26 个位置。经过巧妙的设计，每次转轮旋转的时候，伴随着"咔嗒"、"咔嗒"的声音，它都会停留在这 26 个位置中的某个位置上，比如转轮停在字母"H"位置，我们就说转轮的当前位置是 H。

　　我们现在假设从转轮的右面"输入一个字母信号"。经过转轮内部特定走向的导线连接后，由于输入－输出的位置发生了变化，输出的字母信号也就不再对应刚才输入的字母了。

　　如图 10 所示，输入的字母 K，经过转轮内部的导线，最终从转轮的另一侧输出，并变成了 R。当然，这只是一个比较简单和粗略的比方，详细的工作原理，依然请参照本书后面的全面介绍。

　　谢尔比乌斯认为，一个转轮太少了，怎么着也得来 3 个；就像图 11 这样，起码要弄成一个转轮组。

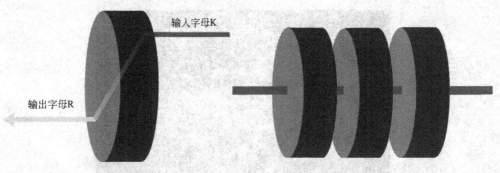

图 10　Enigma 转轮原理示意图　　　　图 11　Enigma 转轮组示意图

在转轮组内，转轮们相互接触的侧面之间，都有相对应的电路触点，可以保证转轮组的内部构成通路。于是，图 11 中输入的字母 K，经过第一个转轮，变成输出字母 R；之后这个 R 进入第二个转轮，咱们假设它又变成了 C；尔后，这个 C 再进入第三个转轮，假设又变成了 Y。

如此这般，初始字母 K 历经层层磨难，终于功德圆满，变成了谁也认不出来的 Y。

值得说一句的是：这 3 个转轮内部都有着复杂的连线，而具体的走线情况，又都是各自不同。由于 3 个转轮内部连线不同，因此，它们合起来连续加密的总效果，就是 3 个转轮各自能力的乘积。也就是说，每个转轮都有 26 个位置，3 个转轮组合起来，就能生成

$$26 \times 26 \times 26 = 17\,576$$

种不同的变化[1]。

从以上的描述可以看出，Enigma 转轮组的加密原理，正是上文提到的多表替代——它通过不断改变明文和密文的字母映射关系，对明文字母们进行着连续不断的换表加密操作。而这 17 576 种变化着的字母映射关系，实际就是对应着迥然不同的 17 576 张换字表。我们在前面介绍过，多表替代的密钥，在实践中一般都比较短，即便长点儿的，一般也就 20 位。因此，密钥长度 20，也就意味着它背后对应着 20 张换字表。

反观 Enigma，我们已经可以开始初步领教机器编码的威力了：过去常用的 20 张，顶天了 100 张换字表，现在已经被上万张——具体说就是 17 576 张——换字表给轻松取代了。我们常说"量变引起质变"，而这个成百上千倍扩大换字表总规模的办法，确实一下就刷新了加密的纪录，以致完全改变了加密的面貌！对

---

① 所谓 17576 种变化，只是理论计算值，在实际使用中是达不到这个数字的，下同。具体情况请见第五章。

一个使用 Enigma 的加密者来说，现在他拥有的换字表资源简直是多得奢侈，甚至奢侈得都有点过分了……

同时我们也不难想到，17 576 张换字表，其实正对应着密钥长度为 17 576；而要对付如此超长的密钥，还不把破译者累吐了血，再气吐了血？

我们说过，过去要对付多表替代，唯一的办法就是通过卡西斯基试验找出它的命门，才能予以致命一击。这个命门当然就是密钥长度，超过这个长度的密文必然出现循环加密现象。因此，只要找出了正确的密钥长度，就可以利用重合指数计算来将它拆解成相对简单的单表替代，最终实现对多表替代的彻底破解。现在可好，假如破译者还想用这个招数的话，他就必然面对一个极为尴尬的现实：密文字母至少要在 17 576 位以后才会出现循环！这个长度，别说一般的密信、密电了，就是真拿一本书来全文加密，也找不出几次重复循环的破绽来啊——前提是，您还不能数错了位，哪怕只数错一位，必定就前功尽弃了……

Enigma 密钥的长度，远远超过日常需要加密明文的长度，这个现象在之前的多表替代发展史上简直是闻所未闻。现在，非法接收方就算知道密钥长度是 17 576，面对"普通长度"的密文，他依然是无计可施——根本就没有循环加密现象出现，因此所有的后续分析步骤，不管是重合指数还是频率分布统计，已经彻底失效！也因此，密文的安全强度，骤然出现了一个巨大的飞跃——而这一点，才是"量变引起质变"这一论断最重要的注脚！

说来说去，Enigma 的诞生，其实也只意味着一件事，那就是长久以来困扰密码编码界的"密钥重复加密"问题，从此彻底烟消云散了。

我们说谢尔比乌斯是个天才，而这位天才的作为又怎么会仅此而已？到这里，也不过刚刚开始展现而已——且让我们继续描述 Enigma 吧：

谢尔比乌斯认为，这 3 个内部走线方式迥然不同的转轮，它们的排列形式不应该是固定的，而应该是可以互相换位的。如果我们把 3 个转轮依次称为 1 号转轮、2 号转轮和 3 号转轮，而把转轮组的转轮顺序从左到右记录的话，那么排列就不该只是 1–2–3 这么一种，而是应该有 1-2-3、1-3-2、2-1-3、2-3-1、3-1-2、3-2-1 共 6 种方式。一招出手，密钥长度再次膨胀为

$$17\ 576 \times 6 = 105\ 456\ 位$$

这就意味着，即便是由 10 万个字母构成的明文，使用 Enigma 加密时也不可能出现循环加密现象！

谢尔比乌斯认为，这样还是不够的。但是每次增加一个轮子，只能将密钥长度延伸为原来的 26 倍；而 Enigma 机器的体积就那么大，出于运输和使用方便的考虑，也不能向里面无限制地添加转轮。这就是说，"增添新转轮"以"延长密钥"的做法，效率其实很低。于是他暂时放下了延长密钥位数的考虑，转过头来

研究如何让 Enigma 的使用变得更方便。

Enigma 出现的一个重要背景，就是当时的密文传送手段，已经发生了质的改变。自从无线电报发明以来，人们要远距离传送密文，已经不需要再通过勤劳的邮递员大叔或者往鸽子腿儿上绑密信了。因此，应运而生的 Enigma 就得适应这个变化，它需要进行加密处理的，正是拟发出的电报明文。

谢尔比乌斯认为，Enigma 本身能很方便地加密明文，这只是八字有了一撇；而八字的那一捺，也就是接收方对密电的还原，也就是我们说的"脱密"，也同样需要便于操作才成。因此，如何使接收方能够对 Enigma 密文进行方便快捷的脱密——区别于非法接收方的破译——就成了摆在谢尔比乌斯面前的一个难题。

千百年来，人们早已习惯加密是加密、脱密是脱密，几乎形成了一个思维定势了。而与 Enigma 前后脚出现的种种机械式密码机，也继承了这个思路，那就是：通过密码机加密发出密电后，接受方再通过专门配置的设备予以脱密。显而易见，这个思路不能说有错。但是在实践中，自然就产生了一个问题：如果收发双方都有来回通信，则双方就都必须装备两样东西——密码编码机器，以及密码脱密设备。如此一来，体积随之增大、成本直线上升还远不是问题的全部，更重要的是：在密码应用的主要场所——战场，笨重的密码机及脱密设备，还能够适应野战需要么？

不仅如此。我们知道，一个系统正常运转的概率，等于各分系统正常运转的概率之积。换言之，对于密码系统而言，里面涉及的独立分系统越多，则整个密码系统的可靠性就越低。如此一来，多了一个独立的脱密分系统，不仅让接收和脱密成为了两个步骤，而且实际上也增加了机器硬件成本和操作人员培训成本，而且这个举措又在一定程度上降低了全系统的整体可靠性。对于已经是小老板、必须要从商业角度考虑问题的谢尔比乌斯来说，这样的结果，自然是不太令他满意的；毕竟，他这台新机器的总成本已经不低了（后面我们会看到，其实应该说是很昂贵才对），再额外增加脱密设备，其价格必将大幅上升——那么，它还能有多少前途、具体说就是商业前途呢？

就在这时，谢尔比乌斯的同事威利·科恩（Willi Korn）给他出了一个主意：谁说 Enigma 非得配备一个额外的脱密设备了？咱们把它设计成二合一，问题不就解决了？

公允地说，这个主意实在是帅得要死、酷得要命。不管怎么说，能够脱密 Enigma 密文的设备，它的原理和构造必定与 Enigma 有大量的相关之处，否则怎么可能脱得出来？既然这样，为什么就不能把加密部分进行改造，让它同时也能适应脱密的需要呢？他这个同事朋友也是位工程师，出的主意当然具有可操作性——否则,光在嘴上过瘾怎么行？您具体怎么实现，总得有个办法吧——人家还真就给出了实现的办法，那就是在 Enigma 上加装一个小部件：反射板。

这个反射板，我们不妨把它理解为一面镜子。按照设想，它被安置在了转轮组的终点——左端；这样一来，某个字母信号从转轮组的右端进入转轮组，被 3 个转轮依次加密后，就从转轮组的左端进入了反射板。

我们说过，反射板像面镜子。因此，进入反射板的字母信号，就被"镜面"直截了当地"反射"回去。于是，从转轮组左端进入的字母信号，现在又从转轮组的左端重新回流进了转轮组。当然，这个信号并不是沿原来的路径不走样地"反射"回去的，而是换了个位置、以另外一条路径被反射回去的——形象地说，就是"走了一条新路"，但大方向依然是"被反射"的。现在就让我们来看看，这个反射，到底是怎么回事吧。

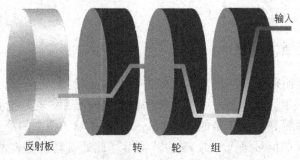

图 12　Enigma 转轮组及反射板原理图 1

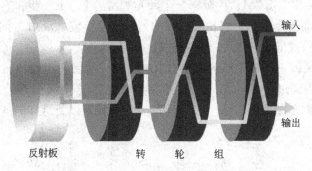

图 13　Enigma 转轮组及反射板原理图 2

看起来似乎没什么，不是么？不过是把原来的走向给反射回去了，路径长了一倍而已；同时，也并没有什么新的加密方式出现，因为还是那三个转轮，而且每个轮子都还没来得及转啊……

我开始就是这么想的，结果发现，天才就是跟我个人的水准不一样。谢尔比乌斯和他同事的这个创造，带来了一个极具震撼性的结果，那就是：由于这块反射板的加入，使 Enigma 出现了"加密－解密同相"的特征——或者直白一些说，对 Enigma 来讲，无论是加密还是脱密，它们的操作是完全一样的！

而在密码发展沿革的几千年历史上，类似这种"加密 – 解密同相"，或者说"自反"（self-reciprocal）的邪招，简直就是冷门中的冷门！细数起来，敢这么玩、能这么玩的，历史上一共只出现过 4 次，距谢尔比乌斯最近的那两次，也是在 300 多年前的 16 世纪的事情了；另两次，更是分别发生在古印度和古埃及——而这些手工编码方式，当然也早已经被淘汰掉了。谁又能想到，人类第一种真正意义上的转轮密码机，居然也玩起这手了。

增加了反射板之后的 Enigma，已经不再需要什么脱密用的解码机了。细究原因，也只有一个：

它的编码机，就是解码机；

它的解码机，就是编码机！

二、更强、更强、更强！

现在就让我们来看一下，在实践中，这 Enigma 到底又是怎么用的吧。比如某艘 U 艇的水兵甲，受命与另一艘 U 艇联系；他的任务，就是把明文 CDEF 变成密文，并发给那艘 U 艇。于是他拿出 Enigma，开始输入明文的第一个字母 C。

这个字母 C 的信号进入 Enigma 的转轮组（此处省略一些技术细节，详情请见第五章），开始被转轮们依次加密。设想某种情况下，C 被第一个转轮加密为 Q，被第二个转轮加密为 I，再被第三个转轮加密为 F。下一步，它就要进入反射板了。根据前面的介绍，它将在反射板的另一个位置被"反射"回来，F 也就再次被变换为新位置的 P，然后回到转轮组。

之后，P 又被 3 个转轮依次加密为 R、L、Z，从转轮组输出；而最终的字母信号 Z，就成为经过"转轮组 – 反射板 – 转轮组"这个流程连续加密的最终结果。因此，我们总结一下，这个 C 变化的全过程就是以下这样的。

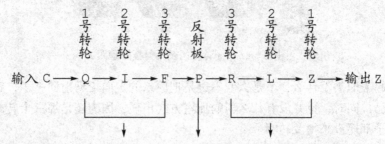

这是一个很清晰的加密流向。以上流程的箭头方向都是向右，这就让我们考虑，如果箭头都向左，又会如何？换言之，如果转轮组的位置等设置都不变，只

是水兵不再从整个链路的左端输入 C，而是直接从链路的右手端输入 Z，又会得到什么结果呢？

因为机器设置不变，所以，整个流程是完全可逆的。这就是说，从右手端新输入的 Z，必然将连续变成 L、R、P、F、E、Q，最终还是将输出 C。需要提醒大家注意的是，由于有反射板的存在，导致无论从哪端输入，字母信号都必定沿着"1 号转轮、2 号转轮、3 号转轮、反射板、3 号转轮、2 号转轮、1 号转轮"的顺序，最终得到输出。这也就是说，无论我们从上图的链路左端或右端输入，其实根本都是没有分别的。

而这又意味着什么？

既然整个流程无所谓正向、逆向，如果把 C 输入，会得到 Z 的话，那么在机器设置不变的情况下，我们把刚才得到的密文字母 Z 输入，则必定会被再加密为 C。到了这时候，既然 C 都出来了，那不就意味着对密文字母 Z 的脱密完全成功了么？所以，让 Enigma 的报务员去脱密密文，步骤其实非常简单。他什么别的都不用干，只要把机器设置调节好，然后把密文的一个个字母重新挨个敲进 Enigma，"再次加密"出来的"新密文"，也就是他需要得到的初始明文了。

原理说清楚了，我们接着把刚才的例子讲完吧。

水兵甲要加密的明文为 CDEF，现在刚加密完第一个字母 C。下面，他还要继续输入字母 D、E、F，同样经过上面的流程，最后也会被分别加密成新的密文字母，比如 U、B、N。于是，明文 CDEF 就被转变为密文 ZUBN。至此，整个加密过程已经圆满结束，他已经可以把这份新密文发出了。

在遥远的另一艘 U 艇里，水兵乙收到了密电并开始脱密。根据我们刚才的原理分析，他现在只要把 Enigma 的机器设置调整到和水兵甲的一样，然后依次输入密文 ZUBN，机器就将自动地把它们"再加密"为 CDEF——管它是靠"脱密"还是靠"再加密"得来的，反正现在得到的这个"CDEF"，不正是水兵乙需要的明文么？至此，脱密工作顺利完成，整个密码通信过程大功告成！

只不过，也许大家会奇怪：隔着碧波万里，水兵乙又是怎么知道水兵甲的 Enigma 设置情况的呢？其实说穿了也很简单：水兵甲告诉水兵乙不就完了嘛——不过这个"告诉"，当然不是对着大海一通狂喊，而是体现在发出的密报上。在当时，水兵甲在加密正文之前，会先把自己机器这时候的设置情况，按特定规则缩写为几个字母，并把这几个字母添加在电文的最前面，构成所谓"报头"的一部分；而为了保证正常识别，这几个字母是完全不加密的赤裸明文——完成了这个工作后，他才正式对明文开始加密。这样一来，水兵乙接到密电后，完全不需要什么密码本，直接就能读出报头的那几个关键字母。然后，水兵乙就可以按这个指示，将自己的机器调整到跟水兵甲的机器完全相同的设置上。之后，他继续不断地输入收到的密文，整份密电也就被顺利地脱密了。

正是这个小小的反射板，将 Enigma 方便使用的特性发挥到了极致。同一部机器，加密用它，脱密还用它；除了那个反射板之外，整部机器里没有附加任何额外的脱密装置，一切都还是密码编码机本身该有的部件——平心而论，这个"谜"的设计思路，真是优美得要命！

同时，反射板的硬件成本并不高，制造也不怎么复杂，体积还很小，完全可以装入 Enigma 机槽之内——这就是说，以工程师的眼光来看，的确是个很有可行性的方案。而就软件方面、具体说就是"培训基层报务员"方面的成本来说，优势则更加明显：受训人员甚至完全不需要知道技术原理，也无须额外学习另外的脱密机器使用规程，只要掌握本来就挺简单的 Enigma 加密操作流程就足够了——这就是说，以商人的眼光来看，也一样是个很具吸引力的方案。所有这一切，都决定了这个又便宜、又漂亮、又方便的主意，必定是极有前途的。

谢尔比乌斯接受了这个建议。由此，Enigma 呈现出独特的"无脱密附件"现象，并成为整个 Enigma 家族的标志性特征。我们都知道 Enigma 是当之无愧的一代名机，而它要是没点"绝活儿"，又怎么"名"的起来呢——当然了，这个貌不惊人的反射板，正是 Enigma 的看家绝活！

如上所述，Enigma 完成了密码技术方面质的飞跃，但是，谢尔比乌斯依然没有满足。他觉得，在增强 Enigma 的安全性方面，还是有潜力可挖、有文章可做的。最后，这个"匪夷"又想了一招，一如增设反射板那样简单，但是，也再一次大大地增加了密钥的长度。说穿了，这个办法其实也不复杂，本质上还是前文讲过的单表替代的一种，而且实现方法也非常简单，那就是在机器的外围电路里，再串联一个连接板。在这块连接板上，代表某两个字母的线路可以被互相交换，比如，B 和 I 交换一下。如此一来，进入连接板的信号是 CIA，离开连接板时就变成了 CBA。

谢尔比乌斯认为，只交换两个字母是不妥当的；他一咬牙，索性交换了 6 对共 12 个字母的线路！这道新号令一下，在德文字母表上差不多占了一半的主人公们，马上就开始"一对一"地互相串起门儿来了。而在串门的时候，谢尔比乌斯还特别规定：不是一劳永逸地赖在别人家就成了，而是要定期"乱窜"。换言之，今天 C 和 T 互相串门，明天 C 也许就改为和 E 互相串了。这就是说，按照为此制定的"串门表"上的规定，昨天 CIA 会被变成 TIA，而今天的 CIA 就会变成 EIA 了。如此这般，哪天谁该去谁家，表上列得清清楚楚，到了时候就走，绝没二话的。

经过简单的排列组合计算以后，我们可以知道：通过两两交换 6 对字母，可以生成 100 391 791 500 种不同的变化；而每一种变化，实际就对应着一张不同的换字表，或者说是一种不同的密钥——于是，Enigma 密钥的总体长度，就此呈现出壮观的暴涨：

密钥长度 = 17 576 ×6 ×100 391 791 500 = 10 586 916 764 424 000 位。

翻译成简体中文，就是一亿零五百八十六万九千一百六十七亿六千四百四十二万四千位！

容我先捋捋舌头——这个翻译真不容易，也真难为我了……

前文所说，单表替代是很危险、很容易被破解的加密方式。但是——无论什么问题都有个"但是"——它不安全的前提，正是因为它被独自应用。如果它不是被单独使用，而是与其他加密方式糅在一起，再联合对明文进行加密的时候，这个密码编码的体制，当然也就更加安全了。按照我们对 Enigma 的剖析来看，它的转轮组，功能正是多表替代；而连接板，功能则是单表替代（更严格的说明请见本书第五章）。当这两种不同风格的加密手段联合起来以后，效果真是非常明显：假如我们以密钥长度为安全指标进行考察的话，那么在增加了连接板以后，这个混合密码体制的强度，瞬间就如爆炸般地上升为单纯转轮组加密的一千多亿倍！

更深层的安全，还不仅仅体现在密钥位数的暴涨。如果只是单纯的单表替代，那么无论再怎么增强安全性，只要利用频率分析法，那些精心构造的伪装依然是无可遁形；如果只是单纯的多表替代，那么只要巧用包括卡西斯基试验在内的各种数学工具，一样有可能把它打翻在地。可现在，当两种方法天衣无缝地结合在一起以后，频率分析法首先失灵，卡西斯基试验跟着傻眼；过去无比好用的密码分析手段同时应声作废，再也奈何 Enigma 不得了——而在那个年代，数学界还真是没有任何一种办法，能够对付得了这种崭新的"单表替代＋多表替代"的复合加密体制！

谢尔比乌斯还认为——我都怕他了，他还嫌不够结实——继续追求他的完美设计，看来是不把全世界的数学家都逼疯便绝不罢休：在一些机型上，他又加了一个转轮！而采用了 Enigma 的德国军方为了更好地保密，也执著地沿着谢尔比乌斯指明的道路，对已经强大得无与伦比的 Enigma 继续进行着孜孜不倦的改造：

——在商用型 Enigma 的一个附件（输入轮）上，字母排列是按键盘顺序排列的。为防止潜在对手因为买到机器进而了解内部构造，军方采用的军用型 Enigma 输入轮上字母的排列，就不动声色地改成按字母表顺序排列了。

——定期改变机器内部设置，也就是转轮的初始设置、转轮的排列顺序和连接板的字母对连接情况。这些设置直接表明了 Enigma 机器在加密密文时的状态，它就是 Enigma 的密钥。对于当时的德军来说，这个密钥按规定是要定期更换的，起初是每季度一换，到后来每月一换、每日一换、每8小时一换。

——使用同一个密钥分别加密多份密文后，可能会导致被截收密文总量超过"临界量"而遭到破译，为此就需要在加密时引入新的变化。按照军方的规定，在拍发任何一份密电之前，报务员首先要按密码本上记录的密钥把机器调整好，然后自己任意选择三个字母，比如 ATX。将这个 ATX 连续输入机器两次，会得到 6 个密文字母，比如 USGJDH；再把它以明文形式抄写在密电的开头，作为报头部分的前 6 个字母。之后他把转轮组中的 3 个转轮，依次调整到自己开始选择的 A、T、X 位置，再开始加密正文。这里的 ATX 三个字母，主要作用就是指示出目前转轮的位置，被称为"指标组"（indicators）。由于操作员不同，每次加密时选择的指标组也不同，导致相应的 Enigma 综合设置也各自不同。这样规定以后，即便大家都在同一天使用同一个密钥，但由于指标组总在变化，被截收的"同密钥、同指标组"的密文总量就很难超过临界量而被轻易击破。

现在再让我们来看看接收方的做法吧。首先，报务员要按密码本上记录的密钥，把机器的整体设置调整好；然后将密电报头的 6 个字母，比如我们刚才提到的 USGJDH 依次输入 Enigma。由于这 6 个字母只是被密钥加密，因此同样按密钥调整好的接收方机器，也将能够轻松地还原出 ATXATX。报务员看了看，ATX 重复了两遍而且完全相同，也就确认了发送方报务员确实没有手误。之后，他把自己机器的 3 个转轮也依次调整到 A、T、X 位置上，继续输入后面的密文，直到全部脱密。这样一来，每篇电报中只有头 6 个字母是依据相同的密钥加密而来，而后面正文则是依据五花八门的指标组加密而来——想找规律？先准备吐血吧。

——转轮组里的转轮虽然还是 3 个，但是这 3 个转轮不再是 Enigma 附带的全部转轮了。原来，德军后来将 Enigma 的转轮发展为 5 个，只在用的时候，挑出 3 个来装入机槽内而已。由于转轮内部的连线规律各自不同，密钥长度也因此再次大大增加——精确地说，转轮的排列方式从以前的 6 种变成了现在的 60 种，密钥长度也随之飞跃为从前的 10 倍。

——最变态的是海军，他们专用的 Enigma 完全达到了疯狂的程度：候选轮子从 5 个增加到 7 个，后来又增加到 8 个；每次装入机槽内的转轮个数，开始是 3 个，后来改进为 4 个。这还不算，还记得那个镜子——反射板么？海军型 Enigma 上的反射板经过改造，已经和第 4 个转轮"黏"在一起，导致了一个令人意外的结果：它居然是能转的……

谢尔比乌斯的心血——Enigma，就这样横空出世了！

遗憾的是，谢尔比乌斯本人，并没有见到这么强悍的海军型 Enigma。虽然海军作为最识货的大主顾，在 Enigma 诞生 8 年之后的 1926 年，率先以军方的身份采购了他的杰作——但是，还没等到海军一步步地把它升级到那个非理性程度之前，谢尔比乌斯就已经永远地离开了我们大家。

　　那一天是 1929 年 5 月 13 日，他老人家骑马的时候意外失手撞在墙上，当场牺牲，时年 50 岁。

三、丘吉尔先生托起的灿烂星座

图 14　一台保留到今天的 Enigma

　　看看这个装在木头盒子里，似乎长着两副并排键盘的古怪机器吧。无论是从机器代替手工的角度出发，还是从它的强悍功能考虑，Enigma 都是史无前例的。因此自出生那天起，这台机器就注定不会是昙花一现的发明。虽然如此，我们的谢尔比乌斯先生还是为它发愁了很久……

　　在每一本谆谆教诲我们上进的书中，往往都能找到这么一句话：知识是无价的。至于 Enigma 这个机器到底是不是天才级别的发明创造，看来谢尔比乌斯也是有清醒认识的。就在 1918 年，他做了 3 件事：注册了 Enigma 的专利；注册了 Enigma 的商标，和朋友一起开了家公司。之后他很快将科技转化成了第一生产力，制造出了商品型的 Enigma，并且开始出售了——虽然，这第一种打着

"Enigma"商标的转轮密码机还远远没有那么复杂，甚至连 Enigma 家族后来最具标志性的反射板都还没有出现。

图 15　Enigma 的注册商标

对于这么优秀的发明，谢尔比乌斯当然极有信心，以至于直接把它的零售价格定成了一个天价。折算过来，大概相当于现在的 3 万美元/台，或者约 24 万元人民币/台。即便曾经是知识分子，等到变成小老板以后，那小刀片也得举起来不是？不过，玩笑归玩笑，这位谢尔比乌斯博士还真不能算是奸商。且不说机器构造复杂得要命，单从这种大步跨越密码学发展时代的发明而论，区区 3 万美元，还真不能算贵！

图 16　拧在 Enigma 木箱上的商标铭牌

他用尽浑身解数，向密码机最有可能的买主，也就是企业家们和军队推销。但是，这个世界上绝对不是每个人都是伯乐，也绝不是每个人都通晓什么叫密码、什么叫更安全的密码机制。不出意外地，他叮叮当当地碰了一堆钉子：企业家们无法相信，这四四方方、三个齿轮、两副键盘、一堆电线的怪东西，居然可以拿来保守商业机密；何况，到底又能有多少商业机密，能贵到值得用至少 6 万美元去保护呢？毕竟，想要 Enigma 正常运转，至少也得买两台用于双方通信才行，否则只有自己加密再自己解着玩了……

从理论上讲，任何一种密码机最有可能的潜在大买主，自然就是军队。可是，抱着极大希望的谢尔比乌斯怎么也没有想到，德国军方的回应居然是懒洋洋的：有必要么？我们自己的密码好得很啊。再说，这么贵的新玩意儿，又不像我们自己的密码经过一战的考验，谁知道你安全不安全……

就这样，谢尔比乌斯在自己的责任田里惨淡经营了几年，化肥施了不少，收成却不怎么样。虽然他决定跳楼大减价，竭力拉住可能的顾客，但是往往人家听了听，就礼貌地转身走开了——他的优惠是：每台可以便宜13%（大约相当于今天的4000美元），前提是你得购买1000台以上……

虽然卖得不好，可谢尔比乌斯并没有失去信心。他觉得，市场反应不佳，并不能说明Enigma的设计思路就是错误的。在这个信念的指导下，他没有拼命降价以夺取市场，而是继续不知疲倦地改进着他的宝贝儿机器。

莫非刚下海的科学家都是这样的？

不知道了……

沉寂了5年之后，在1923年，Enigma的升级型号——带有反射板的Enigma-A终于问世了。从这个A型开始，Enigma走上了一条家族兴旺的繁衍之路，也正因为如此，很多资料都把Enigma-A视为Enigma系列的真正元老。这也难怪，它的前辈"原型Enigma"，实际上只能算是粗糙的转轮加密机，虽然起点也非常高，但是和现在一比，那就逊色太多了。比如，原型Enigma的显示板下面，是一长串小灯泡；而现在，它们的排列方式被改进成了键盘式样。我个人认为，谢尔比乌斯的这个改进非常重要。至少，如果我是报务员，还必须整天盯着长长一串此起彼伏、闪来闪去的灯光的话，也实在太容易头晕了……

Enigma-A不仅配置了后来型号一直保留的键盘式显示装置，还明确了输入键盘的键位设置。为了保密，也为了符合电报加密的要求，Enigma-A取消了所有的标点，生成的密文非常紧凑，按我们老祖宗的说法正是"句读之不知"。此外，它还保留了三个德语中特有的变异元音字母"Ä、Ö、Ü"，同时又删去了26个德文字母中不常用的Y。这样，在Enigma-A键盘上，一共有着28个键位。

之后第二年，也就是1924年，Enigma-B再次粉墨登场。这次，键盘上恢复了包括Y在内的所有标准字母，变异元音"Ä、Ö、Ü"也不留了，键位也恢复成了标准的26个。顺便说一句，关于"Ä、Ö、Ü"，在后来的Enigma机型上，有时保留，有时又取消，估计是按客户的意思设计的吧；此外，后来的某些型号上，又增加了若干标点符号，用意为何？不是很清楚，估计还是那句"客户永远是大爷"才是局部真理吧。

本来，Enigma的发展道路大概就这样了：赶上谢尔比乌斯天才闪光的时候，就冷不丁推出个新型号；碰到平常年景，估计许多年也不会有新东西问世——回想从原型Enigma到Enigma-A的出现，中间可是隔了整整5年啊。

可谁也没想到的是，谢尔比乌斯的好运气突然来了，而且这好运气一来，特大号的门板都挡不住——该着走运，他生命中的贵人出现了。这个贵人不是别人，正是德国人的死对头、那位在一战中曾任英国海军大臣的温斯顿·丘吉尔。

图 17　肖像艺术的杰作：丘吉尔
摄于 1941 年 12 月 30 日

丘吉尔先生的一辈子也算是威名赫赫，但是有那么一段日子，这个剽悍的人过得并不太爽。这里稍微回顾一下，姑且看看到底能扯多远吧。

1910 年，丘吉尔先生任内政大臣，次年又转任海军大臣。正是在这个海军大臣任内，丘吉尔先生出了大名。我们都知道，他对德国人、对德国军队有着毫不掩饰的厌恶。当海军大臣还没满 4 个月，丘吉尔就在格拉斯哥发表演说，矛头直指德国海军。之后的 1914 年 8 月 1 日，当一战全面爆发已经迫在眉睫的时候，他收到电信，称"德国已经对俄国宣战"。对海军大臣而言，后续的正常举动应该是什么？看起来，应该是马上向首相和内阁汇报，研究相应对策吧。确实应该是这样，可他没有——这位海军大臣先生非常有个性，大笔一挥，直接就下达了海军的总动员令！

都动员了还说什么……第二天，内阁追认了动员令。又过了两天，1914 年 8 月 4 日，英国正式对德国宣战。似乎是天生好战，两个月后，这位丘吉尔先生已经出现在比利时，去组织安特卫普保卫战了……

这里顺便也讲讲他的两个小故事吧。第一个，就是在此之前的 1914 年 7 月，酷爱飞行的丘吉尔先生，已经有了 140 多次飞行经验，差点就成飞行员了。可就在这个月里，他给妻子写信说，他决定不当飞行员了，因为，他熟悉的许多人都死于飞行事故。然后他说：不再飞行、不当飞行员，这是为她做出的最大牺牲。

看看人家这话说的，多漂亮……

第二个呢，则发生在第二次世界大战（以下简称二战）时期。那时候的丘吉尔已经贵为首相，可是拗劲上来，谁也没办法。他居然提出，要跟着盟军一起在诺曼底登陆！而且，他还要在登陆的第一天，也就是在所谓的 D 日，随着冲锋的船艇登陆！没人拉得住他，就连盟军总司令、日后还会升级成美国总统的艾森豪威尔进行劝说，也失败了……最后，还是国王乔治六世，也就是那位著名的"不爱江山爱美人"的温莎公爵的弟弟，亲自出面解决了问题。那是在某天早餐的时候，估计是有人因为摆不平这件事，故意将风声泄露给了乔治六世。结果，国王当场就崩溃了：

真见鬼！我还去过设德兰群岛呢，也在海军呆过！他要是去，那我也去！

国王和首相一起，冒着枪林弹雨去抢滩登陆？

咣当，所有群众全部晕倒……

有如此狠话放在头里，老丘那一颗勇敢的心才好歹算是给压了下来。说起来，这还不是市井小段子，而是乔治六世的妻子——伊丽莎白王后，即后来的伊丽莎白皇太后亲口讲过的。

好，让我们回到第一次世界大战时期，继续讲述还年轻的丘吉尔先生的事迹吧。

1915 年 5 月，丘吉尔先生改任（兰开斯特公爵郡）不管部大臣，只过了半年，由于种种不顺心的事情，他老人家索性辞职不干，直接奔赴法国前线，跟德国鬼子拼命去了。再怎么说也是大臣级别的丘吉尔动不动就往前线跑，搞得内阁也很尴尬，最后只好给他一个名分。一个多月后，时年 41 岁的丘吉尔被任命为皇家步兵第一团苏格兰毛瑟枪营营长。

写到这里不禁感慨：海军大臣和营长之间，差了多少级？按咱们中国人的传统看法，这不是糟践人么……可丘吉尔先生还就是正儿八经当了 4 个月的营长！后来，他的营长头衔终于被去掉了，却也不是因为他不想干了，而是因为该营被合并、番号被取消了——也许是内阁觉得这么着太不成体统，索性找个由头把这话柄给灭了吧……

一年后的 1917 年，丘吉尔先生出任军需大臣。次年 11 月，第一次世界大战结束。再过一年到 1918 年，又任陆军大臣兼空军大臣。1921 年，转任殖民地事务大臣。世界级的大仗打完了，但是丘吉尔先生还是没闲着，一直在鼓动英国政府干涉苏联的革命，甚至提出进行国际性干预；在英国与土耳其的争端中，他也力主强硬态度。想想他在第二次世界大战中的表现，就知道这是个无论如何不喜欢和平的人；不管他自己承认不承认，我都这么看……

1922 年 10 月，在国内政治风云突变之下，当时的内阁倒台了，丘吉尔先生的大臣位置，自然也就没了。更倒霉的是，他老人家在自己的根据地丹迪市的大选也落败了，这下，他连个议员的位置都没有了。风风火火的丘吉尔先生，就这么一下子摔入了自己政治生涯的谷底。回想以往的辉煌，他又岂能甘心？可是不甘心也得甘心，选民不带你玩了，你还能有什么办法？毫无办法——只不过，丘吉尔先生又怎么是那种稍遇打击就认输的人？突如其来的赋闲也没有让他安顿下来，他老人家改弦易辙，——开始写书了！

还别说，丘吉尔先生舞刀弄枪风风火火，舞文弄墨那也绝对是一把好手。不说别的，之后的 1953 年，凭借《第二次世界大战回忆录》，他就一举拿下了诺贝尔文学奖。而在那么多战争统帅中间，有这份好文笔的，可也着实不太多见啊。即便是当前，即便是处在人生低谷之中，即便还有着一肚子的郁闷和愤怒——总之，即便有着一千个一万个不如意，丘吉尔先生写出的书也照样是一流的水准。

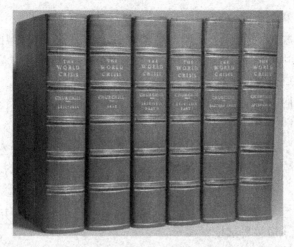

图 18 老丘的《第一次世界大战回忆录》英文版

这就是他的著名作品《第一次世界大战回忆录》（*The World Crisis*，也译做《世界危机》）。1923 年 2 月，《泰晤士报》开始连载其中的第一卷，同年，这本书的前两卷正式出版了。

——终于可以把话题拉回来了：我们的谢尔比乌斯，好运气全在这本书里！

丘吉尔阅历丰富，大权在握，无数内幕都在他的掌握之中，写起书来自然是天马行空，信手挥洒；可这一挥洒，问题就出来了。在某一章中，他透露说：德国的密码在一战刚开始不久，就已经被协约国破译了……

也是与此同时，Enigma-A 上市了。在我们的谢尔比乌斯正在努力研发 Enigma-B 的时候，德国人终于看到了这本《第一次世界大战回忆录》。通读全书，犹如挨了一记闷棍的德国军方这才知道：在一战中，英国海军部里那个专门负责破译密码的单位——"第 40 号房间"（Room 40），几乎是在"系统性"地获得德军情报！

怎能不败？怎能不割地赔款？原来，不是我方指挥无能，也不是战术不当，而是我们早就向敌人公布了所有的战略意图和作战计划，然后请别人来揍我们啊……

如梦方醒……！

1926 年，民族仇恨绝不比丘吉尔先生弱的德国海军、首当其冲吃了英国海军部"第 40 号房间"大亏的德国海军，率先决定采购 Enigma 的海军型——Enigma Funkschlüssel C 型。让军方看上眼了，那还了得？价格根本不是问题，关键是要快、要好、要多！而在笑不拢嘴的谢尔比乌斯看来，老天简直是在下黄金雨呀——比起前几年的冷清寂寞，现在多得令人震惊的资金，几乎是在源源不绝地倒入他的工厂和车间！

经费充裕了，Enigma 发展历程的分水岭也跟着出现了。仿佛上了高速路一般，Enigma 的研制顿时就呈现出欣欣向荣的势头；同时，它也像种子一般，播撒到了世界各地：

1927 年，Enigma-D 开发成功；

1927 年，Enigma-E 开发成功；

1927 年，Enigma-F 开发成功；

1927 年，Enigma-D 在英国获得专利；

1928 年，Enigma-D 被美国军队获取；

1928 年，Enigma-G 军用型开发成功，德国陆军、空军开始批量采购；

1929 年，Enigma-H 开发成功；

1930 年，Enigma-Ⅰ（这里是罗马数字Ⅰ）军用型开发成功，被德国陆军、空军批量采购；

1930 年，Enigma-H 在英国申请专利，次年获得专利权；

1931 年，Enigma-K 开发成功；

1932 年，波兰、瑞典先后获得 Enigma-K；

1932 年，在 Enigma-Ⅰ军用型的基础上，Enigma -Ⅱ军用型开发成功，再次被德国陆军、空军采购；

1934 年，日本购得 Enigma-K；

1934 年，Enigma Funkschlüssel M（海军型）开发成功；

1935 年，西班牙、意大利先后获得 Enigma-K；

1936 年，在 Enigma-Ⅰ军用型的基础上，改制出德国国防军型 Enigma（Wehrmacht Enigma）；

1937 年，日本依靠购来的 Enigma-K，参考借鉴后成功研发出大名鼎鼎的紫密；

1937 年，德国党卫队开始装备 Enigma；

1938 年，Enigma MOB-38 型开发成功，装备德国陆军、空军；

1938 年，Enigma 的海军型升级为 Enigma Funkschlüssel M-2 型（即 M2 型Enigma）；

1938 年，Enigma 商业型（具体型号不详）被德国帝国邮政局采购并装备；

1938 年，Enigma 商业型（具体型号不详）被德国帝国铁路局采购并装备；

1939 年，日本在 Enigma-K 及紫密的基础上，发展出日本海军型密码机；

1939 年，Enigma MOB-39 型开发成功，装备德国陆军、空军；

1939 年，Enigma 的海军型再次升级为 Enigma Funkschlüssel M-3 型（即M3 型Enigma）；

1939 年，开发出德国军事情报署型 Enigma（Abwehr Enigma）。

随后，二战爆发了，但是 Enigma 繁衍的脚步并没有停息：

1942 年，Enigma 的海军型升级为 Enigma Funkschlüssel M-4 型（即 M4 型 Enigma）；

1942 年，开发出德国 – 日本海军通用型号 Enigma-T（或 Enigma Model T 型）；

1943 年，海军型又升级出 M-B 型、M-8 型；

甚至到了纳粹德国苟延残喘的 1945 年，全新开发的 M-5 型和由 M-B 型发展而来的 M-10 型还分别装备了陆海空三军……

如上所述，Enigma 大致可以分为两类：一般使用的商用型，以及特别制作的军用型。据估计，各种 Enigma 一共生产了大约 10 万台。就其中的军用型号来看，从 1926 年海军的首次采购开始，到 1945 年纳粹灭亡的短短 19 年间，仅仅是德国军队（不包括法西斯意大利军队，也不包括罗马尼亚、保加利亚等仆从国军队）就装备了大约 4 万台。

也正是因为这个原因，Enigma 与"卐"字标志、普鲁士之鹰、铁十字并列，真真正正成为了纳粹德国的军事象征——而与密码相关的发现或发明，能享有如此显赫地位的事情，在历史上还从来没有发生过！

图 19　德军士兵两人一组，在操作 Enigma

图20　"德国装甲兵之父"古德里安将军　　图21　士兵们在焦急的将军旁边
　　　　和他的部队　　　　　　　　　　　　　　　操作着 Enigma

　　从诞生那天起，历经多年的沉默之后，随着时间和局势不可逆转地朝着二战的方向发力狂奔，令人眼花缭乱的 Enigma 家族终于迸发出了密码界最耀眼灿烂的光芒，一跃成为群星璀璨、光芒四射的星座。

　　而这个灿烂的星座，竟然完全是由丘吉尔先生一手托起来的，他老人家也不会不知道这里的故事。只不过，他心里究竟有没有为自己的口不择言而后悔，会不会因为那么多人成了自己信笔一挥的牺牲品而愧疚，又有谁知道呢……

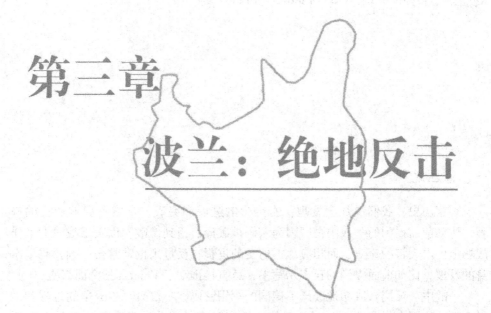

第三章

波兰：绝地反击

一、重压之下

观察历史，我们往往会发现：密码学的进展和突破，常常会影响历史的进程，比如前面提到的一战中德国因为密码被破译而遭到惨败，以及二战时太平洋战场上山本大将的毙命；而相应地，历史的进程，反过来也常常会影响密码学本身的发展，比如前面提到的丘吉尔写书，就直接推动了 Enigma 的全面兴盛。

一战中，英国人成功地破译了德国的军用密码，不仅改写了战争的进程和结局，更让英国人得意非常，而丘吉尔"泄密"事件正为这种典型心理做了个形象的注脚。德英两国是世仇，是宿敌，这回能够彻底击败德国，英国人的解气、痛快心理，也确实不难想像。但是，随着战后第 8 年，也就是 1926 年的到来，英国人发现他们接到了越来越多莫名其妙的德国电文，高手云集的第 40 号房间根本无力破译。

英国人明白，德国的密码系统升级了。很难理解的是，英国人对这个"谜"的出现似乎并不是太在意，既没有大规模地扩充破译机构的规模，也没有专门组织力量去对付这个新密码。唯一能够解释这个现象的理由，似乎也只能是英国人把自己看得太高了，同时又把德国看得太低了。大概英国人认为，即便德国开发出难以破译的密码，也不是什么了不得的事情。说到底，战争刚刚结束才不到 10 年么？再打起来，大不了在战场上再把它击败一次就是了。而德国，那个败得惨不忍睹的国家，还有再战的胆量和实力么？

令破译高手们感到莫名其妙的电文，正是以德国海军为首的军方开始采用 Enigma 之后出现的。而此时的德国，正陷入深刻的危机：根据凡尔赛和约的规定，一向骄傲的德意志被迫放弃帝制，割让土地，支付天文数字般的战争赔款，工厂里的机器被直接拆走，轮船和火车也被直接送到战胜国，如此等等。经过这样的掠夺，战前曾是列强之一的德国，此时完全失去了强国的地位。同时，和约中关于德国军队规模的严格限制，更是具有极强的侮辱性；其目的不仅仅是彻底打消德国与其他军事强国一争雌雄的念头，而且还有着对德国人念念不忘的光荣军事传统的羞辱——你不是一直很牛么？现在规定你的实力就是三流，所谓的光荣，留给你们的老祖宗去吧！

　　之后，从1929年开始，横扫整个资本主义社会的世界性经济危机全面爆发，并且整整肆虐了4年。本来就已经大伤元气的德国这下更是雪上加霜，比起战前，人民生活水平几乎是在开足马力倒退。多年以来，对丧权辱国的凡尔赛和约、对相对比较开明民主的魏玛宪法早憋了一肚子气的德国主流阶层，终于在内因和外因的共同作用下，走上了一条重振国威的不归路——尽管大有波折，但是最终，德国国家社会主义工人党（纳粹党）登上了历史舞台。1933年1月30日，德国国家元首、总统兴登堡任命政坛新贵、纳粹党党魁阿道夫·希特勒为德国总理，并授命他组阁。次年8月2日，兴登堡病死，整个德国完全成为纳粹的天下。

　　伴随着全社会舆论一步步向右转的过程，纳粹德国也一步步突破了凡尔赛和约的军备限制，最后干脆彻底不承认这个条约，至于分期支付的战争赔款更是不再提起。政治上，纳粹党自然是极为反动的，但它的经济发展策略，却相当适应当时的实际情况。整个德国正在高速地恢复元气，失业的工人们得到了新的工作，新建的工厂也在全力生产，军队也开始了自我扩充和强化，而狂热的人民对他们新元首的主张更是笃信不疑："新帝国必须再一次沿着古代条顿武士的道路向前进军，用德国的剑为德国的犁取得土地，为德国人民取得每天的面包。"

　　面对逐渐硬起来的德国，曾经的战胜国们却逐渐退缩了，绥靖主义的论调开始弥漫欧洲，就连大洋彼岸的美国，也认为不该过分限制德国，应该允许德国有一定程度的发展。而过去曾经恨不得把德国抢尽罚光的协约国集团，如今对这个战败国突然宽容起来的根本原因，并不是突然想起来这个弱肉强食的世界上原来还有"人道"这个词，而是因为欧洲东边"出问题"了——一个真正的"大问题"。

　　在欧洲的东边，全新的社会主义国家——苏联——已经出现10多年了。比起纳粹德国的疯狂信条，更让列强害怕的是共产主义的扩张，何况多少个世纪以来，它们对巨大的"北极熊"俄罗斯，一直就抱着根深蒂固的恐惧感。于是，它们开始明里暗里支持德国的沙文主义倾向，梦想着"祸水东引"，最好能够淹没红色苏联才好。在他们明里暗里的鼓动下，欧洲渐渐出现了双雄对峙的局面：一个极左，一个极右；一个极红，一个极黑。

　　最刺激的是，已经以德国人民代言人自居的希特勒公开声称："（领土问题）只有在东方才有可能解决……只有在主要是牺牲苏联的情况下才有可能解决……在大陆方面，德国不能容有两大强国在欧洲崛起。"这完全是公开在向苏联叫板。更要命的是，上至希特勒下至普通公民，整个纳粹德国都很明白：苏联那边上至斯大林下至普通公民，那是绝对难以容忍德国的这个挑衅态度的——即便如此，希特勒还是继续这么说，继续疯狂备战，继续嚣张地挑衅苏联。

到了这个地步，已经不需要任何的国际战略专家来估测未来走势了——所有欧洲人都知道，这两个咄咄逼人的大国之间，发生激烈冲突已经是必然的了；如果说还有什么问题值得提出来的话，也只能是：那一天，到底是哪一天呢？

现在，让我们摊开二战前的欧洲地图，看看如此的局势是如何影响了密码学的进展吧。在北纬50度线稍微往北，德国的首都柏林，和苏联西部重要的大城市基辅之间，直线距离大约是1220公里。

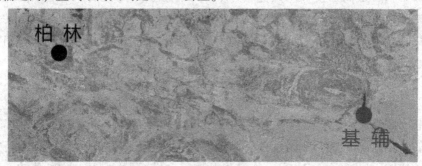

图22　北纬50度附近欧洲局部形势图1

本图使用 Google Earth 卫星地图软件截屏制作，特此致谢

如果用中国的城市距离做个参考，那么北京到上海的直线距离大约是1100公里，北京到湖南长沙的直线距离大约是1280公里。如果仅仅考虑德国和苏联的边界最近距离，那么这个1220公里还要缩短大约一半，即不到600公里，大致相当于从北京到河南开封的距离——剑拔弩张的形势，就这么清晰地跃然图上了……

事情还没有完。如果把这条长1220公里的线段增粗一点，我们就会发现，它捎带着还掠过了另一个大城市。

图23　北纬50度附近欧洲局部形势图2

本图使用 Google Earth 卫星地图软件截屏制作，特此致谢

图 24　被横线掠过的华沙

本图使用 Google Earth 卫星地图软件截屏制作，特此致谢

它，正是波兰的首都华沙。测量一下不难知道，华沙西距柏林大约 520 公里，东距基辅大约 700 公里……

而本章故事的主人公——无奈的波兰，就这么毫无选择地夹在了极左和极右、极红和极黑的两大巅峰势力之间！

我们刚才所说德国 – 苏联国界的最短距离，其实正是波兰东、西边界之间相对最狭窄的地方。而这两个已经武装到了牙齿、即将大打出手的邻居，对夹在中间的波兰又是个什么态度，恐怕没有人能比波兰人自己更清楚了。

早在公元 10 世纪，波兰就被日耳曼的铁骑蹂躏过。到了近代，在第一次世界大战中，波兰本身又是德国军队和协约国军队的战场。而此后，战败的德国被迫割地，它的"西普鲁士"地区被单独挑出来划归波兰，从此形成了所谓的"波兰走廊"。正是由于这条走廊的隔离，德国被分裂成两个不相接壤的部分，也就是德国本土和"东普鲁士"。相应地，位于波兰走廊上的重要港口——但泽港，也从此脱离了德国的版图，变成了国际联盟管辖下的"自由市"，而波兰拥有它的关税权、对外关系及保护侨民权。设身处地想想看，德国人能不恨么？而白白获得了走廊的波兰人，就能舒舒服服享受这块天上掉下来的领土么？此外，波兰还有那么多犹太人，而他们也正是纳粹力图灭绝的种族……

至于波兰与俄罗斯（苏联），更是有着一笔笔历史和现实的烂账。公元 14 世纪，在波兰国力最牛的时候，甚至入侵过俄罗斯，还差点攻占了莫斯科。17 世纪的时候，俄罗斯人打回来了，到 18 世纪末，波兰彻底亡了国，被俄罗斯、奥地利和普鲁士联合起来给瓜分掉了。直到 Enigma 发明的那一年，也就是 1918 年，波兰借着第一次世界大战结束的好时候，才正式独立出来。可刚独立出来的波兰也没闲着，它趁着新生的苏联政权立足未稳、正在全国各地收拾反苏维埃势力的机会，瞅准时机主动向东出兵，居然把苏联红军给打败了，最终获得了西乌克兰的部分领土。对于任何一个苏联人来说，怎么说自己的国家也是一个历史悠久的泱泱大国，居然就这么栽在一个新生的小崽子手下了？这口恶气，又如何咽得下去？

最后，纳粹德国和苏联已经是不共戴天，迟早要打起来。可是，它们之间并不接壤，想要跟对方交手，总不能隔着几百公里空气出拳吧……

战火必起，波兰必将倒霉，这已经是没办法的事了。对于波兰人来讲，在其他欧洲人只关心"什么时候会打起来"的同时，他们还得多考虑一个问题，那就是"到底我会先遭谁的殃呢？"如果我是当时的波兰人，感觉肯定是非常无助的——明明知道世界末日正在倒计时，却不知道现在已经数到几了，甚至也不知道这个突然降临的末日，将会从什么方向袭来……

很明显，情况已经糟得不能再糟了。但尽管如此，波兰人还是要做出自己的努力，尽他们的全力去维护自己的祖国。不用更多的命令和动员，他们就开始疯狂地甚至是玩命般地试图获取任何有关德国和苏联的情报，并且竭尽自己所能，全力解破他们所使用的密码。

就在这种巨大得难以想像的、沉重得令人窒息的死亡恐惧压迫下，波兰人做到了轻松惬意的英国人做不到的事情——第一次，他们窥破了 Enigma 的奥秘！

二、绝密：总参二部密码处

从戕害生灵和毁灭财富的角度看，一战毫无可取之处；然而从历史和地缘政治的角度看，一战却极为深刻地改变了整个欧洲的政治版图，它的影响甚至穿越了随后的二战，一直波及今天。

1918 年 11 月 11 日，德法签订停火协议，一战结束了。也是在这个多事的秋天，在饱经战火的欧洲大地上，一连串的变故正在令人目瞪口呆地连续发生着。如果以军事上常用的"0"日来标记 1918 年 11 月 11 日的话，那么 0 日前后发生的这些事件记录下来就是这样的：

－45 日，保加利亚投降；

－14 日，捷克和斯洛伐克共和国成立；

－13 日，德国基尔港水兵暴动；

－13 日，南斯拉夫共和国成立；

－12 日，奥斯曼土耳其帝国投降，4 年后，存在了 600 多年的长寿帝国消亡；

－8 日，奥匈帝国与协约国签署停火协议，整个帝国摇摇欲坠；

－7 日，基尔港水兵暴动引发德国十一月革命；

－4 日，巴伐利亚国王路德维希三世退位；

－2 日，德皇威廉二世被迫退位（正式退位是在 +17 日），德国成为共和国；

　　0 日，奥地利皇帝卡尔退位；

　　+1 日，奥地利成为共和国；

　　+5 日，匈牙利成为共和国；

　　+7 日，拉脱维亚共和国独立，成为波罗的海三国中最后一个独立的国家；

　　……

　　一时间，欧洲大地上简直是"五洲震荡风雷激，城头变换大王旗"——帝国不再时髦，现在流行共和国了！而就在这一系列多米诺骨牌似的连锁效应中，一张新牌出现了。

　　波兰共和国，就在刚才说的 0 日这一天——1918 年 11 月 11 日——也独立了。

　　新波兰自然极端重视自己的生死存亡，就在独立的当年，它的总参谋部已经开始着手完善自己的军事统帅机关职能了。半年之后的 1919 年 5 月 8 日，又在其下属的第二部内设立了密码处。顺便说一句，所谓的"第二部"就是情报部，这在不少国家似乎都是个通例——把司令部下属的"第二个"部门位置留给情报机关。比如，美国陆军的情报局简称是 Army G-2，空军情报局简称是 A-2；咱们中国这边，清朝设立军咨处的二厅就是情报厅；国民党参谋本部的二厅就是情报厅等。也许有人会问，那司令部的老大是什么？司令部司令部，顾名思义当然就是指挥部队作战的部门。约定俗成地，这个老大的位置通常也是留给"作战部"的，至于老三老四，基本就是各国按自己的喜好来了。

　　言归正传。波兰总参谋部指挥的军队，可实在说不上多么勇猛无敌，要不也不会被苏联红军一路追击到华沙城下，虽然后来好不容易又给赶回去了——但是总参二部下属的这个密码处，却十分令人意外地体现了超一流的水准。放在当时的环境下考察，波兰军方的这个密码处，绝对要比波兰的军队本身更让欧洲各国同行尊重。

　　事实上，就在密码处成立的当年，针对苏联红军的密码破译工作，便已经取得了成果。在那时，一位还未满 31 周岁的年轻数学家斯蒂凡·马祖切尔维茨（Stefan Mazurkiewicz），就首先攻破了红军的通用密码。从此，苏联年轻统帅图哈切夫斯基的总司令部，竟然成为了波军的重要情报来源。以此功绩，马祖切尔维茨后来被提拔为华沙大学的副校长。

　　尔后在 1920 年 8 月，当苏联红军已经兵临华沙城下，情况极为困难的情况下，密码处还是坚持着破译了大约 400 份红军情报。现在我们知道，这些关键时刻的关键情报，最终真是救了波兰一命——被破译的情报清楚地展示出，参加华沙战役的红军并非铁板一块，特别是在其左翼内部，已经出现了巨大的裂缝！而波兰一方的统帅、有"波兰独立象征"之称的风云人物约瑟夫·毕苏斯基，当然也没有放过这个稍纵即逝的机会。他命令波军在坚守华沙城的同时，迅速插入红军左翼的裂缝之中，尔后对左翼展开全线反攻。波兰人的杀招一出，华沙城外红军的形势顿时变得极为被动。与此同时，红军内部的高级指挥员之间还发生了严重的意见分歧——时年27岁的图哈切夫斯基，他所下的命令，并没有得到属下另一员猛将，那位著名的哥萨克骑兵军军长、36岁的布琼尼的足够尊重，不仅导致了红军局部战略意图无法实现，而且还加剧了军心的动摇。此外，在红军总司令部内部，关于究竟如何攻击华沙的争论也一直没有停止，宝贵的时间正在不断地流逝着。此消彼长的态势对比下，经过各个分战场的浴血奋战，众志成城的波军竟然彻底扭转了战局，全面击溃了红军！不仅如此，密码处破译得来的情报还显示，此时红军第4集团军已经跟它的总司令部完全失去了联络。从地图上看，在其他红军部队正在全线撤退时，唯有第4集团军像个孤零零的箭头，已经深入到了波罗的海沿岸一线。这条重要的情报，直接敲响了这个集团军的丧钟——最终，红军为救援该部所做出的努力全部归于失败，整个集团军被波军完全堵住并歼灭，而无路可逃的红军官兵，甚至大批涌入了德国境内。伴随着这些接连而至的胜利，意气风发的波军一路又杀回了苏联境内。最终，是波兰而不是苏联，赢得了苏波战争的全面胜利：苏联丢掉了西乌克兰，以及部分的白俄罗斯（1919年白俄罗斯以加盟共和国身份加入苏联，但是一直保持一定的独立性）。

毫无疑问，如果以效果为唯一指标，来详细考察波兰军方密码处对苏联红军密码的破译工作的话，那么完全可以打个非常漂亮的高分。

以上这些，说的都是对苏联方面的破译工作。而对西线的德国，密码处也保持着相当的水准，总的来说，也挺不错。但是从1926年年初起，事情开始发生了一些变化。

1926年2月，密码处发现他们无法再破译德国海军电报了。

1928年7月15日，密码处发现德国国防军的电报也没法破译了。

纵然是见多识广、水准一流的密码处，一下子也被打懵了。他们根本就不知道，自己面对的已经不再是德国人精心构造的手工密码，而是人类历史上第一种大规模投入实用的机器密码！

查遍厚厚的资料和档案，波兰人找不到哪怕一点点可以帮助破译的线索和经验，情况糟糕透顶——在刚开始的时候，他们甚至完全不知道发生了什么事，根本无法判断这密码是怎么编出来的。那些看似与过去毫无差别的德军新密文，在进行常规初步分析时，竟然如约定好一般，同时失去了波兰人已掌握的所有共性特征。算，算不出来；看，看不出头绪。所有过去用过的分析办法都试遍了，但在未知的强大加密机制面前，最终还是全部灰溜溜地败下阵来。

捧着这些令人莫名其妙的电文，我猜密码处的分析人员一定郁闷得发狂：这一大堆都认识的德文字母，它们到底在说什么啊……

大量的新密电依然在源源不绝地被截获，但是那支以前大家随便就能瞅瞅其发展动向的德国军队，似乎是在一瞬间就对全世界关上了自己的大门。而且，这道新出厂的大门简直就是铁打的，任你踹、任你砸、任你撬，就算你在门边堆满了炸药，然后引爆，也照样是丝毫也奈何它不得！

如果说，对待德国改变后的密码体系，波兰人如同疯了一般地在试图击破它的话，那么相比之下，第一次世界大战的战胜国英国、法国甚至美国的态度，简直就有点骄傲矜持乃至漫不经心了：破不了？破不了算了，反正不着急……而波兰本来就跟英国、法国都有比较密切的情报交流，毕竟，波兰、英国、法国3个国家中间夹着的正是德国啊——可现在，这些哥们儿也只有摇摇头耸耸肩：我们也没货！

波兰人是明智的：依靠别人，永远不会有真正的安全。他们不敢像英法同行那样松懈，相反却加倍努力去试图破解。然而很奇怪的是，尽管历史上各种生猛加密方式一再被数学家击破，密码界也早就承认了数学的威力，但是按传统，密码处还是习惯性地倚重语言学家。本来嘛，一般要破译的密电，其明文都是符合该语种的语法规则的，在分析密文时，语言学家可以从构词、惯用搭配、语法和时态等辅助信息，连蒙带猜地破解密文。第一次世界大战时期乃至更早的实践早已表明，语言学家所起到的作用无论怎么估计都不过分，说他们是破译密码的中流砥柱，那是一点都不夸张的。

可现在情况完全不同了，面对比天书还要天书的新型密文，波兰的语言学家们显然也是一筹莫展。的确，即便你德语说得再好，对德语有着再强的语感，哪怕你本人干脆就是个德国人，也不可能直接看懂密文啊——这个浅显的道理，最后终于被总参二部密码处想明白了。

想明白了就得变。密码处一点不耽误，开始招募波兰最优秀的数学家，其中就包括前文提到过的那位年轻的数学教授斯蒂凡·马祖奇维茨基，以及另一位数学教授沃克劳·西尔平斯基（Waclaw Sierpinski），并且决定开始在波兹南大学（Poznan University）的数学专业里，定向培养专门的密码人才。比起欧洲大陆上到处都有的、动辄历史多么多么悠久的著名大学，这个波兹南大学可得算个后生晚辈了。它建立不久，总体学术水平也远远说不上出类拔萃；但在这所大学里面，会说德语的人相当多——既会德语、又懂数学，当然是密码处求之不得的了。正是由于这个优势，促使密码处将培养点定在了波兹南大学。至于这里为什么会有一大帮德语通，我们在后文中还要提到。

时光荏苒，眨眼间，德国新式密电已经出现了快三年了。到了1929年1月，波兹南大学数学系的系主任，兹齐斯劳·克雷戈夫斯基（Zdzislaw Krygowski）教授接到了密码处的指令，要求他拉个单子，把系里成绩最优异的三年级和四年级学生通通囊括进去，让他们改学新设立的密码专业。于是，20 个聪明的年轻人就此改变了他们的专业方向，也从此改变了他们的人生道路。

其中，有 3 个学生表现特别突出，即马里安·雷耶夫斯基（Marian Rejewski）、亨里克·齐加尔斯基（Henryk Zygalski）和耶日·鲁日茨基（Jerzy Rozycki）。日后，凭借着在密码战方面的骄人功绩，他们被合称为波兰"数学三杰"；其中的雷耶夫斯基，更是本文的主人公之一，现在先不赘述。

图 25　数学三杰的合影

从左至右，依次是：齐加尔斯基、鲁日茨基和雷耶夫斯基

顺便提一句：还是在 1929 年，名气更大一点的华沙大学（Warsaw University）也接到了密码处同样的指令，开始定向培养密码专业的学生，只不过针对的却是苏联的密码。唉，波兰所处的，这叫什么时代、什么地理环境啊……

显而易见的是，在密码分析的理论和方法还没有获得重大突破以前，仅靠现有的几个数学家，盲目地东碰碰西撞撞，基本不可能解决什么问题；而那些正在被培养的学生即便在将来能够傲然绽放，那也是将来的事，现在最多还只能算个水仙蒜头。想要看到它开出美丽的花朵，可以是可以，就是后面还得加四个字：慢慢等吧。

可是德国的密电却不管你采用什么措施，也根本不在乎你招募不招募数学家、培养不培养密码人才，人家就跟正常上班一样，天天挑衅一般成批成批地出现在密码处的案头——看着极端憋闷，可波兰人还就是束手无策。

就在密码处急得要死的时候，中国的那个成语"否极泰来"居然应验了。

仿佛奇迹一般，上帝突然决定要出手帮一下波兰人了，这一出手，就送给了波兰人两件礼物。

第一件礼物，是个邮包。

第二件礼物，干脆就是个大活人。

三、他的代号叫"灰烬"

前面提到，上帝突然帮了愁眉不展的波兰人一把，送来了两件礼物。其中，第一件礼物是个邮包。

这个邮包的故事传奇得很，因此众说纷纭，甚至连准确的日期都莫衷一是。稍微有点把握的是，在1928年的一天（也有资料说是1927年），波兰的华沙海关，连续几次接到了德国驻波兰使馆的紧急通知，说的都是同一件事，口气既严厉又焦急：我国外交部发给我馆的外交邮包，请速放行，交予我馆！

德国人要的邮包，这时候确实已经到了海关，其实本来很快就会给他们送去的。但是德国人过于急切的态度引起了海关工作人员的好奇和警惕，他们隐隐觉得这事情不太对头——驻在华沙的大使馆那么多，收发外交邮包的又不是只有你一家，也没见谁这么着急上火催个没完啊。如此急切，莫非邮包里有着什么不可告人的秘密？这么一琢磨以后，海关就决定偷偷把邮包交给情报机关去研究一下，看看里面到底藏着什么猫腻。如果真有猫腻，那就算捞着了；如果只是个普通邮包，那么等他们研究完了，再把邮包封好发送给大使馆，不让德国人知道邮包被拆封过也就行了。再说了，明天就是周末，多好的一个掩护啊；这样即便拖个一两天再给德国人，估计也不会被怀疑吧。

邮包送到了情报机关以后，三下五除二就被打开了。瞬间，在场的人都愣住了，几乎不敢相信自己的眼睛，而整个房间，也似乎放出了夺目的金光。

一台崭新的 Enigma。

令人朝思暮想、踏破铁鞋无觅处的密码女神——Enigma，就这样赤裸裸地出现在波兰情报人员的面前！

短暂的震惊之后，大家仿佛突然睡醒了一般，没二话就操练起来了。他们迅速分工，开始详细分析着这台意外获得的宝贝：照相、分拆、测量、描图、试验操作……在这个本该是慵懒的周末，波兰人夜以继日地研究着 Enigma，各种数据源源不绝地被记录下来。

转眼就到了星期一，德国大使馆也终于收到了他们的邮包。至于波兰人的歉意，不用细想都能猜出来：前两天是周末，可能在哪个地方耽搁了，唉，也没办法，那些家伙太懒散了。不过，我们海关可是今天一早收到，马上就给你们送来了——而德国人，还就真没起疑心！

这个故事告诉我们：如果有人对你先是莫名其妙地冷漠，之后又莫名其妙地恭敬，不要犹豫，他绝对是背后做了什么对不起你的事情——说起来，这可是德国人以惨重代价换来的教训啊。

波兰人截获的这台 Enigma 属于商业型，并不是更复杂的军用型。但是，即便如此也是极为宝贵的；毕竟它不再是原理，不再是乱七八糟的密电，而是一台实实在在的、正在被敌国使用着的密码机器。何况，军用型与商业型比较起来，并无原理的不同，只是有一些局部的调整而已。很快，波兰人就开始根据分拆得来的资料，试图复原出一台 Enigma。而假如我们要联系前因后果，整体看一下这个事件的影响的话，那么正如前面所提到的，大概在几个月之后，密码处在波兹南大学的定向培养工作就开始了……

上帝给予波兰人的第二个礼物，则是一个大活人。这个大活人叫汉斯-蒂洛·施密特（Hans-Thilo Schmidt），我们在下文里，就叫他施密特先生吧。

图 26　施密特先生

本图扫描自《Seizing the Enigma: The Race to Break the German U-Boat Codes 1939—1943》，原作者 David Kahn

施密特先生 1888 年 5 月 13 日出生在德国柏林，是个命有点儿背的退伍老兵，简单地说就是"干什么什么不成，吃什么什么不剩"，混到 40 多岁，还是没见什么大出息。为了继续在这个万恶的人间生存下去，施密特先生只好腆着脸去求他的大哥鲁道夫帮忙，给找个工作。比起不成器的弟弟，这位大哥鲁道夫，那可就神气太多了：不仅身居高位，直接掌管德国国防部的通信部门，就连批准 Enigma 在军队中使用，那都是鲁道夫下的命令。如此有权有势，走个小型后门把自己的亲弟弟安置进来，当然也不是什么难事。于是在 1930 年初，施密特先生就在德国国防部的密码局（Chiffrierstelle）正式上班了。

虽然有了工作，"生存"得以基本解决，但是对施密特先生来说，"发展"还只能是个很遥远的缥缈理想。由于只是个新来的低级职员，施密特先生的收入也是很少的。在这份菲薄的薪水限制下，他甚至只能把家留在巴伐利亚，而自己单枪匹马地留在柏林工作和生活——不是他不想把家搬过来，而是首都的生活费用实在是太高了……

威风八面的大哥如此之牛，情何以堪的自己如此之惨，鲜明的对比之下，施密特先生的心情也就可想而知了。更要命的是，这时候的施密特先生已经 42 岁了，还只是一个低级的职员，"仕途"这玩意儿，那是肯定跟他无缘了。也因此，摆在他面前的人生道路，已经可以一眼望见终点，那就是一辈子混在机关里，最终以一个平庸的小职员的身份，默默地了此残生。无论如何，施密特先生都觉得自己的人生太悲惨了，而这个悲惨，主要有两个原因：一是被整个社会抛弃了，二是因为穷。于是施密特先生决定在这两个方面索回补偿，办法就是既能报复这个不长眼的、黑暗的社会，顺便还能挣笔银子花花。而他要怎么做，才能既报复社会又挣到银子呢？

施密特先生没法不注意到：自己正好在密码局里，从事与新型密码机 Enigma 的相关工作……

当年 6 月 1 日，Enigma 的第一个重要的军用型号——Enigma-I（这里是 I 不是字母 i，而是罗马数字 I）被开发成功了，随即被德国陆军和空军采用。比起商业型，Enigma-I 有多处改进，如前文提过的，输入轮上的字母不再以键盘的 QWERTZU 顺序、而以字母表顺序 ABCDEFG 顺序排列，转轮内部的连线关系也全部发生了变化等。

机器型号有了升级，施密特先生心里挺高兴的，只不过肯定与"祖国的加密技术出现飞跃"本身无关。显而易见的事实是，由于 Enigma 出现了重大进展，对急需这些情报的"特殊客户"来说，施密特先生的本钱也就更雄厚了。实际上，即便没有这个进展，他掌握的资料绝对也是超重量级的。从此，他就义无反顾地走上了出卖情报的道路。

一年之后的 1931 年 10 月，他终于和法国的情报机关"情报服务局"（Servic de Renseignement，SRF）联系上了。在法国方面，负责联系施密特先生的，是情报服务局密码处的负责人古斯塔夫·贝特兰（Gustave Bertrand）上尉。按规矩，法国上尉贝特兰还给施密特先生起了个代号"H. E. 先生"；而这个"H. E."，读起来很像一个法语单词"Asché"，意思是"灰烬"。就这样，在密码史上绝对鼎鼎大名、象征着内奸的"灰烬先生"，也就隆重诞生了。为了更加保险起见，有时候，情报服务局也用代号"来源 D"（source D）来遮掩施密特先生的真名——说句题外话，如此这些细节，简直都可以拿到好莱坞拍电影去了……

施密特先生既然决定走上"德奸"这条道路，就没有什么好回头的了。一个月后的 1931 年 11 月 7 日和 8 日，他和贝特兰上尉在欧洲第一台机械纺丝机的诞生地——比利时的小城韦尔维耶（Verviers），找了家小旅馆秘密接上了头。这初次接头，施密特先生奉送的见面礼可够大方的，具体包括以下这些：

1）关于 Enigma 的操作使用：施密特先生提供了它的操作手册，以及陆军（德文为 Heer，缩写为"H."）型和空军（德文为 Luftwaffen，缩写为"L."）型所使用的 Dv. g. 13 文件。

图 27　编号 967、于 1937 年 1 月印制的 Enigma 资料汇编封面

这本小册子，正好是由上文提到的陆军型（H.）和空军型（L.）两份 Dv. g. 13 文件构成的

2）关于 Enigma 的核心原理：施密特先生讲述了它是如何加解密的以及空军型使用的 L. Dv. g. 14 文件。

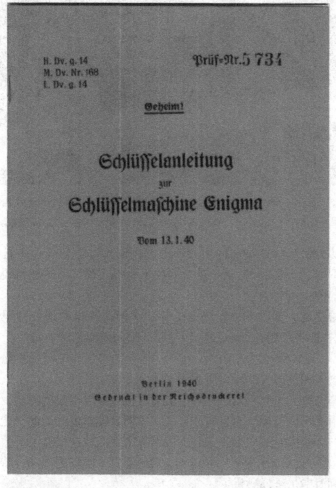

图 28 编号 5734、于 1940 年 1 月印制的 Enigma 资料汇编封面
在这本薄薄的、连封面在内也只有 14 页的小册子中，就包含着上文提到的
空军型 L. Dv. g. 14 文件

3）友情赠送：施密特先生还描述了新机型 Enigma-I 的部分细节，甚至还挺敬业地附上了示意图。

凭借出卖这些机密，施密特先生获得了整整 1 万德国马克。

接头之后，贝特兰上尉把得到的这些文件资料上交给情报服务局。看起来，经过施密特先生的讲解，贝特兰上尉似乎对 Enigma 强悍的安全性能有了真正的了解。在汇报工作的时候，他对情报服务局的头头断言："Enigma 是不可能被破

图 29　走上这条不归路以后，施密特先生一家的生活水平显然得到了改善

本图扫描自《Enigma: The Battle for the Code》，原作者 Hugh Sebag-Montefiore

解的，（所以实际上）这些文件用处不大。在深入讨论它（似乎是指如何破解 Enigma）的时候，（其实）应该把这个问题本身都去掉"——还别说，法国间谍有时候也挺酷的……

通过情报交流，英国人也很快就得知了法国人获得的这些情报。按文献记载，英国人"得到了文件，细心地归了档"。那归档以后呢？都"归档"了还有什么"以后"，当然就此束之高阁了呗——瞧瞧，和急得哭都哭不出来的波兰人比起来，法国人和英国人的所作所为，又是多么轻松惬意啊。

但是，施密特先生并不知道贝特兰上尉对他所提供情报的评语，也不知道这些情报还会再次出口英国，而且同样也没有得到足够重视，因此仍然继续踏实认真地履行着一个叛国者的职责。于是，一场泄密大戏就这样演了下去：

又过了一个月，1931 年 12 月 19 日和 20 日，施密特先生和贝特兰上尉故地重游，在比利时韦尔维耶碰头。

1932 年 5 月 7 日和 8 日，还是他俩，还在老地方，第三次会面了（这地方有什么好的？真搞不懂）。

1932 年 8 月 1 日和 2 日，施密特先生和情报服务局的一位中间人"REX 先生"，也叫鲁道夫·勒莫依尼（Rodolphe Lemoine）的先生在柏林会面。8 天以后，施密特先生提供的文件经过 REX 先生的帮助，被装在外交邮袋里，寄达了巴黎。

1932 年 10 月 29 日和 30 日，施密特先生和贝特兰上尉在德国第四次会面，这也是他们二人之间的最后一次直接会面。

　　……

从1931年起的7年时间里，施密特先生和包括贝特兰上尉在内的法国情报人员先后接头达20次，提供了大量核心机密。光是提供的密码本一项，上面就记录着德国在38个月——也就是三年零两个月——内使用的全部密钥！至于其他关于Enigma方方面面的情报，就更是多得难以统计了。实话实说，施密特先生这个内奸当的，还真是满"敬业"的……

说到这里，可能又会有人纳闷了：不是说波兰人的绝地反击么？施密特先生向法国人提供了情报，这很有趣；但是这段故事，又跟波兰人的工作有什么关系呢？

一句话就能回答这个问题：虽然法国人和英国人不重视这些资料，但是按照不久前刚达成的情报交流协议，法国人还是把它们交流给了波兰总参二部部长、兼管二部密码局（即从前的二部密码处）的戈维多·郎芝（Gwido Langer）上校！

大家也许还记得，刚才我们提到，1932年5月7日和8日，贝特兰上尉和施密特先生第三次在那个莫名其妙的比利时老地方碰头。不过，这只是贝特兰上尉5日行程中前两天的安排。之后的3天呢？他接着就"访问"了波兰首都华沙！

之后在8月10日，施密特先生提供的文件不是通过外交邮袋到了巴黎么？收到这些东西并做了相关研究后，一个月后的9月17日到21日，贝特兰上尉又"访问"了华沙！

平心而论，上帝送出的这两份礼物，对任何一种当时的密码来说，无疑都是灭顶之灾。但是，正是由于Enigma先天设计的超一流水准，使它居然摇摇晃晃地挺过了这一关。也如德军自己对Enigma的评估一样，"即使敌人获取了一台同样的机器，它仍旧能够保证其加密系统的保密性"——这句

图30 波兰总参二部部长郎芝，一个看起来挺和蔼的胖子

本图扫描自《Enigma: The Battle for the Code》，原作者Hugh Sebag-Montefiore

话，的确是说到了点子上！对Enigma而言，它的内部构造属于密码学上"算法"的范畴，能保密当然好，实在不能保密，也不至于就因此遭受毁灭性的重创。而机器在加密电文时的具体设置，也就是我们前面所说的密钥，以及报务员自由选定的指标组，如此这类属于"密钥"范畴的东西，才是真正需要保密的。换言

之，对一个密码体制而言，密钥远比算法要重要得多，它才是密码安全性的基石！这也是为什么波兰人先获得了 Enigma 商业型原机，后来又获得 Enigma-I 军用型机器的原理、构造、走线等资料之后，仍然无法立刻击破它的原因。实际上，他们已经能够复制 Enigma 了，但是，谜依然是谜。

尽管如此，这个谜距离被猜出来也已经不远了——因为波兰人，此时正在全力以赴地试图破解 Enigma 的整个体制！

讲到这里，我们也许会产生一个疑问：既然波兰人已经掌握了那么多的 Enigma 秘密，甚至连记录密钥的密码本都有了，不是已经能够据此破译密电了么？既然如此，又何必还非要苦苦地试图破解整个 Enigma 密码体制呢？守着现成的宝贝，还浪费人力物力去继续破解，到底有这个必要么？

关于这个问题，兼管密码局工作的情报部部长郎芝上校，就有着自己的考虑：如果有一天，这个情报线索断了呢？到了那时候，如果整个密码局还是无法破译 Enigma，岂不一下就傻眼了？所以，绝不能让全局人员产生"反正我们有密码本"这样的依赖心理。既然如此，索性继续保持着强大的压力，或许反而是件好事，说不定，就能把整个 Enigma 体制真的给破开呢？果真如此，即便是某天这个情报来源真的断掉了，那也没什么关系了。于是，这些好不容易到手的、对分析人员有如久旱甘霖一般的资料和情报，居然就被他一直锁在自己的抽屉里，仿佛根本就不存在一样。

——而每天因为 Enigma 而焦头烂额的密码局的分析员们，竟然真的是一点都不知道！

毫无疑问，郎芝上校具有远大的战略眼光。后来，他所设想的情况果然发生

图31 左为郎芝，右为贝特兰

了——而波兰人在巨大的压力下，已经掌握了破译 Enigma 的硬功夫，最终也没有因为情报来源的断流而手足无措。

在这里，也介绍一下施密特先生的收场吧。

舒服了几年以后，二战全面爆发了。直到法国沦陷为止，施密特先生如此明目张胆的叛卖行为，居然也没有被德国的反间谍机关所发现。但是天道有还，这样的好运气也不可能永远伴随着他了——还记得那个在柏林和施密特先生接头的中间人"REX 先生"么？他实际上是个德国人，真名叫斯道曼（Stallmann）（图32），至于"REX 先生"或"鲁道夫·勒莫依尼先生"，不过都只是他的化名而已。根据情报服务局的指示，继贝特兰上尉之后，这位斯道曼先生一直是施密特先生的专门联络官

图 32　化名"REX"的斯道曼先生

本图扫描自《Enigma: The Battle for the Code》，原作者 Hugh Sebag – Montefiore

员。法国沦陷后，他被德国盖世太保，也就是秘密警察逮捕了。

斯道曼先生是怎么被发现的，整个谍报网络又究竟在哪里出了纰漏，我们还不太清楚；不过比较清楚的是，一顿暴打之后，斯道曼先生招架不住，把他的下线施密特先生给供出来了。之后在 1943 年愚人节这一天，施密特先生被不开玩笑地逮捕了。5 个月之后，她的女儿被通知去认尸；种种迹象显示，施密特先生最后死于自杀。

都说"汉奸没有好下场"，那么，难道德奸就有好下场么？

施密特先生已经用他自己的实践，给了我们一个非常明确的回答。

四、雷耶夫斯基初露锋芒

对 Enigma 系统来讲，"天灾人祸"4 个字真是再确切不过了——使馆的不小心，加上叛徒的出卖，使得看上去坚不可摧的铜墙铁壁，居然也一点点地出现了裂缝。不过，即便如此，整个系统崩毁的那一天，也还远不会那么快就到来。毕竟，扫帚不到，非同凡响的 Enigma 照例不会自己倒下；而上述那些纰漏，其实也并不能直接动摇 Enigma 的安全根基。对它来讲，堪称雷霆万钧的最致命打击还没到来。

而就在时代迫切需要英雄的时候，应该获得第二个花环的人——马里安·雷耶夫斯基，终于光荣登场了！

图 33　雷耶夫斯基

本图扫描自《Seizing the Enigma: The Race to Break the German
U – Boat Codes 1939—1943》，原作者 David Kahn

在我看来很奇怪的是，这位波兰的民族英雄雷耶夫斯基到底是哪国人，居然都成了一个小小的问题。从任何一份关于他生平的资料都可以得知，他于 1905年 8 月 26 日出生在波兰的比得哥什（Bydgoszcz，也译做比得哥煦）。按说这也就完了，但是为了慎重起见，我又稍微翻了一下 1905 年前后的地图。结果这一翻，就翻出问题来了……

比得哥什，位于波兰北部的维斯瓦河（Wisla River）西岸。这条维斯瓦河，一直被称为波兰的母亲河，不过，它与咱们中国的母亲河，也就是长江、黄河的主体流向不太一样，维斯瓦河不是自西向东，而是从南到北流经了波兰全境，最终汇入苍茫的波罗的海。所以，要是咱们五代的亡国之君李煜先生有幸出生在波兰的话，估计那首著名的《相见欢》的末句，也得改成"胭脂泪，留人醉，几时重？自是人生长恨水长北"不可……

言归正传。维斯瓦河的中段穿越华沙，之后蜿蜒流向西北，在比得哥什附近猛然拐弯转向东北，最终在但泽（今天已经改名为格但斯克）修成正果，得以奔流入海。而这个路过的"但泽"，大家可能还有点眼熟吧？没错，它就是前文提到过的那个第一次世界大战后被辟为自由市、脱离了德国版图的但泽。在一战之前，它和它附近的比得哥什，都还属于德国的西普鲁士地区。然而经过一战，这个西普鲁士地区被划给波兰，从此成为所谓的"波兰走廊"。也正是因为这一刀剁掉了中间的西普鲁士地区，搞得德国的疆域只剩下西边的德国本土，和东边的东普鲁士两块，因此，它们就是想接壤，也只能看着隔在中间的波兰走廊叹气了。

这些政治地理方面的改变，和我们对雷耶夫斯基的介绍有什么关系么？当然有——雷耶夫斯基1905年出生在比得哥什，而这时候的比得哥什还属于德国西普鲁士，因此，我们这位"波兰数学家"雷耶夫斯基，按其原籍来看，应该算是德国公民！那么我们的英雄雷耶夫斯基，到底是德国人呢还是波兰人呢？面对这种"出生后家乡就归了外国"的难缠官司，判断起来确实也有点挠头。本来想用咱们熟悉的中国的类似情况来打个比方，却还真不好找例子。非要找个先例来说，那就是：比如1858年《中俄瑷珲条约》和《中俄北京条约》签定前的1853年，在海参崴出生的人，到底该算中国人还是俄国人？蒙古独立前10年，出生在温都尔汗的人，到底该算中国人还是蒙古人？我猜，国际法对这样的情况一定有规定吧？同时我想，所有这些生在特殊时代、特殊地区的人，大概都有权力选择自己的国籍。也许是双重国籍呢？这还真就不清楚了……不管这些了，反正波兰从来都是把雷耶夫斯基作为自己的民族英雄纪念的，其他国家的观点也基本如此，所有资料都说他是波兰人。既然如此，那就这样吧。

不过，这个小插曲本身，绝对不是没有意义的。我再提一个地方，那就是波兹南——它离比得哥什不远，曾经也属于德国，尔后以波兹南地区的名义，与西普鲁士地区一起割给了波兰——这地方又有点眼熟，不是么？再提醒一下，这个地方有个大学……

这就是为什么当年波兰密码处要选择建立不久、水平也不太高的波兹南大学的数学系，来定向培养德语密码破译人才的关键——雷耶夫斯基和他的许多同学、同事，不仅都能说流利的德语，而且也对德国文化了如指掌，究其原因，正是因为他们本来就是在德国文化环境下长大的！事实上，也正是这些会德语的数学家，极大地帮助了密码破译工作。说起来，也得算是波兰不幸中的大幸吧。

从论资排辈的角度讲，波兰的雷耶夫斯基怎么看都是个后生。算一算就知道，他要比德国的谢尔比乌斯年轻得多，按中国人的说法，正是"小了两轮还拐弯"。谢尔比乌斯40岁的时候发明了 Enigma，而这会儿的雷耶夫斯基才13岁，在上中学。按说有着这么大的时间差，本来轮不到雷耶夫斯基首先来破解它；但是造化弄人，如前文说所，Enigma 在发明之后，着实是沉寂了几年。而这段时间差，正好让雷耶夫斯基茁壮成长，掌握足够的数学技能。当本事学到手的时候，一切都还不晚，因为 Enigma 才刚刚给别国造成了麻烦……

雷耶夫斯基在波兹南大学（Boznan University）数学专业毕业以后，又进入了那座在全世界极为著名的老牌学府——德国哥廷根大学（Gottingen University），进修保险统计学。本来是两年的学制，但是他只学了一年，就于1930年夏天回到波兹南大学，担任了数学系的助教。与此同时，他也被总参二部密码处看中，开始利用部分时间从事密码破译工作。1932年9月1日，雷耶夫斯基正式加入总参二部密码局（原密码处），成为一名文职密码分析员。

就这样，年方25岁的雷耶夫斯基正式对世界之谜——Enigma 发起了强有力的挑战，真是自古英雄出少年啊……感慨过后，让我们来看一下雷耶夫斯基参加破解 Enigma 前后，波兰在研究 Enigma 方面的一些零散情况吧：

——在意外拦截到德国外交邮包、获得了 Enigma 的第一手资料后，密码处决定以化名和假地址的方式，在德国市场上合法地购买一台真正的 Enigma 商业型，理由很简单：Enigma 的商业型和军用型之间，肯定存在着内在联系。而且即便是 Enigma 商业型，其衍生机型也甚多，彼此之间的差别还相当明显，因此，波兰人能够掌握的 Enigma，当然是多多益善。

图34　西兹克依

——1928 年，密码处为破译 Enigma 专门成立了新的项目组，连组长马克斯米廉·西兹克依（Maksymilian Ciężki）上尉在内，一共有3个人。

——1930 年 1 月 15 日，密码处处长郎芝少校，接替了弗朗西斯泽克·波克尔尼（Franciszek Pokorny）少校的职务，升任波兰总参二部部长，随后晋升为陆军上校（这时施密特先生的叛卖还没有开始）。

——1931 年年中，总参二部内部进行了编制调整，密码处与无线电情报处（Referat Radiowywiadu）合并，升级为密码局（Biuro Szyfrøw，

BS）。在密码局内，按工作对象区域，重新调整了下属单位的建制。其中新建立的三处，也就是 BS－3，针对的是苏联情报；四处，也就是 BS－4，则针对德国情报。其中，四处的负责人，正是 3 年前成立的 Enigma 项目组的组长、现在已经晋升为少校的马克斯米廉·西兹克依。

——1931 年年底，波兰人手里已经有了至少一台商业型 Enigma，并且得知了若干有关军事型的信息。

——1931 年 12 月 7 日至 11 日，那位法国情报服务局的贝特兰上尉访问华沙，与郎芝上校达成共识，即法国和波兰实现情报共享。这样，因为共同的敌人——德国的 Enigma，波兰终于和法国接上了线。也如我们前面所提到的那样，仅仅过了半个月，也就是同年的 12 月 19 日和 20 日，贝特兰上尉就奔赴比利时，与施密特先生进行了第二次接头。

由此，波兰人的智力终于有机会放射出光芒了——不仅在日后直接帮助盟国密码人员进行针对 Enigma 的破译工作，更重要的是，启发了他们在波兰人的思路上更进一步，最终彻底击败 Enigma。

现在，让我们继续讲述雷耶夫斯基吧。自从他初步破掉了 Enigma 之后，自然是名声大噪，但也历经了坎坷的人生，我们后文还要详细讲到。而现在我们要说的，是在整个第二次世界大战结束 30 多年后的 1978 年，他所接受的一次访谈。在访谈中，雷耶夫斯基详细回顾了当年自己破译 Enigma 密电的思路（以下括号内注释性文字为作者所加）：

所有电文的前 6 个字母都有特殊的意义，检查一下你就可以发现这一点：它就是被重复加密的密钥（他这里所说的"密钥"，就是我们前文说的那种由报务员随心选定的指标组。另，本段他所说的"密钥"均指指标组）。我很快盯上了这六个字母。如果德国人没有这样加密密码本身，而是在电文头部直接以明文给出密钥，那么他们最后的结果要好得多（因为这些经过密钥加密过的指标组，不可避免地要泄露密钥本身的信息；若直接使用明文标出指标组，则不会暴露密钥的任何信息）。不管怎样，我都得设法破解这些密钥；此外我也得到了资料，这才能开始工作，并试图破译 Enigma 本身。

在我已经有了初步结果后的一天，马克斯米廉·西兹克依少校给我拿来了一台商业型；这样一来，我的感觉就好多了。

接下来的工作，就是处理特定的方程了。尽管我也没指望这个工作能够很快得到进展，可还是碰上了一个障碍。后来在一个天气不错的日子，大概是 1932 年 12 月 9 日或者 10 日吧，西兹克依少校带来了一些情报资料，我根本不知道那是从法国那里弄来的。里面包括了……1932年 9 月和 10 月这两个月使用的密钥表（里面记录的是密钥；以下他所说的"密钥"，不再是指标组，而均为 Enigma 的密钥）。这对我是个巨大的帮助，真是谢天谢地我有了这些密钥……方程里的未知数减少了，这样我就可以解出整个方程了。再后来，又是在一个天气挺好的日子里，我正坐在那儿算呢，(转轮的) 内部连接突然就以字母和数字的方式明白呈现了。第一个转轮就在最远的右边 (即所谓"右轮"，见本书第五章)，在每次输入的时候都要被旋转一下。

后来我才知道，从贝特兰那里传到华沙的那些情报，是从施密特那里得到的，他的代号是"灰烬"。

我想，在1932年年底前，从某种意义上讲，拿到手的机器已经被破解了：3个转轮之间的内部连线设置，和第四个部件——固定的滚筒 (即反射板) 的具体情况，都已经清楚了。现在这台普通的商业型机器已经被 (我们) 改动了，使用那些由贝特兰提供的密钥，它就可以阅读1932年9月和10月的电文了。9月和10月太重要了，换句话说，它们属于两个不同的季度。这是因为密钥包括了几个基本特性，其中之一就是密钥每个季度才变一次 (具体情况请见本书第五章)，它们就是转轮的顺序。转轮的编号是1、2、3，谁都可以在机器里插入他们自己乐意选择的那3个。当时，他们是每个季度变换一次。因为9月和10月分别属于两个季度，所以转轮的顺序也是不一样的。

我已经有方法可以算出某个转轮的内部连线设置，不过我只能算出最远的右边的那个转轮的情况，也就是每次输入密钥时旋转的那个。感谢9月的密钥，让我可以算出9月时最远的右手边的那个转轮的位置。因为我同时也有10月的密钥，使用同样的方法，稍后我也算出了10月时最远的右手边的那个转轮的位置。这样，我就有了两个转轮的情况。第三个转轮和反射板的情况现在变的不那么困难了，我可以设法用其他的办法算出来。

现在我们有了机器，但是我们还没有密钥 (指新的密钥)，也不能太过迫切地要求贝特兰不断地提供给我们每个月的密钥。就算他确实提供过以后月份的密钥吧，但是我的确是再也没得到过了。现在情况完全掉转过来了：过去，我们是有密钥没机器，结果我们破解了机器；现在我们是有机器但是没密钥，我们还必须想出办法找到密钥。没用多久，我们找到了几种方法来，包括格栅法和字母循环圈法 (直译是"旋转计数表法"，根据后文意译如此)。字母循环圈法方法极为重要，虽然它需要做大量的前期准备工作，但是准备好之后，找出密钥只需要10~20分钟。
(以上内容，摘译自1982年1月出版的《Cryptologia》一书第六章第一节对雷耶夫斯基的访谈。1984年，该书以《Kozaczuk's Enigma》的名字重印。)

如此说来，破译 Enigma 似乎非常简单。而我个人的看法是：那是雷耶夫斯基的伟大谦虚。如果真像他说的那么简单，为什么别人破不掉？为什么德国会对Enigma 那么倚重，从外交到内政，从军事到民事，不仅高级别的战争指挥，甚至就连生日贺电、天气预报这样的东西，都是用 Enigma 编码的呢？

能破非一般的 Enigma，这人一定非一般人，这办法也一定非一般办法。而雷耶夫斯基的办法究竟是什么，我们后文见分晓吧。

五、在决斗场倒下的群论之父

前文我们简单说到，雷耶夫斯基通过得到的情报，计算出了 Enigma 的转轮情况和配线情况，进而在 Enigma 层层设防的机制上穿了一个洞。这计算两个字说起来容易，可实践起来有多困难，大概只有当年的密码分析人员才能真正深刻地体会到。没有科学的头脑，没有过硬的数学基本功，没有融会贯通的思考方式，试图对这个谜下手，只能是自取其辱。

概括说来，我们的雷耶夫斯基为了对付 Enigma，动用了数学中的"群论"，方法是"矩阵置换求解"。这个说明清楚吗？很清楚。那么，这样说明的效果如何？——恐怕是不咋地。对于与我一样不是数学专业出身的读者朋友来讲，上面的解释就跟没解释一样："哦，他是用群论打败的 Enigma，很牛啊。"可这个群论是什么？还是不知道。

本书一直在力图避免涉及过深和过于专业的内容，毕竟，这是讲故事，不是写科学论文；但是说到波兰人破译 Enigma 的方法，"群论"二字是绕不过去的；可是想要讲清楚群论，又实在令人头大。那么，为了让这个莫名其妙的群论生动一点，我就扯远一点，干脆讲讲群论和他爹的故事吧。看到现在，大家肯定都知道了，我这人喜欢乱扯——写这本书太累，到处考证，也没什么娱乐性，唯一的好处大概只剩下可以信笔由缰，由着自己的思想和笔锋飞出去——估计大伙也都习惯了吧……

那就赶紧的，开始正式介绍我们这位群论之爹、法国数学家伽罗瓦（évariste Galois）吧。

记得小时候买过一本书，是上海出的五角丛书里的一本，专篇介绍过这个伽罗瓦，只不过将名字译成了伽罗华。模糊记得里面有一句开场白，大概是这样的：世界所有大学数学系悬挂的伽罗瓦的画像，上面都是一张年轻的脸。

这句话给我的印象很深，让我一直记到今天。的确，别的数学家的画像很少有这样的。想想欧拉，想想黎曼，想想毕达哥拉斯，想想高斯，想想牛顿，想想阿基米德……绝无例外，画像上的他们都是一副老头相。而唯独这位伽罗瓦，拥有着永恒的青春，不变的脸……

在 Enigma 诞生前一个多世纪的 1811 年，法国的一个小市长有了自己的儿

图 35　群论之父——永远年轻的伽罗瓦

子，伽罗瓦。小伽同学出身优裕，从小接受的教育就是温饱以外的上层建筑那一套。按说这也没什么，可他跟别人太不一样了；聪明得吓人是一项，对数学痴迷又是一项。不仅如此，他还非常有个性，锐气十足，我行我素。

极聪明，又痴迷数学，还不怎么合群——如此的合力，结果造成他在 15 岁的时候，就已经彻底厌烦了中学的数学课程，开始独立自主地阅读数学家们的原著了。从勒让德尔的《几何原理》，到拉格朗日的《论数值方程解法》、《解析函数论》，再到欧拉和高斯的著作，能看到的都不放过。说到这里惭愧非常，因为 15 岁的时候，作者本人还正在为中考郁闷呢——看完了这些以后，伽罗瓦得出了一个结论："我能做到的，绝不比大师们少！"

他没有胡扯。在名师里沙的培养下，伽罗瓦提出了一个新理论，并命名为群论。这年，他 17 岁。

写出论文以后，伽罗瓦就把它寄给了法兰西科学院的泰山北斗柯西（Cauchy），因为它的主要内容，与柯西研究的领域密切相关。然而柯西根本没把这篇论文当回事，干脆拒绝审阅，当然也没有给伽罗瓦任何回音，而论文也莫名其妙地丢了。18 岁的时候，伽罗瓦在群论上有了新发现，于是又写了论文，再次寄给法兰西科学院，并以此参加科学院数学大奖的竞赛。以他的本意，参与竞赛将有助于判断论文的价值，至于是否获奖并不重要。这一回，收到论文的是傅里叶（Fourier），就是那个提出"傅里叶变换"的数学大拿。傅里叶倒并没有拒绝审看论文，还把它带回了家。按说，这对伽罗瓦是个挺好的机会，可是命运大概偏要跟他开玩笑——谁也没有想到，傅里叶居然很快去世了，而这时候他根本还没有来得及阅读论文！人们在收拾傅里叶先生遗物的时候，也没发现伽罗瓦的论文。就这样，论文又丢了……

年轻的伽罗瓦在郁闷之余，依然在不懈地奋斗。在他20岁，也就是在法国巴黎师范大学上二年级的时候，又写了一篇《关于用根式解方程的可解性条件》，第三次寄给法兰西科学院。我个人猜测他一定是郁闷坏了，一定在想：为什么自己是个法国人、为什么法国就这么一个科学院、为什么只有在这里才可能有人能够看懂自己的论文——这种毫不掩饰的愤懑，直接贯穿了论文的字里行间："第一，不要因为我叫伽罗瓦（意思是他不是什么名人）；第二，不要因为我是大学生……就预先决定我对这个问题无能为力。"

果然是初生牛犊不怕虎啊！

这一次，柯西已经不在巴黎了，于是法兰西科学院指定泊松（Poisson）——就是那位提出"泊松分布"的高人——来审阅论文。伽罗瓦等啊等，等了两个月也没有得到任何回音，就写信质问科学院院长，在那边到底发生了什么事。当然，他没有收到院长的任何回复……

至于泊松，他老人家还真是仔细地阅读了论文，据说还不是一般的仔细，而是翻来覆去整整看了4个月之久。能得到权威的认真研读，按说伽罗瓦应该很高兴才是。可是谁又能想到，泊松根本就看不懂：什么"置换群"？莫名其妙……说起来也是，真要看懂了想明白了，恐怕也不会翻来覆去看上4个月吧？最终，泊松为这篇论文做了个结论，翻译成中文就是4个大字："无法理解"——然后，论文再次被扔到了一边……

在寄出论文5个多月后，伽罗瓦终于等到了回音。科学院对这篇论文的评价报告，结尾部分是这么写的：

> 我们尽了全部努力，去理解伽罗瓦的证明。我们需要判断论文是否正确，但是他的推理论证并不十分清晰……现在，我们不建议认可该论文。

屡试屡败的伽罗瓦真是被气坏了，一怒之下口出狂言："他们落后了100年！"

就在数学发现不被认可的同时，伽罗瓦的春天却来了，他爱上了一位舞女。可这春天来的有点异样，最后居然发展到了要跟一个军官决斗的程度。更加异样的是，这场看似为爱情而进行的浪漫决斗，其实跟爱情没有任何关系，而纯粹是一个政治圈套。原来，桀骜不驯的伽罗瓦还是个革命分子。他属于1830年法国七月革命中的激进派，在上大学时已经坐了两次牢，而刚才所说的那第三篇发往科学院的论文，也正是在牢里以一个犯人的身份写成的。据说，为了除掉这个眼中钉，巴黎当局有人精心构造了整个貌似公平、貌似为了爱情的陷阱。

在"为了爱情和荣誉"而决斗的前夜，伽罗瓦通宵未眠。他知道，对手是个职业军官，枪法比自己好得多，几乎没有任何取胜的可能。决斗已经约定，临场退缩绝不是伽罗瓦的作风，但要如约前往，今夜也许就是他在人世的最后一夜。尽管如此，伽罗瓦并不是什么贪生怕死之辈，何况以他这个年纪，往往也容易把爱情看得比生命还要重要——为了得到爱情，他并不惧怕以自己的生命作为赌注。

但是，他的工作还没有做完，他还有那么多的想法没有整理。特别是群论，作为一个新发现的数学理论，别人还不认识、不知道；而自己在这方面的研究和心得，眼下就是人类对于这个理论的全部探索了……他没有犹豫的时间了，必须立即把自己的发现整理出来。为此，他开始给自己的好朋友写信，在信中没有什么客套寒暄，基本上全是在描述他的新理论的大致结构，包括如何把群和多项式方程联系起来的构想。此外，他还涉及了其他一些内容，比如关于椭圆方程、代数函数的积分等，以及一些很难辨识的东西。

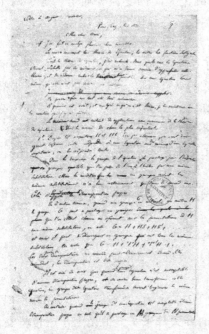

图 36　伽罗瓦手稿的首页
几乎算是最整洁的一页了

图 37　首页之后的页面局部
正文左侧的空白处，完全变成了他的草稿纸

　　表针似乎是在飞转，漫长的黑夜也从来没有流逝得如此之快。就在这种极度的焦躁情绪中，伽罗瓦几乎是不停笔地写着他的科学遗言。即便到了今天，当我们在审视这份穿越时空流传下来的手稿时，也完全可以体会到他当时的那种近似于崩溃的状态——全文字迹极为潦草凌乱，各种演算和涂改痕迹，更是毫不掩饰、杂乱无章地充斥在正文周边的空白之处。也正是在这些地方，我们还能看到他在思路暂时中断时，焦灼地写下的"我没有时间了"的字样……

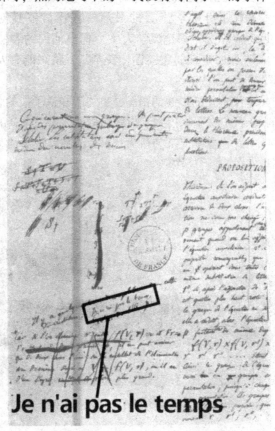

Je n'ai pas le temps

图 38　另一页，正文左侧局部
仔细分辨，我们依稀还能看到"Je n'ai pas temps"（我没有时间了）的字样

　　终于，天还是亮了。

　　1832 年 5 月 30 日清晨，伽罗瓦和那个军官如约来到了决斗场。按规则，他们拉开 25 步距离，面对面站好，分别举起了手枪。伽罗瓦自知不敌，同时也许是希望对手是位君子——具体原因已经没有人能知道了——他只是举起枪，并没有击发。事实上，在他的手枪里，压根就没有装填哪怕一发子弹！

　　而那个军官，则毫不犹豫地扣动扳机，并且一枪就击中了伽罗瓦的胃部。决斗失败的伽罗瓦被抬回了家，在他弟弟的哭泣声中，眼看着越来越虚弱下去。即便如此，他仍然拒绝牧师为他进行临终祷告。就在这样的状态下，他还对他弟弟说："不要哭，我需要足够的勇气在20岁的时候死去。""不要忘了我，因为命运不让我活到祖国知道我的名字的时候。"整整过了一天，饱受剧痛折磨的伽罗瓦才慢慢地死去。两天之后，这位年轻的数学天才被草草地下葬了。而随着历史的不断变迁，如今，人们已经无法找到他的墓地了。

在决斗前夜写就的那份科学遗嘱的最后一段，伽罗瓦对他的朋友写道："……公开要求高斯或雅各比（都是数学大牛）提出他们的看法，不过不是针对事情的真相，而是针对那些定理的重要性。我希望，将来能有人发现，它（指这篇文章）有助于解决所有那些混乱……"

是金子，终究是埋没不住的。他的祖国，也终于知道了他的名字，虽然整整迟到了38年。当他的60页论文手稿得到了出版的机会以后，全新的"群论"也终于震动了整个数学界。由此，伽罗瓦被公认为是群论的奠基人，成为"群论之父"。

图39　今天以伽罗瓦命名的学院，也是桃李满天下了

——很多人都说，伽罗瓦年轻气盛，不知道所谓的"荣誉"、所谓的"爱情"，与事业相比哪个更重要。更有人以马克思拒绝决斗、继续写他的资本论为例，感慨地说：总有一些事情，值得我们忍辱负重，默默前行。也有人奇怪，他为什么要寄希望于对方的手软呢？如果他也开枪打那个军官，结果如何还不好说呢……

然而历史就是历史，已经不会再更改。不管怎么说，我们这些后人的无谓感慨，伽罗瓦是听不到了。即便听到了，他会改变选择么？事实上，在明知没有胜算、几乎是必然面对死亡的时候，他也曾经哀叹：

我请求爱国者们和我的朋友们，不要因为我没有为国捐躯，而是死于其他事情而责备我。我为一个并不名誉、爱卖弄风情的女人做了牺牲品。在一场痛苦的吵架后，我的生命之光也熄灭了。哦！为什么要为这种毫无价值又很卑劣的事情去死呢！……宽恕那些把我送上死路的人和事吧……

尽管如此，他仍然没有因为那一夜是生命中的最后一夜而肆意放纵，也没有为保全性命而偷偷逃跑。在天亮之前，他拼命地把关于数学的思考写了下来，之后就毅然决然地上了决斗场，为了自己的尊严，毫无悔意地以命相搏……仅仅从他生命中最后时刻的表现来看，这个年轻人就值得我们深深尊敬。

在所有的画像上，伽罗瓦就这样被永远定格在 20 岁时的样子。那张带着一丝稚气的脸，也在告诉后人，他的青春，又曾经是何等的灿烂。

六、指标组！指标组！

在研究 Enigma 的加密机制时，雷耶夫斯基注意到了一个细节，它就是上文提到过的那条德军规定：在密钥的基础上，还要增加一个指标组，然后使用密钥对这个指标组进行重复加密。

从原理上讲，德国人的这个规定，的确是有他们的道理的。限于 Enigma 的机械构造，密码本上记录的密钥不可能是无限长的；限于实际使用情况，密钥的数量也不可能是无限多的。因此，理论上无解、严格的"一文一密"方式，对于 Enigma 体系来说是毫无价值的。德国人所能做的，就是尽量减少同一密钥对不同电文的加密次数，以尽可能杜绝被破解的可能。因此，他们的办法之一，就是经常更换密钥，比如，1936 年前的每季一换。而每季度的电文数量绝对不是一封两封，当有成千上万乃至更多的电文使用本季度统一的密钥加密后，这个规模的样本数量，很可能已经大大超过了"报文临界量"。而这样一来，无异于给对手的破解，提供了太多太多的信息。为了解决这个问题，德国人在同一密钥的基础上，额外设置指标组来歪曲密钥信息，的确是个在理论上说得通的解决方案。

这个方案构思巧妙，也的确让一般人难以一下发现存在什么漏洞。这个一般人不仅包括你我（马后炮不算，嘿嘿），也包括著名的魔王希特勒。在看过 Enigma 的演示后，深知德国在密码上吃过大亏的希特勒兴奋地表示："如果没有德国专家的帮助，世界上没有任何人能够解开这个谜"——这就是说，至少在数学直觉方面，我们和极不平常的希特勒也没有什么不同，大家都是一般人嘛。

但是一般人看不出来漏洞，不代表天才数学家雷耶夫斯基也看不出来。下面，咱们就尽量以通俗的方式解释一下他的工作，而不去用什么群论、矩阵置换之类很难搞明白的东西来说吧。

将问题高度简化，可以做一个简单的模拟。按照上文所说，现在假定德国水兵甲发送电文，在最开始的时候随便在键盘上按了 3 个字母作为指标组，并以此对之后的电文进行加密。按照规定，3 个字母是不能相邻、重复的，为了防止输入错误，需要连续输入两次。例如，他选择的是 ATX，输入的自然就是 ATXATX。而根据该季度的密钥加密后，就会出来一个结果，比如说是 YBATAV。

这样的电文被截获后，雷耶夫斯基忽略后文，而把这最前面的 6 个字母 YBATAV 单独拽出来。可以看到，第一个字母 Y 和第四个字母 T，都是通过密钥，直接加密指标组 ATX 的第一个字母 A 而成的。区别是，Y 是第一轮加密的结果，T 是第二轮加密的结果。这是非常宝贵的信息，因为这个时候，字母 Y 是使用密钥原汁原味加密字母 A 而成的，转轮都处在密钥所规定的初始位置上；再加密其他字母的时候，Enigma 内部的转轮肯定要旋转了，这个初始位置也就不存在了——因此，电文第一个字母的信息是十分宝贵的，它直接反映了 Enigma 的初始状态。之后第二轮加密 ATX 的 A 时，由于转轮的转动（每加密一个字母转动一次，现在已经转动 3 次了），再次加密 A 的结果变成为了 T。这也是很宝贵的信息：因为这次加密用的依然是纯粹的密钥，而没有受到后来叠加上的指标组的干扰。借此，雷耶夫斯基可以分析使用同一密钥时，Enigma 对已知相同字母进行多次加密时的变化规律。

由于加密过程刚刚开始，转轮们基本都位于初始位置。一般来说，加密这前 6 个字母时，往往只有最右边的转轮会旋转；而其他两个转轮，由于受到进位驱动发生旋转的概率比较小，换言之就是往往还没来得及开始转动——当然这也不绝对——于是就大大化简了需要猜测的可能性（具体情况，请见本书第五章）。

到了这个时候，雷耶夫斯基还不可能知道这个被加密的第一个字母是 A；但是，他可以把密电的第一个字母 Y，和第四个字母 T 记下来。之后，他开始研究另一份被截获的电文。它的前 6 个字母，比如说是这样的：SPNHAI。当然了，这里的 S 和 H，也都是对这份电报的指标组的第一个字母经过密钥加密而成的。就这样，他也把 S 和 H 记录下来。

为了更精确地模拟这个过程，我颇花了些时间，用网上的 Enigma 模拟器做了个试验。具体的设置是这样的：

1）在设置模拟器的时候，我选择了 9 个转轮（模拟器不支持当时用的 5 个转轮）中的 1、3、4 号转轮，排列是 341。

2）分别把它们调整到随机设置的 D、J、O 位置上。

3）连接板的字母交换设置为 A-R，C-V，E-P，H-Z，J-X，L-T 分别两两互换。

以上这些设置没有什么科学道理，就是随便模拟了一下某个时刻的 Enigma 设置而已。为了尽快试验出每个字母的加密结果，我把全部 A ~ Z 的 26 个字母都做了实验。按照指标组是 3 个字母一组的设定，我把这 26 个字母分了组，一律符合本身不重复、键位不邻近的原则，这样就分成了 9 组。而最后一组由于字母不够用了，只好临时加了个 A 充数。以下是我的模拟结果：

分组情况

ATX, BQU, CYF, NOW, KSH, ZMI, DVP, GEJ, LRA。

于是得到

第一份电文输入　ATXATX——第一份电文显示　YBATAV

第二份电文输入　BQUBQU——第二份电文显示　SPNHAI

把前两份电文加入并以此类推，得到

```
ATXATX—YBATAV
BQUBQU—SPNHAI
CYFCYF—BGYARQ
NOWNOW—DDZEMG
KSHKSH—FJVPYJ
ZMIZMI—SSRHZA
DVPDVP—NTTIGY
GEJGEJ—FZWWLL
LRALRA—KELROD
```

放弃前面的原始明文不看（真在解密过程中，哪有明文让你看呢），只看被加密后显示出的第一和第四个字母，把它们的对应关系记录下来，稍加整理，我们就可以获得

Y-T, S-H, B-A, D-E, F-P, S-H, N-I, F-W, K-R

这样就产生了一份换字表，它是由 9 个指标组被密钥加密后，将其中第一个字母和第四个字母一一对应而得出的。只是，能对应上的字母数量还不够多，还不能把所有字母覆盖全（现在只有 9 组的对应关系）。显然，为了得到覆盖所有 26 个字母的换字表，我们至少需要罗列出 26 份密电中的第一个和第四个字母，前提是这些字母正好互不重合。

这么列表的话工作量太大，于是我偷了个懒，试图直接用上面 9 组密文中第二个和第五个字母、第三个和第六个字母来构造完成这张表，毕竟，设计的时候，9 组字母已经把全部字母都包括进去了嘛；而就是这个偷懒的想法，构成了我的错误的第一步……

如此试探很快出现了问题，如第四份显示的 DDZEMG 中，D 第一次出现时对应 E，第二次出现时则对应 M。按说，这才是加密后比较正常的结果，否则如果每个字母都只对应一个字母，那也就成了单表替代了。可是如此一来，我试图构造的完整换字表就出现了问题，因为字母一一对应的换字表，是不允许"一夫多妻"这样的重合现象发生的。于是在最小改动的前提下，我惩罚了所有的"陈世美"们，将整张表修正为一一对应关系，得到的结果就是下面这样的。

```
A B C D E F G H I J K L M N O P Q R S T U V W X Y Z
| | | | | | | | | | | | | | | | | | | | | | | | | |
C A D M O X R E F Y B V K I N S P U H G W J L Z T Q
```

现在它们一一对应，绝无重复了。看上去，这张完整覆盖所有字母的换字表的确是很逼真了——但是，逼真永远不是真，因为在随后而来的验证里就出现了问题，且让我继续讲下去。

有了这份覆盖全部字母的换字表后，我们从随便一个字母出发，按上面的一一对应关系找到它对应的字母，并不断地进行这个过程。比如说，按这个对应关系，上面的 A 对应下面的 C；而查找上面的 C，发现对应下面的 D；而上面的 D 又对应下面的 M。将这个新的对应关系记录下来，可以写作 ACDM。然后，将这个新对应关系从始至终罗列完整，并将 26 个字母全部包括进去，最终的整理结果如下：

ACDMKB**A**

EONIFXZQPSH**E**

GRUWLVJYT**G**

我们发现，A 经过一系列对应后，最后回到了 A 本身，构成了一个雷耶夫斯基所说的"字母循环圈"；当然，从这个循环圈里的任一字母出发，最后都会回到它本身，这个例子中只是把 A 作为了开头和结尾而已。相应地，E 和 G 也出现了循环圈现象。不难看出，以上对应表共包含着 3 个循环圈；每个循环圈的长度，也就是其中包含字母的数量（头尾重复的只算一个）分别为 6、11、9。

而雷耶夫斯基的光荣和伟大，以及我个人的失败和错误，都体现在以下这段话里：

雷耶夫斯基通过群置换操作，严格地从数学上证明了：根据同一密钥加密后形成的字母循环圈的数量，以及循环圈的长度，是不随字母两两交换情况而变化的。

他成功了，我失败了……仔细检查失败的原因，倒是令我很意外地从另一个角度，撞上了 Enigma 加密机制中隐藏的弱点！

我的错误，就是在对以上得到的字母循环圈进行字母两两交换的验证时发现的。按说，任意选择其中两对字母进行两两交换，应该是不影响字母循环圈的数量和长度的。于是，我随意更换了 D、P、M、T 两对字母。这时候，对应关系变成

```
A B C D E F G H I J K L M N O P Q R S T U V W X Y Z
| | | | | | | | | | | | | | | | | | | | | | | | | |
C A D S O X R E F Y B V G I N M P U H K W J L Z T Q
```

看起来还是蛮健康蛮逼真的啊。可是一用循环圈分析就原形毕露：还是从 A 出发，就变成了以下这个德行：

ACDSHEONIFXZQPMGRUWLVJYTKB**A**

这下彻底完蛋，从 A 出发，竟然一口气把所有字母都串起来了……好好的 3

个循环圈让我折腾得只剩了一个，长度是 26。这个结果真是让人疯狂：按照雷耶夫斯基的理论，不管我怎么变换，循环圈还应该是 3 个，长度依然应该是 6、11、9……我肯定是哪步搞错了，而雷耶夫斯基肯定是对的。究竟错在哪里了呢？

一直在想……想了很久，最后突然找到了答案；实际上，这是个很隐蔽的错误。但是令人惊讶的是，正是这个错误，日后却大大地帮助了英国人的破译工作——刚才花了这么多篇幅讲述这个错误，总还是有目的的……简单来说，出现这个错误的原因，和我两次比较随意的操作有关(倒是和从 9 个转轮里选 3 个关系不大)：

第一次是偷懒，把第一和第四字母的对应关系，强加进第二和第五、第三和第六字母的对应关系（实际上是相当于加密的转轮旋转了，而我默认为没有转，或者转得正好到位——而这肯定是错误的)。

第二次就是因为针对同一字母的重复对应（陈世美现象……），我随意地更改了对应关系。虽然其实只改了几个字母，但是，这张换字表已经彻底变了。特别就是这次随意的改动，是本次实验完全失败的最重要原因。

事实上，我的第二次改动从操作上说并没有什么不对，出现的字母组合也满足一一对应关系，并且没有重复，是符合逻辑的。也就是说，是一张符合严格定义的换字表的。但是，最要命的地方就在这里：并不是每张符合逻辑，满足一一对应关系的换字表，都能通过 Enigma 机制获得的。换言之，经过 Enigma 加密形成的换字表，只是所有可能中的一小部分；更多更多的换字表，通过 Enigma 机制是永远制造不出来的！

这个问题稍微深了一点，我们还是用一贯的简化方式来描述吧。还记得 Enigma 上面那最匪夷所思的一招，也就是像镜子一样的那个反射板了么？因为它的存在，使加密解密的过程是完全一样的。例如，输入 ABCD，出现 KXMF。那么，解密的时候用同样的密钥之后，输入 KXMF，就会出现 ABCD。在这个机制下，ABCD 和 KXMF 就被称为是"自反"的。因此，Enigma 所能做出的每张换字表，也必然都是"自反"的。

如此一来，问题就出现了：通过数学分析我们不难知道，自反的换字表，在所有可能的换字表中，只占很小的一部分，甚至可以说是非常罕见的一种换字表。说它罕见还真不是冤枉它，因为借助数学工具，我们可以精确地算出来——老办法，不给理由前提，只照抄公式：

一般地，如果换字表包含的字母数为 N，则

换字表的总数为

$$N!$$

自反换字表的总数为

$$(N-1) \times (N-3) \times (N-5) \times (N-7) \times \cdots \times 5 \times 3 \times 1$$

根据以上公式我们不难算出，有着26个字母的换字表总数为26！ = 403 291 461 126 605 635 584 000 000 种，其中，自反的换字表总数为 $25 \times 23 \times 21 \times 19 \times \cdots \times 3 \times 1 = 7\ 905\ 853\ 580\ 625$ 种。

403 291 461 126 605 635 584 000 000 种。

7 905 853 580 625 种。

上下一比也就什么都明白了，自反的换字表只占所有的换字表总数的不到50万亿分之一！说自反的换字表罕见，还真不是开玩笑，实在是太太太太太……$\times 5 \times 3 \times 1$ 地罕见了！

在这里要多说一句的是，以上两个计算结果，只是表明了在理想状态下，"自反换字表"数量与总换字表数量的比例，而并不是说，Enigma转轮组就能生成如上所说的 7 905 853 580 625 种换字表。

这就解释了一个问题：为什么我从一开始那么严格地模拟了 Enigma 的机制，只是最后随意改写了几个字母组合，验证时就惨遭失败了。实际上，真正的 Enigma 加密后绝对不会形成我上面罗列的那个循环圈结果，因为它肯定是自反的；而我随意改动后形成的换字表，正好又能自反的概率实际上还不到50万亿分之一，真要能成功反而大大见鬼了。

写到这里顺便说一句，1937 年日本人根据 Enigma-K，并借鉴荷兰、瑞典、美国密码机发展出来的"二五九七式欧文印字机"（也就是紫密），就躲开了这个命门，没有在里面设置反射板。这就是说，至少在这一点上，日本人的确比德国人聪明了一些。话说回来，改进的机器当然应该比原型机强，否则还改进个什么劲呢？只是，在显然不会有别人提醒的前提下，日本人能清楚地看到这个地方的玄妙，进而洞察出这里隐藏着巨大的弱点（如果不是瞎猫碰上了死耗子的话），那也确实是相当厉害了。

唉，大大增加了密钥数量而同时又露出了致命的马脚，这个反射板啊——真是成也萧何，败也萧何！

七、"数学三杰"

关于丢人实验的检讨做完了，下面我轻装上阵，继续解说雷耶夫斯基的想法。如刚才所提到的，他已经证明 Enigma 使用同一密钥加密的结果，那就是不管怎么进行字母交换，其构成的字母循环圈数量必定相同，循环圈长度也必定相同。

字母交换？怎么听着这么耳熟？

复习一下：Enigma 连接板的作用，就是把字母两两交换……

雷耶夫斯基的辉煌也正在这里——按照他的理论，在使用暴力攻击（就是通过对所有可能予以穷尽、进而强行猜解的办法）的时候，那个造成密钥暴涨、进而使 Enigma 变成金刚不坏之身的功臣，也就是用来进行字母两两交换的连接板，在这个结论面前，突然可以被忽略掉了！

现在，让我们来简单复习一下 Enigma 密钥数量的计算方法（在不考虑转轮是可选的情况下；如果是从 5 个轮子里面选 3 个，不考虑排列的话，变化的可能性是 10 种，需要的话直接乘进下面的结果里就是了）：

转轮 3 个，每个上面有 26 个字母位置，可能性就是 $26 \times 26 \times 26 = 17\,576$ [1]；

转轮之间的位置排列可能为 $3! = 3 \times 2 \times 1 = 6$；

字母两两交换，交换 6 组 12 个，可能性就是 100 391 791 500；

于是，总可能性是 $17\,576 \times 6 \times 100\,391\,791\,500$ 种。

这个数字很庞大，可以看出，主要就是连接板的贡献。而现在，雷耶夫斯基已经证明了，其中对 Enigma 安全性贡献最大的连接板，在群论面前已经变成了 NULL，完全可以忽略掉了；所以，那个数字 100 391 791 500，就不用再乘进去了——于是，Enigma 复合加密中的单表替代，就这样被数学高手轻轻拎到门外单独处理去了！

而此时的 Enigma，还剩 $17\,576 \times 6 = 105\,456$ 种变化。这个数字依然很大，但是不再是大得那么离谱了。画皮被揭穿了，Enigma 坚硬的外甲下终于也露出了柔弱的心前区。现在留给雷耶夫斯基和他的同事的工作，至少从理论上看已经轻松多了！

现在他们要做的，就是根据获得的情报和计算结果编好一张张表，来记录那些换字表与转轮的排列、位置之间的对应关系。之后按表索骥，把每个循环圈的长度和数量分门别类地和这张表已有的结果一个个对应上，再通过这个对应去查找转轮的排列和具体位置——而查到的这个转轮的排列和位置，不就是他们苦苦寻觅的密钥么？

说起来好像挺容易的，其实一操作起来就会发现，这个工作简直是麻烦无比。为了构造出这个伟大的"字母循环圈法"所需要的对字表，波兰人整整忙活了一年，分析所有他们能获得的电文。在反复翻查那成堆成捆的电报纸时，有的工作人员手指都磨出了血。此外，以上所说的，都只是一个高度简单化的模型而已，而只有思路和模型，密文仍然是没办法破解的。为了解读 Enigma 密文，波兰人至少还必须知道转轮的内部连线情况，以及连接板到底把哪些字母换掉了——尽管连接板的单表替代机制现在已经可以被分出来单独研究了，但这也不代表不需要去研究啊。毕竟，Enigma 的单表替代加密部分，也是 Enigma 的重要道具之一，再怎么说它也存在着 100 391 791 500 种可能，同时也是个变化多端

---

① 实际使用时有所不同。具体情况请见本书第五章。

的加密机制，破起来既需要时间，也非常麻烦——这类很细节的事情，都要一个个做好。

总之，一个环节跟不上，你就读不出电文；你读不出电文，你的努力就没有成果——因此，整个破译工作仍然是非常艰苦的。

现在我们已经知道，当年的雷耶夫斯基的表现确实是极为出色的。根据他构造的庞大的矩阵置换方程，当数学家们破解出哪怕一份指标组以后，就可以倒推回去，计算出当时的转轮内部连线情况。由此，这个季度的密钥就被完全破解了，而这3个月里的所有密电也因此失去了主要伪装。不止如此，如前文所提到的那样，雷耶夫斯基甚至还猜出了商业型和军用型 Enigma 的某些区别，比如输入轮的字母排列：军用型的不再是 QWERTZU 键盘式排列，而是 ABCDEFG 字母表式排列——说实在的，对于这种"猜"还能"猜对"的工作方法，我们也只好借鲁迅先生的话来胡乱"表扬"一下雷耶夫斯基"状诸葛之多智而近妖"了。在后面的故事里，我们也会看到，有人在这个地方曾经是多么的郁闷……

由此，居功至伟的雷耶夫斯基，也就当之无愧地位列波兰"数学三杰"之首。而三杰的另外二位，也就是他的同学耶日·鲁日茨基和亨里克·齐加尔斯基，也对破译 Enigma 做出了不可磨灭的巨大贡献。这两位高手与雷耶夫斯基类似，也是总参二部密码局的文职密码分析专家。

图40　鲁日茨基

图41　齐加尔斯基

比如这位齐加尔斯基，就发明了一个办法：做一张大大的坐标纸（26格×

图42 齐加尔斯基发明的穿孔卡片

26 格，为了方便起见，甚至大到52 格 × 52 格的规模)，它的横纵坐标，就是字母序列。根据分析密电得来的种种数据，在纸上相应坐标点位置打孔，然后把几张甚至更多的坐标纸重合在一起，对着光看——透光的和不透光的位置，自然都是一目了然。

经过这样的操作，纸上透光的位置所对应的字母，因为被穿孔过最多次数，也就成为了高度可疑的对象，可以大大加速后面的分析工作。看起来是个小发明吧？可就是这张有着数百个小洞的卡片纸，却能大大节省破译人员用于查对的时间和精力。实际上，这个怎么看都不很起眼的发明，其设计细节是非常厉害的，关键就是按什么规则穿孔，又按什么规则重合比照——不夸张地说，这其中真是浸透了数学家齐加尔斯基的心血！

从 1936 年起，德国密钥由每季一换很快变为每日一换，因此，波兰人每天的工作量就直线上升，大致相当于增加了 90 倍。这就是说，过去在一个月甚至一个季度内拿下密钥就可以了，留给破译的时间相当宽松；而现在，每过 24 个小时，密钥都得重新计算一遍——再靠人力去硬拼，实在是太辛苦了，而且永远如此这般地与不知疲倦的密码机器周旋下去，毕竟也不是个事儿。

总的来说，无论是从工作需要，还是从事物发展的内在逻辑上看，波兰人必须要发展出更狠的办法来对付日益强大的 Enigma。由此，我们的雷耶夫斯基和鲁日茨基顺应形势，开动脑筋，终于开发出了破解 Enigma 的"循环测定机"，成功地将破译工作由纯人工比拼，升级为机械化操作。

以我个人来看，早被无数双敌对的眼睛盯上的 Enigma 密码机，迟早有一天要面对来自机器的同质化对抗。机器加密过的天书，还要人工去破解，本身就是不合理的；就像潜艇最好的天敌就是潜艇，歼击机最好的天敌就是歼击机一样，机器最好的天敌自然也正是机器本身。当然，怎样在机械设计、电路构造上贯彻数学上的发现，如何去制造这个机器等，这都是人脑思考的结果，是人类智慧的体现。但是，就像在编码方面，机器已经显示出了强大的优势一样，解码当然也可以成为机器的长项。

而在这一点上，循环测定机发挥得简直是淋漓尽致。特别是在波兰破解Enigma的故事里，"潜艇最好的天敌就是潜艇"一句，完全可以做另外一个更形象的解释：循环测定机不仅跟 Enigma 是同类，甚至连它本身都可以理解为两台并联着的 Enigma！这就是说，它实际上还应该算成是 Enigma 的亲戚——虽然，这个亲戚不仅血不浓于水，相反，正是为了杀掉 Enigma 才出世的……

循环测定机里面有 6 个转轮，每 3 个一组，用以模拟 Enigma；而当时的 Enigma 也只有 3 个转轮，没有候选转轮。我们前面计算过，3 个 Enigma 转轮的排列，共有 6 种。因此，循环测定机内的转轮排列，就可以是这 6 种中的同时任意两种，反正这些模拟转轮在设计的时候，就已经被设置为同样可以拿出来任意换位的了。虽然不能同时模拟所有 6 种排列，倒也不是什么大问题；只要耐心地反复测试，6 种排列很快就会被穷尽，真正的答案也肯定就藏在这 6 种排列中的某一种里。

但是我们知道，密码对抗的实质，正是人类巅峰智力的顶级对抗；而密码编码和密码分析这对生死冤家，又怎么会只有单方面的前进呢？德国人虽然对Enigma非常有信心，但是不代表他们就冥顽不化地死抱着原来的设计。如前文所说的那样，1937 年，Enigma 的反射板开始会转了；1938 年，不再是全部 3 个转轮都必然进转轮组，而改成从 5 个转轮里挑 3 个用了！这样一来，循环测定机就很吃力了，因为工作量一下又翻了 10 倍——以前只要计算 6 种排列，现在一下变成要计算 60 种排列。在这种严酷的工作环境下，循环测定机终于彻底累趴下了，已经很难保证及时的电文破解。

既然敌人的机器升级了，那么，专门破解它的机器也应该跟着升级，这实在是再合逻辑不过的事情了。于是循环测定机跟着升级，针对新型号 Enigma 的破译机器"炸弹"——Bomba 出场了。

顺便说一句，这个 Bomba 该怎么翻译，还有点小小的争论。在波兰语里，它的意思是"炸弹"，但是似乎应该译做"冰淇淋球"才是正解，据说这跟雷耶夫斯基钟爱的某种小食品有关。支持这种论点的根据是，英国人也把它翻译成了Bombe，它正是冰淇淋球的意思。但是，也有人不支持这个译法。原来，翻译成英文后的单词 Bombe，本身却来自于法语，意思还是"炸弹"；而且，按说美国人的翻译应该跟英国人的一样吧？还偏不，他们把波兰人的 Bomba 直接给翻译成 Bomb，也是"炸弹"。更捣乱的是，后来美国人自己使用的 Enigma 破译机，不再叫 Bomb，而叫 Bombe，还是"冰淇淋球"——晕死了，到底是冰淇淋球还是炸弹啊？干脆，还是按我的简洁翻译原则，把波兰人的 Bomba 直接音译为"波霸"得了……

比起循环测定机，Bomba 更牛的地方就是它可以同时模拟 6 台 Enigma。在这里就不得不交代一句，Enigma 内部的连线其实是非常复杂的，要求的机械加工精度也是比较高的，装配更是麻烦，要不怎么会一问世就敢卖那么贵呢。而要试图制造一台相当于 6 台 Enigma 并联的机器，又是个什么难度呢？

第一，要将转轮内比蜘蛛网还复杂的内部连线，按德国工厂内的设定仔细连好。

第二，将这样的 3 个转轮串联成转轮组。

第三，将转轮组与能转的反射板串联成分系统。

第四，再将 6 套这样的分系统仔细并联。

第五，连接好复杂得如同迷宫般的内部连线。

最后的最后，还得使这套有着 18 个转轮、6 个反射板的复杂系统，步调一致地进行分析解码——不说设计上有什么闪失和没考虑周全的地方，哪怕设计全对，只要制造时有一条线路接错或者一个机械零件尺寸稍有错误，整个系统就是一堆废物。由此，这个 Bomba 的复杂程度可想而知、设计难度之大可想而知、精度要求之高可想而知，而使用时的娇气程度也可想而知——最后，也正因为这种种的"可想而知"，它的造价之高、使用及维护成本之高也就可想而知了……

同样因为这么多的"可想而知"，Bomba 的命运在一开始的时候，其实就已经注定了。1938 年，Enigma 还在升级，而在最需要情报的时候，波兰人的机器升级工作却停滞了。原因很简单：他们实在没钱了，对抗不下去了——谁能想到，破译密码这么有前途的工作，居然会是那么贵！

破译密码要花钱，我们大家都可以理解。只不过，波兰怎么说也是堂堂一个国家，竟然就会窘迫到无力持续支撑破译工作的发展，这个结果，恐怕也出乎很多人的意料吧……

而德国的 Enigma 仍然像上足了发条一样，继续朝着变态的方向不断地升级……这是后话了。行文至此，让我们来回顾一下波兰人的成果吧。

——从群论、矩阵方程、字母循环圈到穿孔坐标纸，从循环测定机到 Bomba，从分析研究到设计制造，从数学计算到手工查对，从雷耶夫斯基和他的同事们贡献的智慧和心血到波兰政府倾注的巨大人力、物力、财力——所有这一切代价高昂的付出，最后终于有了丰硕的回报。

据统计，从 1933 年 1 月到 1939 年 6 月，短短几年时间里，波兰人活活破译了将近 10 万份的德国电文！根据这些破译出来的电文整理得到的情报，被冠以 Wicher 的字头（Wicher 是这个破译项目的代号），作为顶级绝密，在波兰高层内很小的范围内流通。

……

雷耶夫斯基获得我们送上的第二个花环，堪称当之无愧！

八、最高机密拱手相送

二战开战前半年，也就是 1939 年 3 月以后的欧洲局势，完全成了一个万花筒，转的人头晕目眩。如果还用老办法，以"0"日来标记二战爆发那一天的话，那么事态就是下面这个样子：

-170 日，德军占领捷克和摩拉维亚；

-169 日，德国宣布对捷克和摩拉维亚实行保护；

-169 日，斯洛伐克宣布独立，德国宣布对斯洛伐克实行保护；

-163 日，英国和法国商定战时互助，建立军事同盟；

-152 日，英国保证波兰的独立地位；

-147 日，意大利吞并阿尔巴尼亚；

-141 日，法国和英国对希腊和罗马尼亚提供保证；

-140 日，英国和法国开始与苏联就建立反侵略联盟举行谈判；

-139 日，美国总统罗斯福向德国元首希特勒和意大利元首墨索里尼发出和平信件；

-127 日，英国实行普遍义务兵役制；

-126 日，德国撕毁 1935 年英德海军协定和 1933 年德波条约；

-102 日，德国和意大利签订战略同盟协定（柏林公约或钢铁盟约），罗马-柏林轴心完全建立；

-81 日，西方国家与苏联举行外交谈判；

-22 日，西方国家与苏联举行军事谈判；

-9 日，德国和苏联签订互不侵犯条约；

-7 日，英国和波兰建立军事同盟；

……

形势急转直下，所有人似乎都已经能够闻到遍布欧洲大陆的浓烈的血腥味了。仗就要打起来了，而且，绝对不会只是两三个国家的事情。这一点，别说各国的头头脑脑，就连最普通的老百姓都已经看得很清楚了。

而在这期间，波兰人已经快急死了。随着 Enigma 的不断升级，"波霸"不灵了！几个月来，密码局完全没有破译出德军采用新机器后的电文，根本无法猜测德国下一步的行动方案，只能被动地看着德国抢占了苏台德区，被动地看着德国国内由纳粹煽动的反波兰、反犹太浪潮越发高涨，而毫无办法……

在情况空前复杂的 1939 年 4 月和 5 月间，波兰人面临选择。该怎么办？按说，德国人最大的敌人，就是苏联。根据"敌人的敌人就是朋友"的原理，该不该尽快向苏联靠拢，以求得自身的安全？

——绝对不能！在这个特殊历史舞台上，"敌人的敌人"不仅不会是什么朋友，倒很可能是更凶恶的敌人！种种情报显示，苏联和德国很有可能签订互不侵犯条约；而这个条约一旦签订，今后德国若是侵犯波兰，就别指望苏联可能会插手干涉。其实，就连这个说法也是不对的：苏联其实很有可能会插手干涉，但是肯定不是站在波兰人一边，而是帮德军一起消灭波兰，出口恶气不说，还能为自己获得一大块针对纳粹德国的缓冲空间……

东边不行，就只有往更西的西边看了。不管怎么说，在 1936 年，波兰就已经和英国签订了互助协定，而英国和法国更是铁板一块的盟国。在情报交流方面，3 个国家也早就有密切的往来。比如那个德奸出卖给法国人的情报，不就源源不断地出现在波兰人的案头上么？而这一点，在没有充分的互相信任的基础上，是绝对不可能做到的。

不管怎么说，时间已经不等人了……

慎重地分析了局势、反复权衡了利弊以后，波兰总参谋长亲自下令，批准下属的总参二部密码局，向未来的盟国公开自己对 Enigma 的破译情况。

这绝对是个破天荒的举动！以国家的名义，对其他国家完整地公开自己堪称"最核心机密"的情报破译能力，实在是太罕见了，以至于到今天都很难找出类似的例子——即便是在二战中，同样危难当头的美国和英国、那么铁的好哥们儿，互相之间也依然留着一手啊。如果大家觉得波兰人的举动虽然实属无奈，但是也实在没什么特别了不得的话，不妨想想后来的英国人吧。在二战已经结束 60 年后的今天、在 Enigma 早已被淘汰几十年后的今天，关于当年破译 Enigma 的很多技术细节仍然是机密，依旧尘封在英国情报机关的档案柜里。

从这里也能看出，当时波兰的处境有多么凶险！……

回到我们的故事吧。大家还记得那个郎芝上校，也就是放着奸细送来的情报也不用的那位波兰总参二部部长么？在 −63 日，也就是 1939 年 6 月 30 日的时候，他拍发了电报，邀请英国和法国的同行来华沙，共同探讨关于 Enigma 的破译问题。虽然电报是紧急电报，但是英国人和法国人显然没有明白这个电报到底有多重要。这也不能全怪英国人和法国人，毕竟郎芝上校在电报里只是说"有些新情况要通知"。大战明摆着就在眼前了，谁不忙啊？特别是情报机关和密码专家，这会儿正是忙的四脚朝天的时候。说句老实话，忙成这样了还得抽出时间去拜访别人的首都，也的确有点儿难为他们了。

即便是这样，英国人和法国人最后终于还是去了。而且大概是出于对等外交的原则，英国方面还是由 MI6（军情六处，也叫秘密情报局）的负责人斯图尔特·格雷厄姆·孟席斯（Stuart Graham Menzies）上校亲自带队的。成员不多，全是密码专家：其中一位是阿拉斯代尔·丹尼斯顿（Alastair Denniston）先生，一位是迪里·诺克斯（Dilly Nox）先生，另一位则是在我们的 Enigma 故事系列中该获得我们第三个花环、大名鼎鼎的阿兰·图灵（Alan Turing）先生。不管是丹尼斯顿先生也好，诺克斯先生也好，图灵先生也好，甚至就连带队的行政领导孟席斯先生，这 4 位都是我们后面故事不可缺少的人物，现在就不多说了。也有一种说法认为，去的只有 3 个人，分别是丹尼斯顿、诺克斯和哈姆费瑞·桑德维茨（Humphrey Sandwith）。不管怎么说，至少丹尼斯顿一定是去了。

图 43　丹尼斯顿参加华沙会议时使用的护照
签证的日期是从 –44 日，也就是 1939 年 7 月 19 日刚刚开始生效的

英国人到是到了，但是那是"终于"到了。这一"终于"，就终于到了 –39 日，也就是 7 月 24 日。郎芝上校的紧急电报都快发出一个月了，三国情报界的第二次正式会议才"终于"在华沙郊外的波兰密码局所在地——皮瑞（Pyry）胜利召开了。而这次会议，也就成为了密码史学界非常出名的"华沙会议"。

够酷的郎芝上校不知道是不是等烦了，懒得多说，直接就把异国同行带到一个房间里，揭开了一块蒙布遮盖着的一个东西，告诉他们：这就是德国人现在正在使用着的密码机器 Enigma。接着来到另一间屋子，指着一台大得多的机器告诉他们：这就是我们专门用来破译 Enigma 密码的机器，它的名字叫 Bomba。

恍惚，绝对是恍惚——英国人和法国人，当场就晕了：

Enigma 的真机……

破解 Enigma 的真机……

——上帝啊，这都是从哪儿弄来的啊？！

还没等被震撼的目瞪口呆的异国专家们反应过来，郎芝上校接着宣布，要送给他们几份礼物：

第一，友情赠送两台波兰仿制的 Enigma（这时候波兰已经有 10 多台仿制品了），哥俩别打架，英国法国一家一台。

第二，友情赠送 Bomba 的设计图纸。

第三，友情赠送那些又轻又薄、还穿了几十乃至上百个窟窿的穿孔卡片。顺便说一句，这些"有洞的纸"，在战争初期帮了欧洲盟国大忙，成了破译德国陆军、空军型 Enigma 的主要手段。

直到这时候，与会的法国人才知道自己以前有多傻：光给人家送情报了，自己却没开发出什么成果来，还以为不重要。真是书到用时方恨少，情到深处……总之是非常非常的后悔，这不等于捧着金碗要饭么？不过，不管怎么说，战争就要全面来临了。在如此关键的时刻，能够得到这样的礼物，又会让盟国在破译 Enigma 的时候拓展多少思路、节约多少时间啊！

就这样，在击败 Enigma 的漫漫征途上，波兰人跑完了第一棒，现在，轮到英国人接棒了。不过，为什么不是法国人接棒呢？因为我们很快就会提到，法国自己的寿命也不长了……

华沙会议开完了，感激不已的盟国情报机关自然是满载而去，郎芝上校也终于卸下了心头的一副重担，从此淡出了我们的视野。

而波兰和波兰人的故事，还远没有结束。

刚才我们 $-X$ 日、$-Y$ 日地数了半天，就是没数到 0 日。现在，我们就来把它数完吧：0 日——1939 年 9 月 1 日，二战全面爆发了。而这个爆发是以什么事件为标志的？大家都知道的，不是别的，正是德国入侵波兰。而对历史上本就多灾多难的波兰来说，这 20 世纪依然是悲喜交加的 100 年：二战结束的 0 日，从德国手中独立出来的波兰笑了；二战爆发的 0 日，被德国再次侵略的波兰又哭了……

仅仅 39 天前，波兰人才把 Enigma 的破绽展示给了盟国同行；仅仅在 9 天前，纳粹德国才和苏联签订互不侵犯条约，才可能专心致志地对波兰展开攻击；而现在，波兰就已经风雨飘摇了。德国在军事理论上的重大突破"闪击战"，经过多年的潜心研究和演练后，也第一次使了出来。反过来看，在战略上早有准备、战术上却猝不及防的波兰军队，匆忙之间进行的抵抗几乎全无效果，德军的进展完全是马不停蹄。

　　0 日，英国法国要求德国停止军事行动；

　　+2 日，英国对德宣战；

　　+2 日，法国对德宣战；

　　+9 日，加拿大对德宣战；

　　……

战争这个瘟神，就这样降临在了全人类的头上。

　　+14 日，苦苦支撑了 13 天的波兰人，拒绝了德军的最后通牒，拒不投降。

然而就在这个时候，他们一直以来最担心的事情，终于还是发生了：一直作壁上观的苏联，突然也对波兰下手了！几乎就在那个瞬间，腹背同时受敌的波兰一下失去了所有胜利的希望。更何况，腹背所受的都是什么样的敌人啊：纳粹德军，苏联红军——那可是整个欧洲最强大、最剽悍的两支军队啊！

清朝人钱彩所写的《说岳全传》第六十一回，讲到了一个故事。金山寺的高僧道悦，一向同情岳飞，秦桧不高兴，就派所谓的家人，其实是衙役的何立来抓他。何立来到金山寺时，道悦正在给弟子讲经。看到何立来了，道悦口占一偈：何立从东来，我向西边走。念完之后，当即坐化。

道悦在东边情况不对的情况下，还可以"我向西边走"。

现在的波兰人呢？东边是苏联红军，西边是纳粹德军，还能向哪边走？

　　+16 日，苏联红军进入波兰；

　　+27 日，纳粹德军攻占首都华沙，波兰亡国了；

　　+27 日，还在这一天，德国和苏联在莫斯科签订协定，决定正式瓜分波兰，差不多是一家一半，东西对开的样子；

　　+27 日，还在这一天，德国和苏联还签订了苏德经济协定；

　　+27 日，还在这一天，苏联盯了很久的波罗的海三国中，爱沙尼亚首先成为猎物——苏爱互助条约签订了；

　　……

波兰，就这样用自己的实践告诉了大家，当两个敌人在一起握手拥抱的时候，自己会遭到什么样的下场。之后，它在纳粹德国的统治下，遭尽了人间罪苦。不说别的，只想想那些臭名昭著的纳粹死亡集中营，再看看这些死亡集中营有多少位于波兰境内吧……

九、战火中流浪的数学精英

作为波兰故事的结尾，我们现在再来看看雷耶夫斯基等人后来的情况吧。

战争开始后，波兰迅速败亡。面对全国都被东西夹击的苏联红军和纳粹军队控制的现实，大量的波兰人跟随着波兰政府，开始向南，也就是朝着罗马尼亚的方向逃亡。之所以往南而不是往北，只因为北边是一片汪洋的波罗的海，而且即便渡过波罗的海，面对的也是苏联的势力范围，或者极北苦寒之地。而南方的罗马尼亚其实并不欢迎这些亡国难民，又没办法一个个遣返，索性就把他们都关进了难民营。

好在老天不绝雷耶夫斯基等人，他们终于找机会逃出难民营，登上了一趟开往罗马尼亚首都布加勒斯特的火车。不过，尽管他们离开了难民营，但身份依然是外国难民，依然无法继续"合法"地生活下去——罗马尼亚的警察对这些波兰难民是不会客气的，他们被发现之后，只有被送回难民营一条路。没有办法，雷耶夫斯基等人念及刚刚和英国及法国同行打过交道的情分，决定找他们帮忙离开波兰。说起来也确实是合情合理：老师现在有难了，学生不该伸手帮一把么？何况还是这么深重的灾难！

可是让他们完全没有想到的是，这些两个月前还给英国人当师傅的数学奇才们，居然会在英国驻布加勒斯特大使馆吃了个软钉子。大使馆回复说，国内还没有具体指示，让他们再等几天。说得轻松，谁还有时间能再悠闲地"等上几天"呢？整个波兰亡国的过程，也没到一个月啊——何况，罗马尼亚到处都是警察，他们随时可能被抓住的啊。

没办法，雷耶夫斯基等人又找到了法国驻华沙大使馆，寻求帮助。与英国人的做法形成鲜明对比的是，法国人非常热心，立刻伸出了援手，从签证到帮助策划出逃路线，都是一路绿灯。那位法国的贝特兰，还亲自赶到布加勒斯特看望这些落魄中的波兰数学精英。

说起来，贝特兰乐意主动去罗马尼亚看望波兰人，那也是有着"不足为外人道也"的原因的。其实，自从华沙会议后，他在法国情报机构的日子就一直很不好过。原来，按照波兰人的计划，两台 Enigma 仿制品中，一台给英国，一台给法国；这些在华沙会议上已经决定了。但为了稳妥起见，密码机是不能空运的；因此，交给英国的那台，势必要从水路穿越英吉利海峡才能到达。考虑到法国在波兰西边，而英国在更西的西边，于是，波兰人先把两台 Enigma 都发到巴黎，尔后再由法国人通过火车和轮船，把该给英国的那台 Enigma 发送到伦敦。

贝特兰作为波兰会议的法国代表团负责人，当然要承担下这个责任。可是，他一回到巴黎，就注意到了那些来自情报机构同事眼中的怀疑目光。大家都觉得，哪有把破译能力老老实实通报给其他国家的事情啊？听都没听说过！波兰人处境就是再危险，这绝密中的绝密，又怎么会向别人公开？没说的，这回准是上了波兰人的当，可怜的贝特兰还当真事似的，把不知道是什么破烂儿的东西，宝贝一样地带回来了。在群众普遍的异样眼光中，终于还是有人忍不住了，负责管理那位德奸施密特先生的另一位同事，当面就对贝特兰说：

> 如果我知道（在华沙会议中）都发生了什么，而且也没理解错的话，他们一定是用一台不能用的机器把你给骗了。只有这样，我们和英国人才会试着让机器转起来。

潜台词很清楚：波兰人绝对是耍了个沽名钓誉的花招，而这么拙劣的骗术，你居然还看不出来。

听了这样的话，贝特兰怒不可遏。他竭力为波兰人辩护，说这一切都是真的，波兰人没有欺骗我们！就这样一来二去的，这个问题居然弄得跟他自己的荣誉和名声息息相关了。所以，一听说波兰数学家流亡到了罗马尼亚，贝特兰立刻就赶去了；倒不是对别人的事情有多上心，而是那本来就是自己的事儿啊！

由此，波兰的数学精英们通过罗马尼亚逃到了法国，来到了"PC 布鲁诺"（PC Bruno）情报站，并加入站内的 Z 小组，继续帮助法国人破译德军电文。大约是这些流亡的波兰数学家的心胸还比较开阔吧，在 PC 布鲁诺情报站期间，他们与英国的政府密码学校也展开了很密切的合作。比如，他们专门架设了从情报站到英国的电传打字机线路，传递那些已被破译的密电。值得多说一句的是：这样做，是为了防止通过无线电方式传送电报而遭到德国人的截收。颇具讽刺意味的是，为了防止德国人通过窃听有线线路而获得情报，波兰的高手们还专门根据 Enigma 改进出一种密码机，把已经破解出的 Enigma 电文的明文再次加密，并通过这条电传线路发送。有时候大伙一高兴，为了嘲讽一下对手，甚至还在电文末尾加句"Heil Hilter"（希特勒万岁）之类的东西。结果，这样的密文并没有被也很擅长破译密电的德国人所破解。由此倒是能反证出，Enigma 的原理其实还是满不错的——至于线路那一头的政府密码学校，将是我们后面故事的主角之一，现在就不多介绍了。

如此这般，几个月的时间一眨眼就过去了。就在这几个月里，局势又发生了重大的变化：

1940 年 4 月，德军开始发起丹麦、挪威战役，目的是绕过英国、法国的水上封锁，夺取北方的出海口。5 月又发起荷兰、比利时战役，大获全胜之后，把盟军逼到了绝路。仓皇之间，盟军被迫在敦刻尔克进行了著名的战略撤退。6 月 4 日刚撤退完，6 月 5 日，德军就把锋芒对准了法国。5 天后的 6 月 10 日，法国政府决定退出巴黎，巴黎也成为不设防的城市。三天后的 6 月 13 日，德军进入巴黎，举行了入城式；次日，在香榭丽舍大街举行了阅兵式……

在这期间，法国人在波兰人的帮助下，一共破译了 1000 多份德军情报。可惜的是，跟波兰军队一样不争气的法国军队，一样地辜负了优秀破译机构的努力。甚至都发生过这样的事情：破译机构已经提前通报了德军将对巴黎进行空袭，可是军队还是一点办法也没有，任由德国轰炸机炸了个痛快——都到这个地步了，情报还有什么用？破解的密电还有什么用？

很快，法国投降了。

面对再一次的国家崩盘，密码破译人员依然只有出逃。就在法国政府退出巴黎的当天，也就是 6 月 10 日，"PC 布鲁诺"情报站也接到了转移的命令。6 月 24 日，贝特兰带着这些数学精英，在"自由法国"空军的帮助下，向南越过地中海，来到了阿尔及利亚的首都阿尔及尔。即便在这遥远的异国他乡，依然能看到波兰军方的影子——就在阿尔及尔，波兰总参二部也有自己的分支组织，就是所谓的"300 组"（group 300）；而流亡至此的本国密码学家们，自然也被悉数收归帐下。大约半个多月后的 7 月中旬，新来的这些波兰人，已经在这个非洲国家开始了对德国密码的破译工作。

但是，阿尔及尔还不是他们最终的稳定归宿。根据流亡的波兰政府和流亡的"自由法国"政府的秘密协定，这些早已历经磨难的数学精英们，注定还要再一次地走出非洲。3 个月后，他们中的一部分人又秘密转移回法国，在地中海北岸城市尼姆斯（Nimes）附近一个叫弗则斯（Fouzes）的小地方，再次搭建了密码破译的平台。与此同时，伴随着波兰人的回归，从前的"PC 布鲁诺"情报站也在这个弗则斯重新建立，代号也被更改为"卡迪克斯"（Cadix）。

如今看来，这个机构代号叫"卡迪克斯"还是"卡迪拉克"都无所谓，关键是这里的人们做出了什么事情。根据史料记载，他们成功地破译了以下电文：

柏林发往驻欧洲及利比亚部队的军令；

驻欧洲党卫军和秘密警察的内部通信；

驻欧洲及利比亚的间谍电台内部通信；

驻德国斯图加特的纳粹军事情报署总部的内部通信；

德国停战委员会的外交电报；

其他在法国和北非截获的德国电信。

此外，位于法国的卡迪克斯情报站并没有忽视阿尔及利亚这个支点，在它的首都阿尔及尔的郊区，卡迪克斯也成立了自己的分支机构，并以所在地的地名，命名为"寇巴"（Kouba）。这样一来，寇巴也就自然成为了 300 组的同行兼邻居。值得一提的是，寇巴作为法国的情报分站，它的负责人却是一位波兰少校，名叫瑞格-斯洛韦科夫斯基（M. Z. Rygor-Slowikowski）——或许，这也是波兰密码学家们，以自己的实力为同胞换来的领导岗位吧。

凭借"天时"、"地利"、"人和"，大部分波兰数学精英所在的 300 组，成功地截获并破译了 600 多份柏林发给北非军团的电报；而寇巴的主要任务，也是盯住北非军团的情报。在两个机构的合力协作下，这些被破译的电文，也如在法国"PC 布鲁诺"情报站所做的那样，被再次加密，并通过无线电发到了英国。最终，这些破译出来的情报，为盟军在北非登陆的"火炬行动"立下了汗马功劳。

既然同样肩负着破译德军密电的任务，不出意外地，在法国的卡迪克斯、在阿尔及利亚的寇巴和300组，这"两地三方"之间，人员流动也相当频繁。但出人意料的是，这又注定了另一场悲剧——1942年年初，三杰中最年轻的那位数学家、与雷耶夫斯基合作发明Bomba的鲁日茨基，和一些密码界的同行，搭乘"拉莫瑞西热"（Lamoricière）号客轮，从阿尔及利亚返回法国。但是，这艘客轮于1月9日意外触礁沉没（也有说法是被德国击沉），杰出的数学天才鲁日茨基，也被波涛汹涌的地中海无情地吞噬了。

尽管如此，300组的任务仍在继续。与此同时，这些不断从阿尔及利亚飞出的可疑无线电信号，理所当然地引起了纳粹德国的警觉。这一年的9月，一支从德国本土派出的特别小组来到了阿尔及利亚，开始对300组的踪迹进行搜寻。或许是当时的无线电定位技术还不过关，这个特别小组并没有能够立即确定300组的位置。但是这些德国人毕竟是行家，他们还是有办法对付这个时隐时现的电台的——特别小组确定了可疑地区以后，就把它再细分成一个个较小的区域，然后不分昼夜，开始无规律地轮流停电。之后，通过记录无线电信号出现和隐没的时间段，然后查对停电区域的方法，特别小组终于一步步逼近了300组的所在地。

顺便说一句，"轮流停电以定位信号源"这一招，在无线电定位技术还不甚过关的当年绝对堪称经典，而且也确实是屡试不爽：不仅德国人在阿尔及利亚用过，日本人在东京也用过；国民党在大陆用过，败退到台湾以后也还在台湾用过……

到了11月6日这一天，德国人已经开始搜索300组旁边的两户农家了。在这个千钧一发的时刻，数学三杰中另外两人雷耶夫斯基、齐加尔斯基，有如神助般地成功脱逃。但是之后，还能往哪里去呢？这时候他们已经别无选择，只能去英国。从地理上讲，现在离他们最近的那部分"英国"，就是英国的海外殖民地——直布罗陀。由于当时取道地中海走直达线路太过危险，他们只能千辛万苦地在陆地上绕一个大圈子，绕道西班牙、葡萄牙，最后才算是到达了目的地。而在这个过程中，他们一次又一次地被西班牙和葡萄牙的警察逮捕，好在每次都能脱身出来。等他们真正到达英国的时候，8个月的时间已经过去了。

其实，在他们逃到英国之前的1940年1月，当雷耶夫斯基和齐加尔斯基还在法国的"PC 布鲁诺"情报站里工作的时候，英国负责破译密码的首席科学家、前文提到过的图灵先生，就已经专程拜访过他们了。说起来，在这之前半年的1939年7月，他们还在波兰首都附近的皮瑞见过面；不过短短几个月的工夫，曾经谈笑风生的东道主已成丧家之犬（这里绝无贬义），也实在令人感叹啊。

可是让人完全想不通的是，图灵与他们交谈之后，居然拒绝雷耶夫斯基和齐加尔斯基加入英国破译 Enigma 的工作队伍。为什么会这样，没有人知道真正的原因了。或许是为了垄断破译成果？或许是对波兰人参加密码破译不放心？不管是什么，结果都是一样的：当雷耶夫斯基、齐加尔斯基二人日后历经坎坷来到英国以后，也有了份工作，也是破译密码，但是，再也与 Enigma 无缘。事实上，他们破译的是德国的党卫队密码，具体来说就是某种使用普莱费尔方表体制的密码（Playfair cipher），属于手工操作的一种移位加密密码。无论是从安全性还是使用级别上看，这种密码都比纳粹军队普遍使用的 Enigma 密码要低得多得多。

因此，雷耶夫斯基对英国的 Enigma 破译大本营——布莱奇利庄园——里发生的一切，竟然毫不知情。与此几乎"相映成趣"的是，庄园里的大部分英国人也根本不知道波兰人做过什么。按当年的那位英国密码破译专家，阿兰·斯特里普（Alan Stripp）的说法，"（庄园里）只有非常非常少的人知道波兰人的贡献"。至于让雷耶夫斯基和齐加尔斯基去对付党卫队低级密码的"工作安排"，斯特里普更是直斥为"简直就是让赛马们去拉车"……

二战结束后的 1946 年 11 月，雷耶夫斯基回到波兰，和老婆及两个孩子相聚了。而在那个时代，他选择"回家"这个行为，完全是货真价实的爱国举动。毕竟，与他同样在盟军中奋战的约两万名波兰籍官兵中，只有大约 1/10 的人做出了相同的选择，最终回到自己已经社会主义化了的祖国。顺便说一句，其余90% 的人不回家，很多也是出自对苏联的仇恨。当年，正是苏联在战局关键时刻的出兵，彻底断送了自己的祖国……

回国后，怪异的事情又发生了。按说，"自己人"不可能不知道雷耶夫斯基，但在重新复国之后，波兰军方情报机关对他进行了审查，却莫名其妙地没有发现他对破译 Enigma 所做出的重大贡献。因此在 1950 年，军方居然解雇了雷耶夫斯基！更怪异的是，在 1958 年进行的另外一次审查中，仍然没有人发现雷耶夫斯基的光荣历史——整个事件，实在是太不可思议了……

一些资料表明，身为数学家的雷耶夫斯基先是在某个大学教书，后来因为一些变故放弃了教职，改在一家工厂里工作。这个新工作倒也跟数字打交道，只不过跟密码不沾边，而是当会计。说到这里也真让人感慨：即便他不再搞密码，只凭借波兹南大学数学系毕业和哥廷根大学数学系进修过的名头，似乎也不该仅仅被安排一个会计的工作啊……而事实上，他的的确确就在工厂会计这个岗位上，一直干到了 1967 年退休。在那么多年里，他对自己曾经做过的事情，一个字也没提过，怎么看都只是个普通人。顺便说一句，会计这个活儿他干的也不爽，倒不是因为缺乏像密码分析那样的挑战性，而是因为他发现了别人的违规情况，因此还一直遭到嫉恨。

十、迟来的荣光

一转眼，20多年过去了。直到1974年，那位二战时曾在布莱奇利庄园担任三号棚屋（空军情报）负责人的温德博瑟姆（F. W. Winterbotham）撰写了轰动一时的解密著作《超级机密》（*The Ultra Secret*），才让雷耶夫斯基得知那些年里英国人做了什么，也得知自己的工作对英国人的帮助有多么巨大。而这位温德博瑟姆，在我们后续的故事中，还要专门介绍一下。

而在这本书出版以前，英国对于布莱奇利庄园里发生的事情，从来是作为最高机密予以掩盖的，雷耶夫斯基对此自然更是无从知晓。实际上，在此前一年的1973年，我们故事中的"法国上尉"贝特兰先生，已经出了一本书，名叫《Enigma：1939—1945年间战争中最大的谜》（*Enigma ou la plus grande énigme de la guerre 1939—1945*），但雷耶夫斯基当时还不知道。

尔后，比较离谱的事情发生了。在1976年，威廉姆·斯蒂文森（William Stevenson）又出了本《一个名叫"无畏"的人》（*A Man Called Intrepid*）的书，讲的是二战的事情。这本书在很畅销的同时，内容却很不严肃，其中，居然还点出了雷耶夫斯基的名。可是，或许是对雷耶夫斯基全名中的Marian（意思是"圣母玛利亚的"）这几个字母望文生义吧，他居然把雷耶夫斯基写成了一位女士。这就算了，他还一点也没提到雷耶夫斯基的功劳。这也算了，他还不知道从哪里来的灵感，杜撰出了"卡车上的Enigma被偷走了"的荒诞故事……

图44　这就是那本让雷耶夫斯基　　　图45　这则是那本流传很广，但是细节有
如梦方醒的《超级机密》　　　　　很多问题的《一个名叫"无畏"的人》

雷耶夫斯基真的有点愤怒了。他知道，自己如果继续保持缄默，这类东西就将谬种流传，而在若干年后可能就会变成定论，真到了那时候，或许再也不会有人能够澄清这段历史了。于是，他主动联系了一位军事历史作家，详细讲述了自己的过去。1978年，他又接受了记者理查德·沃依塔克（Richard Woytak）的采访。也正是因此，今天的我们，才有可能知道他在破解 Enigma 时，当时的思路和一些细节。对我们来说幸运的是，这段历史差一点就在当事人的刻意缄默中永久湮没掉了。从这个意义上讲，我们似乎倒该感谢那位胡写一气的作者了……

图46　1979年波兰电影
《Enigma 的秘密》剧照
其中左一为雷耶夫斯基，正在为参加
华沙会议的英法密码同行讲解 Enigma

从这时起，雷耶夫斯基出了大名，不仅撰写了相关文章，而且参与了电视台的一些专题节目。又过了一年，波兰专门拍摄了电影《Enigma 的秘密》（Sekret Enigmy），讲述了当年的那段往事。几乎就在电影引起巨大轰动的同时，电视剧《Enigma 的机密》（Tajemnice Enigmy）又出现在荧幕上。由此，"数学三杰"的英雄事迹，在波兰达到了家喻户晓的程度。

虽然出了大名，但是他也没有过上多久名人的日子。两年后的1980年2月13日，雷耶夫斯基因心脏病在华沙去世，享年74岁。随后，官方以军礼将他安葬在华沙的波瓦茨基（Powazki）公墓。在波兰，波瓦茨基公墓的地位很高，大约相当于我们中国过去的忠烈祠或者今天的革命公墓。而为了表彰他的功绩，波兰数学协会还专门授予了他一枚奖章。

图47　破译 Enigma 50周年纪念邮票
其中红色的 E 象征 Enigma，而它腰间插入的那个箭头，则由波兰国旗的红白二色构成

在这之前两年的1978年，波兰三杰的另一位齐加尔斯基先生，在平静地从事了一辈子教师工作以后，也在英国的普莱茅斯（Plymouth）与世长辞了。

就这样，曾经的波兰"数学三杰"，终于在20世纪80年代初期永远地退场了。

但是，波兰人不会忘记自己的英雄。

1983年，为了纪念成功突破 Enigma 50周年，波兰发行了世界上堪称独一无二的破译密

图48 宣布授予"数学三杰"最高荣誉的仪式

码的纪念邮票。

同年，"数学三杰"的母校——波兹南大学，为他们挂起了纪念圆盘。

17年之后的2000年7月，波兰政府决定，对已逝的"数学三杰"，授以国家最高荣誉。在授奖仪式上，波兰总理耶日·布泽克（Jerzy Buzek）动情地说：

许多人认为，三位杰出的波兰密码学家对Enigma的破译，是第二次世界大战中，波兰为盟国胜利做出的最大贡献。……毫无疑问，这是历史上最大的密码学胜利。

2001年4月21日，雷耶夫斯基、鲁日茨基和齐加尔斯基纪念基金会在波兰华沙设立。

2005年，是雷耶夫斯基诞辰100周年。在这一年里，波兰官方隆重地纪念了以他为首的数学家们，为此还专门发行了邮资明信片。

图49 雷耶夫斯基诞辰100周年邮资明信片
简短的说明中，也提到了鲁日茨基和齐加尔斯基的名字

　　2005年，在雷耶夫斯基的家乡比得哥什，他的名字被用来命名一所学校和一条街道。

　　2005年，在比得哥什他曾经居住过的地方，悬挂上了纪念圆盘，雕像也落成了。

　　2005年，在华沙波瓦茨基公墓，举办了小型的纪念仪式。

图50　雷耶夫斯基像
在他身边，正是一台 Enigma

图51　波兰军人在雷耶夫斯基墓前追思

除去波兰人自己的纪念之外，后来成为美国总统的盟军总司令艾森豪威尔，谈及波兰人的贡献时也曾说过：

这个工作，拯救了成千上万美国人和英国人的生命。

而英国使馆对避难波兰数学家的奇怪推延，和图灵先生对雷耶夫斯基难以理解的拒绝，不代表所有的英国人都会遗忘以他为代表的、昔日波兰的数学英雄们。1999 年 7 月，正好是波兰人向盟国全面提供 Enigma 情报及破译资料 60 周年。英国战时的破译总部——布莱奇利庄园为了纪念和感谢波兰人的贡献，专门

图 52　赠送 Enigma 的仪式

设立了"波兰节"（Polish Festivall）予以纪念。从此，波兰节成了庄园每年 7 月的重头活动。

2000 年 9 月，英国的安德鲁王子在访问波兰时，将一台从德国潜艇上缴获的 Enigma 机赠送给波兰政府，作为"不列颠感激和致谢的象征"。

2001 年 7 月波兰节时，庄园为波兰"数学三杰"专门安设了蓝盘（为英国官方对特定人物的纪念性标志）并揭幕。

2002 年 7 月波兰节时，庄园里增添了为波兰三杰而建造的青铜纪念板。

图 53　设计别致的纪念板

图 54　板的"左页"和"右页"，分别以英语和波兰语写着：
"本板纪念马里安·雷耶夫斯基、亨里克·齐加尔斯基和耶日·鲁日茨基的工作
波兰情报机构的数学家们首先破译了 Enigma 密码
他们的工作极大地帮助了布莱奇利庄园的破译者们
并在第二次世界大战中为盟国的胜利做出了贡献"

类似的纪念板还有两块。2002 年 9 月 18 日，在波兰首都华沙，那象征独立的毕苏斯基广场上的密码局原址墙边，就有一块，以此纪念当年曾经在这里工作过的数学三杰。2002 年 11 月，另一块也被安置在波兰驻伦敦大使馆的门厅内。

2005 年，在雷耶夫斯基诞辰 100 周年之际，他的女儿代替他，受领了英国国防总参谋长颁发的"1939～1945 年战争勋章"。

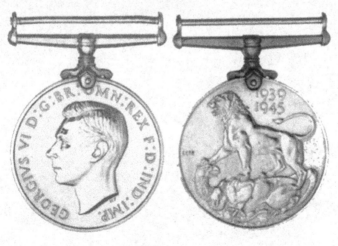

图 55　英国 1939～1945 年战争勋章

......

波兰人在绝境中对 Enigma 的反击故事，至此就算告一段落了。如果说这个故事还有一点点可读性的话，那也是因为它记录的是真正的历史，而真正的历史总会提供那么多朴实而令人震撼的细节，充斥着我们预料不到的演变和结果。而也正因为是真实，才会给人以更多的思考，毕竟，这些事情曾经就发生在昨天。

此外，本章中所重点介绍的雷耶夫斯基乃至波兰"数学三杰"，其实也只是他们所在的破译机构的优秀代表而已。在他们之外，更多的波兰人也曾经为击败 Enigma 而工作着，历史却根本没有留下他们的名字。但是，他们的心血没有白费，每一个因为他们的工作而获救的生命都是对他们最好的奖赏。

更重要的是，波兰人那种面对强敌永不放弃的精神，才真正是 Enigma 能被击破的最重要原因。培根先生说过，读史使人明智；在我们的故事里，关于击破 Enigma 的技术细节未必是让我们感触最深的，而恰恰是波兰人的顽强精神，或许才是让我们印象最深刻的。

最后，我把雷耶夫斯基 1977 年所写的一篇回顾性论文《置换理论在破译 Enigma密码中的应用》（*An Application of the Theory of Permutations in Breaking the Enigma Cipher*）的英文版链接放在这里，供有兴趣的人阅读，也算是稍稍表达我对这种精神的一点敬意吧：

PDF 版　http://frode. home. cern. ch/frode/crypto/rew80. pdf

HTML 版　http://www. impan. gov. pl/Great/Rejewski/article. html

第四章

英国：凯歌高奏

一、碌碌无为的八年

1939 年 8 月 16 日，一个跟平常没什么两样的日子。

这天，一位叫古斯塔夫·贝特兰（Gustave Bertrand）的法国人从巴黎出发，去了伦敦。说起来，贝特兰本人倒没什么特别，有点儿特别的是他随身带的行李，不仅有点重，而且还不太好拿。不过，他还是带着这笨重的行李，到了伦敦著名的维多利亚车站，然后把它交给了一位先生。至于这位等着提货的先生，名气可就比贝特兰先生大多了。他叫斯图尔特·孟席斯，是英国大名鼎鼎的间谍头子。关于他老人家，后文还会提到，这里就不专门介绍了。不过，能让身居高位的孟席斯亲自出马接收的，那得是什么东西呢？显而易见，无论里面装的是什么，这行李都有点儿不寻常。

的确如此——它先是被套上了外交邮袋，尔后从波兰寄到了巴黎，然后才被贝特兰一路拎到了伦敦。现在，就在交接完成的这一瞬间，如释重负的贝特兰终于忍不住冒出了一句母语：

Accueil triomphal（胜利的接收）！

关于这件事，英国作家西蒙·辛格还有另一个说法。他说这行李是由作家萨夏·吉特里（Sacha Guitry）及夫人、演员伊冯娜·普林坦普斯（Yvonne Print-emps）两个人，通过某种途径躲开了德国间谍对港口和机场的监视，秘密带进伦敦的。

不管哪种说法是对的，我们新一段的故事就从这里开始吧。因为在那行李里面，赫然正是一台 Enigma 的仿制品。

也正是即将遭受灭顶之灾的波兰人，赠送给英国密码分析同行的一份重礼！

Enigma 这种被德国人认为是不可破译的密码系统，已经遭到了波兰数学家的迎头痛击。但是说到底，波兰毕竟也还没有能力独自抵抗强大的纳粹德军，于是在二战爆发前 39 天，将自己仿制的 Enigma 和对应的破译机 Bomba，以及大量的资料，通通送给了自己的盟友，也就是英国和法国的同行们。从波兰出发，陆路可以直接到达巴黎，而要到伦敦还必须漂洋过海；于是波兰人就委托法国的贝特兰，把赠与英国的一份礼物捎带到伦敦。

当然了，如此重要的物件，自然不会是一般人去送。讲到这里，大家恐怕也觉得这位贝特兰相当的眼熟——他不是别人，正是我们前面故事里，那位法国情报服务局的军官古斯塔夫·贝特兰。

图 56　贝特兰

这次交接仅仅过了一个多月，波兰就彻底亡国了。而身为两位盟友之一、曾被波兰寄予厚望的法国，最终也没逃脱被纳粹铁蹄征服的命运。在波兰灭亡后仅仅 8 个多月后的 1940 年 6 月 22 日，就在贡比涅的那节著名的车厢里，法国政府也签字投降了。

正因为如此，与破译 Enigma 相关的曲折故事，最终会在硕果仅存的英国达到最高潮，以至于会成为一段传奇——也几乎就是必然的了……

在继续讲述这段传奇之前，先让我们回顾一个真实的小故事吧。

在波兰人刚刚开始接触到 Enigma 密电、对它束手无策的那段最灰暗的时光中，总参二部密码处德国科的负责人马克斯米廉·西兹克依上尉，也曾如热锅上的蚂蚁般地坐立不安。他知道，经过大量的测算和比对，已经证实这种复杂而毫无头绪的密文，肯定不是任何已知的密码编码方法所生成的。问题是：这玩意儿现在就摆在面前，到底该怎么破解呢？该怎么破解呢？

而就在这个节骨眼儿，偏偏就有个世外高人前来解围。他声称自己具有神奇的透视能力，可以帮忙对付这个玄妙的谜。这位活神仙说，在诚心祈祷以后，他就能够像看穿旧文件表面覆盖的浮尘一样，看穿笼罩在原始信息上的密码。之后，他就知道德国人究竟在电文里说些什么了。

有句话叫"病急乱投医"，这时已经快要被无穷无尽的未知密电逼疯了的西兹克依上尉也不例外。在巨大的压力下，他狠了狠心，雇佣了这个神乎其神的高人。结果是不用多说的：擅长"坐而论道"的巫术，和扎扎实实的科学技术叫板，下场一般都不会太好看。轰走了骗子之余，波兰人痛定思痛，这才开始大规模地招收专门的密码人才。之后发生的事情，我们已经讲过了。而现在，我们在这里专门提到这个故事，也只是为了承上启下地继续引出一段新的密码传奇。

——不是巫术，而是科技大展神威的传奇！

我们知道，波兰人首先在 1933 年初步撕破了 Enigma 的加密机制，但这可不是说，波兰人是第一个注意到 Enigma 的。其实早在 15 年前，也就是 1918 年 Enigma 刚刚被发明出来的那时候，英国的情报机关就已经知道这东西了。又过了 8 年，德国海军率先采用了 Enigma，之后其他德国部门也跟着铺开使用了——这些情况，英国人也都知道。

而且历史还告诉我们，对于德国的 Enigma，英国人还不仅仅限于这个"知道"。

Enigma 上市后，它的商业版型号一直在到处销售，只要有钱，任何人都可以买到；而这个"任何人"，自然也包括英国人。买到手以后，英国人自然就开始了初步的试探研究。结果，他们发现这 Enigma 实在是个极难对付的厉害角色，看看它的转轮就能明白，试图予以简单破解是根本不可能的事——这就是说："估计破不掉"。

而一战之后的英国，自我感觉那简直是极端良好，觉得世界上再没有谁是大英帝国及盟国的对手，这战败的德国当然更不在话下，即便 Enigma 再牛，德国又能如何？——这就是说："没必要去破"。

好了，估计破不掉、也没必要去破——那还能怎么办？当然是放一边儿算了……

认真分析起来，这确实是个比较奇怪的现象。即便英国人信心爆棚，即便德国当时看上去确实不够威猛，无法对英国构成实质威胁，似乎也不该如此掉以轻心。毕竟，当时英国并不认为德国是朋友，对胜利骄傲之余总还是对昔日的死敌有那么一点点提防之心的。而只要有一点担心，就不该忽视对手任何潜在的军事科技发展苗头——何况，还是密码机这种注定要在军事领域大放异彩的发明；何况，密码本来就是攸关国家生死的玩意儿。

——何况，这么重要的东西，英国人还压根儿对付不了！

无论怎么说，以理智的眼光来看，英国人都应该更加努力地去破解才对。可惜，英国与欧洲大陆隔海相望，那浅浅的一湾海峡，给英国人带来了太多的安全感。回想夹在德国和苏联之间的波兰，是在多大压力下才首先初步击破 Enigma 的，大概也就不难理解英国人在破译进度上落后的原因了吧。

如果真的只是态度上的漫不经心也就算了，我们可以说英国人对新技术进展偶尔失去了高度的敏感性，还没有建立起深入彻底研究他国密码机的习惯，不过是个大意加无心的失误。如此看来，英国没有最先破解 Enigma，的确也没什么大不了的。可历史又告诉我们，事实根本不是这样的。在破解 Enigma 的初步努力失败后，英国人算是领教了 Enigma 的厉害；正因为领教过厉害，它才反而引起了他们的兴趣。在比较深入地研究 Enigma 的机制以后，英国人很受启发，最后，这 Enigma 还成了英国人的"师傅"。

原来，在那个各种新型密码机如雨后春笋般不断冒头的 20 世纪 20 年代，英国政府也意识到，传统的手工加密无论是安全性还是速度，都已经远不能适应要求了。于是在 1926 年，一个跨越内阁各部门的专门委员会成立了，任务只有一个，那就是为英国政府选择一款合适的密码机。这时，皇家空军的一位中校里伍德（O. G. W. G. Lywood），举贤任能不避仇地推荐了昔日敌国的新型密码机 Enigma，作为委员会候选的机型之一。

这就是说，在德国海军率先采购 Enigma 作为军用密码机的那一年，英国人也同样注意到了这 Enigma 的过人之处。之后呢？两国的态度可就大相径庭了：

如前文所述，在海军的带头下，德国各部门迅速装备了 Enigma，同时在源源不断的订单激励下，机器本身也在不断升级。1926 年那会儿，Enigma 商业型号算上原型、A 型和 B 型，也不过区区 3 种；而军用型号，只有被海军采购的那一种——同年新升级出来的 Enigma Funkschlüssel C（Enigma 无线电收发报机密码-C 型）。而自那以后，Enigma 在德国算是进入了黄金时代：次年，它的商业型号 D 型推出，之后历经 E 型、F 型和 H 型，一直发展到 K 型；在军用型号方面，供陆军、空军使用的 G 型、Ⅰ 型和 Ⅱ 型陆续服役，而供海军的使用的，则有 Enigma Verb. -c 型（此处的 Verb. 似乎是 Verbssern 的缩写，意思为"改进、提高、修正"；果真如此，此型号就应是"Enigma 改进-c 型"的意思）及 Funkschlüssel-M（无线电密码-M 型）。顺便提一句：由 M 型开始，海军型 Enigma 逐渐沿着自己的路子发展，终于形成了著名的 M 系列 Enigma，与其他军用型号之间，产生了明显的差异。

以上说的，还都是截止到海军的这种 M 型出现为止的情况，已经够让人头大的了。这时，距离那个 1926 年，已经 8 年过去了。那么，在德国 Enigma 衍生出如此多新型号的 8 年时间里，英国那个负责选择密码机的委员会，又做了些什么呢？

很惭愧地告诉大家：他们简直是什么也没做，根本就没有任何一种密码机，被那个专门委员会选中并推荐给政府——从某种意义上讲，在 Enigma 发力狂奔的这段时间里，该委员会的确是在白白浪费着英国纳税人的银子。更加让人难以理解的是，对此似乎也没人说什么，仿佛不是这个结果才不正常。所谓刀枪入库、马放南山，英国人那份悠然劲儿，可真是显露无遗啊。

直到 1934 年 8 月，在皇家空军授权下，刚才提到的里伍德才和另外几个人一起，开始研究从市场上买回来的商业型 Enigma，并着手对它做出一定的改进。几个月后的 1935 年 4 月 30 日，这台脱胎于 Enigma 的改进版密码机原型，被送到空军部进行评估。又过了将近两年，在 1937 年年初，原型机经过进一步的升级改良之后终于定型，首批生产 30 台，正式列装皇家空军。

这台密码机，就是二战中英国空军和陆军使用的著名转轮密码机 TypeX，意为"打字机 X"。值得多说一句的是，这种 Enigma 的"外国远亲"由于增加了某些技术特性，更重要的是极其严格地限制了使用范围，使得它的敌人——轴心国——从来没有成功地破译过。

图 57　TypeX MARK Ⅲ（Mark 3）型

图 58　集成了两个连接板的后期型号 TypeX 22

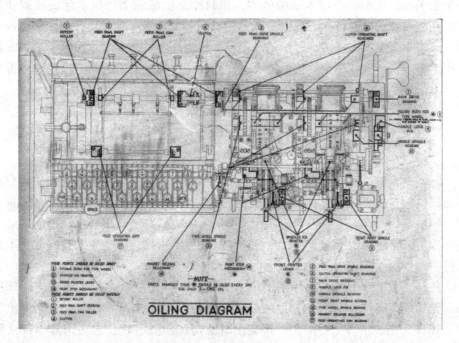

图 59　TypeX MARK Ⅵ（Mark 6）型的设计图

比起德国人来说，英国人的动作到底有多迟缓，也是很清楚了。到了这会儿，潜在敌国的 Enigma 已经上市了 19 年，它的军用型也已经发展了将近 11 年。而从历史的回溯眼光看，二战也只剩一年半就要爆发了……

实际上，就在 TypeX 装备空军的同年，英国人已经成功地破译了德国使用的某种商业型 Enigma（有资料称为"铁路型 Enigma"）。很有点耐人寻味的是，英国自己的官方宣传材料中，却很少提及二战前的这些成果。或许是忘了？或许是为了突出渲染英国战时密码破译机构的强大？或许是因为破解早期的Enigma相对简单、"技术含量"远远不如后来的军用型号，宣传起来不是特别有面子？反正，确实很少有文献会提到它——不管怎么说，在破译重中之重的军用型Enigma方面，二战前的英国人，的确是交出了一份白卷。这也难怪坊间流传说，二战前的英国，根本没有破译过Enigma。毕竟，军用版Enigma才是真正的死敌啊。

总的来看，英国人之所以没有在破译 Enigma 方面占尽先机，并非因为他们不知道 Enigma 的存在，或者没有认识到它的强悍性能；恰恰相反，从根据Enigma来改造出自己的密码机就能看出，英国人对 Enigma 的加密能力及由此带来的安全性，可以说认识得相当深刻。造成如此被动局面的主因，绝不是情报获取上的失误，也不是技术水准的低劣，而只能是主观能动性根本就没被调动起来。在战胜者的这种自傲心理中，其中究竟有多少是妄自尊大、有多少是蔑视对手、有多少是懒惰大意、有多少是漫不经心，或许也只有上帝才知道了。如此种种积累下来，当大战将至，他们第一次看到波兰人的成果的时候，当场被震得目瞪口呆，也就不是什么难以理解的事情了。

Enigma，就这么结结实实地给英国人上了一课。

二、黄金分割点上的小站

时间的流逝是不等人的。当英国人发现德国再度强大起来，以至于快要变成嗜血狂魔的时候，他们自己的破译机构已经完全无力对付历经升级后的 Enigma 了。但也如我们在前文里提到的那样，英国人的应对办法却很简单，那就是放在一边，不去管它。似乎就有这么个定律：只要你不去找，屋子里的苍蝇就是不存在的……

此外，由于整个密码世界刚刚迈入机器时代，大多数人显然还缺乏心理准备。比如说英国人，就还习惯于一战中的常规密码破译方式，也就是几个专家关在"黑屋"里，埋头分析密文。其实，即便是在一战时代，像法国陆军部密码局内的潘万（Georges Painvin，曾经击破著名的 ADFGX/ADFGVX 密码）那样优秀的数学人才，就已经出现在破译机构里了。尽管如此，如潘万这样的职业成分，始终还不是主流。与波兰密码分析机构类似，当时英国主要还是依靠语言学家，对密文进行语文意义上的分析来进行破译的。

直到波兰直接招收数学专业学生进入密码机构工作开始，密码分析这个行当，才终于成为了数学家大展身手的常规领域。从这个意义上讲，波兰人对密码学、特别是密码分析学进化发展的贡献，可绝不仅仅是对 Enigma 的破译那么简单啊。当然了，语言学家仍然是密码破译方面不可或缺的人才，在后文中，我们也将看到他们的贡献。

在末日来临之前，波兰人向英国人和法国人透露 Enigma 的秘密的时候，也没忘了把自己的经验提供给他们。其中之一就是，密码机构已经到了该改革的时候了；如果还想获得成功，就必须招募更多的科学家，特别是数学家。比如当年，波兰人就选择了波兹南大学和华沙大学，选拔里面的优秀学生改学密码分析专业，成效斐然。

而没有波兹南大学和华沙大学的英国人，又该怎么办呢？

别的方面落后了，英国人得奋发图强、虚心学习；不过说到大学嘛，英国人倒是有足够的理由小小地伸个懒腰了——剑桥够不够？牛津成不成？

老牌帝国主义强国啊，确实有它的过人之处，这么随便一指，两个世界超一流的学府就被点了名。随即，在战争即将爆发的巨大压力之下，英国密码分析机构的动作终于开始大大加快了。他们的工作人员开始动用自己的社会关系，以老同学的名义在这两座著名高校里四处做游说工作，为了扩大招募范围，他们甚至通过所谓的"女校友联谊机构"，去与两校之外更多大学的已毕业女性，设法取得联系。

这里也得说一句，他们费心招募女性参加密码分析，除了因为男人要上战场、只能从女性里招募以凑够人数以外，也还是有别的原因的。纵观二战期间各国密码破译机构工作人员的性别构成，特别是盟国方面，我们就会发现一个现象：女性，在其中的比重相当之大。在那个相对保守的年代、在堪称阳刚气十足的军方机构中，这似乎是件挺奇怪的事情，毕竟除了医院、文工团和报社以外，军队中本来就很难找到女性的身影。可是只要我们思考一下就会明白，女性天生的细心、耐心，确实是枯燥的密码分析工作所必需的品质。在如今一些影视及文学作品的渲染下，"破译密码"似乎成为了一件很魔术化、很神奇的事情，脑袋瓜一拍、金手指一点，所有的密文就乖乖地变成明文了——老天，哪有那么便宜的事！随着后文的介绍，大家将会看到这个密码分析工作，又将是多么的繁重和辛苦……

而在其中辛勤工作着的女性，正是以自己柔弱而富有韧性的肩膀，以自己勤劳的双手和灵巧的头脑，任劳任怨地支撑起了盟军密码分析的辉煌胜利。这一点在许多密码故事中并没有特意提到，而我以为，它实在是不该遗忘的一件事。无论在英国还是美国的密码分析机构里，女性工作人员数量都相当多，这也都是事实。历史永远只留下奋力攀爬到顶峰的人的名字，却总是忽略掉金字塔那庞大的基础。这里专门提到这些，既是为了纪念她们，也是为了强调一个真理：

科学与技术不分国界，同样也不分性别。

好，让我们继续讲招募吧。在战争即将爆发和刚刚爆发之后，爱国激情是很容易被热血点燃的，校园中许多年轻人纷纷报名，加入了这个当时在世界上最机密的组织，用他们的青春和智慧，去尝试敲开对手的密码大门。不过，与报名参军上前线往往需要长途跋涉不同的是，这些满脑袋智慧的热血青年，还倒真不用跑多远。按资料记载，从剑桥到牛津，是有铁路沟通的。可让我郁闷的是，在自己的地图册上却找不到这条铁路线。一查资料，原来这条小小的铁路支线现在已经关闭了，难怪地图上没印……

没办法，只好用尺子直接丈量剑桥到牛津的直线距离，结果是大约 106 公里。这个距离够近了，但还不算最近。原来，两校的学生出发，毕竟不是为了到对方的学校串门去的。火车开到半路，他们就已经可以下车了——对于从剑桥出发的学生，火车开出大概 65 公里就可以下车了；而从牛津出发的学生，这个距离大概是 41 公里。

两路的学生下车的地点都是一样的，是个沿线的小站。

图 60　这个小车站现在的模样

车站虽然小，但是却算个交通枢纽。说起来，剑桥到牛津的铁路线基本是东西向的，大致像咱们汉字中的一横。而这个小站，居然相当精确地位于这一横的黄金分割点上——上面给出数据了，计算一下就是 65 公里/（65 + 41）公里 ≈ 0.613，与 0.618 的黄金比，误差还不到 1/100。

提到横，就不能不说竖；而确实就又有一竖，也穿越了这个小站。不过，与那东西向的一横所代表的支线铁路不同的是，这南北向的一竖可就是条铁路干线了——它向南通到英国第一大城市伦敦，向北则先穿过第九大城市考文垂，紧接着便到达了英国第二大城市伯明翰。具体来说，如果以尺子测量地图上的直线距离的话，那么它到南边的伦敦的市中心大约是 68 公里，到北边的伯明翰市中心则大约是 94 公里。按捺不住强烈的好奇心，我又算了一次，结果是这样的：94 公里/（94 + 68）公里 ≈ 0.580。以上的计算结果表明，这个小站又大致位于英国第一大城市伦敦，和第二大城市伯明翰之间的黄金分割点上，误差仅仅6/100而已。

东西向误差，不到 1/100；南北向误差，不到 6/100。也就是说，最大误差不过 1/16！这就是说，该小站的地理位置，确实是堪称一绝。它不仅位于连接英国最大城市的那一竖，和连接最牛学府的那一横所构成的十字的交叉点上，而且，它这鬼斧神工的一点，还成功地把那一横一竖分别给黄金分割掉了——你说，神不神？要是古希腊的数学家们、哲学家们也发现这个事实，他们一定会认为这个小站才是英国最牛的小站。

图61 本图中小圆点所在，就是那个牛的不得了的小地方
黑线为简化过的铁路走向

如此神奇的位置，如果不用做现代化的迷信素材，真是太可惜了。只是，本书一以贯之地讲科学、讲技术、以崇尚科学为荣，以上这些，也只是权做文章的佐料吧。说到底，无非就是作者偶然发现的很巧的巧合而已，而已。

当然，以上计算方法均为直线距离，实际上铁路是拐了弯的，直接用尺子测量地图也是肯定有误差的。说到这里，不由得就想到了那部感动了一代人的小说、电影《高山下的花环》。其中那位牢骚极多的副连长靳开来，带领尖刀连在丛林中尽力穿插，但无论如何也无法及时赶到预定地点，正窝了一肚子的火儿，又听到营长在报话机里大喊"师、团首长对你们行动迟缓极不满意！极不满意！如不按时抵达指定位置，事后要执行战场纪律！执行战场纪律！！"的时候，不就说了句名言么？

娘的，让他们执行战场纪律好了！枪毙，把我们全枪毙！他们就知道用尺子量地图，可我们走的是直线距离吗？让他们来瞧瞧，这山，是人爬的吗？问问他们，路，哪里有人走的路！……

看来这句话，完全可以作为像我这样"动不动就用尺子量地图的人"的最好警句……

好，扯的太远了点，还是言归正传吧。小站所在的这地方，既与政府所在地和主要大城市相隔不远，又左拥右抱着两大世界超级智库。也不妨设想一下，这样的地点，天生比较适合做什么用呢？想来想去，如果是在今天，或许搞个高科技开发园区挺对路。只不过，在20世纪40年代那会儿，似乎还没有这个概念吧？而"便于政府使用顶尖智力的好地方"——说实在的，这不正好适合建个密码分析机关么？如果用来干别的，好像还真有点儿浪费了……

历史，就这样选择了英国。

而英国，又这样选择了这个小地方。

它就是永载密码史册的小镇，布莱奇利（Bletchley）[①]。

三、上尉的射击队

这个神秘的布莱奇利，到底是个什么样的地方呢？如果各位有兴趣，愿意访问一下网上的电子地图，而它又支持经纬度查询的话，那么不妨试着输入这样的两个坐标：西经0°45′25″，北纬52°02′31″。

准确地说，这个地方还不是我们要介绍的布莱奇利，而是布莱奇利的上级自治镇，名叫米尔顿·肯尼斯（Milton Keynes），属于英国的白金汉郡（Buckinghamshire）。如果大家真的来到这个米尔顿·肯尼斯，估计会发现到处都是古色古香的历史遗迹，比如某某庄园（park）啊，某某村（village）啊，诸如此类一大堆。就连穿过它的宽阔道路都不一般，在江湖上那也是有身份的，人称"罗马路"（Roman road）。当然了，所谓"条条大路通罗马"（all roads lead to Rome），说的可就是这种路哟——言归正传，且让我们顺着米尔顿·肯尼斯的这条罗马路走下去吧。

走着走着，这段路就改叫瓦特灵街（Watling street）了。再继续慢慢走到一个叫布莱奇利的地方以后，建议你不妨东张西望一下。我猜，你会发现一座庄园。

图62　庄园入口（当年）

图63　庄园入口（现在）

---

① 布莱奇利（Bletchley），在各种资料中，也分别被译为布莱契雷、布赖契雷、布莱切雷、布莱切利，其中，似乎以最后一个"布莱切利"使用得最广。这里，按中国地图出版社出版的《世界地图册》的标准译名，定为布莱奇利。

穿过这道门，眼前又是豁然开朗。

图 64 庄园主建筑

走近看看，还真是挺漂亮呢。

图 65 主建筑侧观

看上去，是不是还不错？

这个庄园可是有年头了，现在最早的记录能一直追溯到公元 1308 年，那时候，它就已经是格雷（Gray）家族的了。庄园里的建筑风格也是多种多样，从英国维多利亚时代的哥特式（Victorian Gothic），到都铎王朝时代的都铎式（Tudor），甚至还有荷兰的巴洛克式（Dutch Baroque）——杂七杂八，简直让人搞不清历代主人到底想把它打扮成个什么样儿……

长话短说，经过不知道多少代的传承和更替后，到了 1938 年春天，这座庄园差点被卖给一个建筑商。那位建筑商有个房地产计划，用咱们的成语来概括就是"推陈出新"——他打算把庄园里的房子全推掉，之后重新建个居民小区。就在这时候，又来了个财大气粗的新买主，击败了建筑商，把庄园买走了。当然，如果不是这样，恐怕这段故事我们就得另外讲起了。

之后，这位买主自掏腰包买下的庄园，又被他主动贡献出来，免费给政府使用，以致多年以后，人们都以为这座庄园是英国政府的财产，直到将近 60 年后的 1997 年，这个事实才被澄清。说到这里，也顺便请大家猜猜：这样一个庄园，在 20 世纪 30 年代末能值多少钱？参考条件：它面积约 22 万平方米（0.22 平方公里），距离伦敦约 68 公里。答案，将在随后揭晓……

这位买主如此有钱，如此爱国，还如此不在乎名分，从常理推断起来，还真不是个一般人儿。事实上，他也确确实实远非凡辈，正是休·辛克莱尔爵士（Sir Hugh Sinclair）。当时，他的职务是英国海军情报主管、兼军情六处（MI6）的领导人，军衔也高得吓人，是位正儿八经的海军上将。而在买庄园的时候，他已经快 65 岁了。

图 66　走在前面这位就是休·辛克莱尔，一副典型的海军舰艇军官的样子

休·辛克莱尔显然得算个职业军人。在1883年他才10岁的时候，就已经加入了英国海军，怎么说都是个不折不扣的娃娃兵。好在当时的英国，还不像今天这样热衷于倡导人道主义，动不动就在全地球范围内反对征募娃娃兵；否则，这位日后将为英国国家安全立下大功的老将军，怕是等不到金子闪光的那一天喽。

言归正传。他在舰艇部队中兢兢业业地服役，经历了30年的漫长岁月之后，终于在一战初期改行进入了情报界，成为了英国海军部情报部（NID）的一员。几年之后的1919年2月，他升任海军情报部部长。新官上任当然要烧把火，于是，在一战中堪称功劳卓著的破译机构"海军部第40号房间"（Room 40，正式名称是I. D. 25），就奉命和陆军的同行、军情一处B科（MI1b）正式合并了。而从前分别编制在海军和陆军内、老死不相往来的25位情报军官，就这样率先成为了"种子"，走进了新单位。他们心里很清楚，虽然单位换了个牌子，自己肯定还是干老本行；但是他们当时还不可能知道的是，日后，这个单位将发展成巨无霸，成为英国最大的无线电情报中心。

值得为此多说一句的是，在当时，军种之间的楚河汉界是非常明显的；不光是作战部队，就连所属技术部门也是一样。明明都是截获对方电报进行破解，技术手段是完全是一样的，本无所谓什么"海军式破解"或"陆军式破解"的区别，可就是你干你的、我干我的，别说联合工作了，彼此之间连个气儿都不通。现在看上去很不合理的事情，在当年却几乎就是天经地义的——毕竟，海军只要自己关心的情报，陆军也只要自己关心的情报，联合起来有什么用？就算联合了，之后还不得分头各自处理去？而这种"各军种自行展开密码破译工作"的现象，还不只出现在英国一家，而是几乎所有强国都这样，简直成了老习惯了。要不是这回辛克莱尔上将以自己的权力强行打破了海陆军的界限，把人才更加合理地集中在一起进行工作，进而最大限度地发挥出智慧的威力，天知道以后会不会取得那么辉煌的胜利——有意思的是：纳粹德国直到战败，也没把这个莫名其妙的老习惯完全改过来……

这个由陆海军密码分析单位合并产生的新机构，被外交部里的某位领导命名为政府密码学校（Government Code and Cypher School，GC & CS）。嗯，"学校"这个名字，看起来挺隐蔽的不是？而在二战中，牵头并具体负责破译Enigma的，恰恰正是这所名不惊人的"学校"！

做了这件大事之后不久，休·辛克莱尔又转任海军部潜艇勤务局局长。1923年，在某次例行航海归来后，有人告诉他，他已经被决意退休的卡明爵士选中，担任军情六处第二任负责人。而从编制体系的角度讲，军情六处负责人，同时是要兼任政府密码学校校长一职的。但是，休·辛克莱尔可实在没有这个闲心和多余的精力去应付"学校"的事务了，毕竟，管理军情六处这个英国最大的海外谍报机关，就已经足够他费神了，至于密码方面的事情，还是另找能人吧。而从1921年起，密码学家阿拉斯代尔·丹尼斯顿（Alastair Denniston）作为管理学校日常事务的负责人（地位大概相当于我们的"常务副校长"），实际上就已经全面掌控学校大权了。因此借着新上任的东风，休·辛克莱尔索性来个顺水推舟，正式指定丹尼斯顿管理政府密码学校。而这位丹尼斯顿先生，我们在前文介绍华沙会议时提到过，还附录了一张护照的照片；而那个护照，正是他本人的。

就这样，丹尼斯顿先生一直在这个职务上干到了1942年，算上之前没有被正式任命的"实际掌权期"，他老人家整整当了政府密码学校21年的"校长"！

图67　从风华正茂到霜染白头，丹尼斯顿实在是为"学校"奋斗了一生

左图扫描自《Seizing the Enigma: The Race to Break the German U-Boat Codes 1939—1943》，原作者 David Kahn

右图扫描自《Enigma: The Battle for the Code》，原作者 Hugh Sebag-Montefiore

现在，我们再把话题拉回来，来谈谈那座产权很不明晰的庄园吧。在1938年的时候，休·辛克莱尔自掏腰包买下庄园，然后又捐献给国家，到底是为什么呢？其实，无论是他还在海军情报部时就力主合并密码分析机构，还是在军情六处时自费购买庄园，这十几年的苦心，都只是为了两个字：战备。

合并密码机构不用多说了，而在他购买庄园的1938年，整个欧洲上空都已经笼罩了浓厚的战争氛围。明摆着，纳粹德国对欧洲的领土要求将会越来越大、越来越贪婪，而这必然与英国无处不在的利益发生直接碰撞。因此，战争已经很难避免了。回溯历史，还在一战时，德国人就能发动"无限制潜艇战"，连中立国的舰船都躲不过去；为了轰击法国首都巴黎，德国甚至不惜血本，专门开发出射程超过 100 公里的超级大炮。总之，在"为了战争"的大旗下，德国人必定会做出一切他们"可能做到"和"看上去不可能做到"的事情的，至于死敌英国的首都，那更是无论如何不会放过的。而在一战时，德军之所以没对伦敦怎么样，自然也不是出于什么普鲁士军官团"高贵的荣誉感"，而只不过是因为他们缺乏跨海远距离攻击武器而已。可是时过境迁，要再打起来的话，技术有了长足进展、装备了大量新型武器的德军，还可能放过伦敦么？英国人知道，德国已经有了大量的轰炸机，可以完成跨海轰炸的任务；但是英国人当时还不知道，日后德国人会研发出更狠的武器，那就是德国人图纸上的 V 系列"火箭"，也就是我们现在所说的地对地导弹。

总的来看，在当年的大背景下，伦敦"城门失火"已经成了一种无法回避的前景。那么，能不能避免"殃及池鱼"呢？如果让政府密码学校继续驻在伦敦，会不会被德国轰炸机给"捎带着"摧毁掉？而这个关系重大的问题，却没有人能够给出一个确定的回答。

不管怎么说，这个"学校"对于英国而言，实在是丢不起也毁不得的无价之宝。也因此，不管出于任何理由，都要绝对保证它的安全。对休·辛克莱尔来说，设法保住这条情报命脉，也就成了战前最紧迫的工作，于是他力主把政府密码学校建在伦敦郊外。这样一来，既可以避免它被敌人有意无意地摧毁，也有利于保证它和政府之间保持密切的情报联系——不管是在两地之间铺设保密的电传打字机线缆，还是事务性交流，当然是距离短一些更加容易了。于是，经过他的不断搜索，最后选定了位于布莱奇利的这个庄园，然后他就去找外交部，要求他们出钱买下庄园。

看到这里，各位可能有点奇怪：政府密码学校在战时又不是光破译外交密码，为什么他只去找外交部要求拨款呢？

在这里，我们有必要多解释几句了。其实，这里头还真是有渊源的：从 18 世纪英国开始建立所谓的"秘密部门"（secret department）起，情报机构就隶属于外交部管理。再往后，不管情报机构怎么演变、重组、分拆、合并，不管它到底是归哪个部门实际掌控的，外交部始终还是它们名义上的领导。如果以中国的情况来打比方的话，那就多少带点儿"双重管理"的味道。何况政府密码学校本身就划在外交部名下，现在找外交部要钱置地，说起来当然是名正言顺的。

可是，外交部的领导们研究了休·辛克莱尔的主意以后，觉得有 3 个"不太对头"——第一，这个学校本就是在你休·辛克莱尔海军上将强力干涉下，由陆军和海军密码分析单位合并而成的，里面全是军人不说，从任务到手段，怎么着都跟军队没法脱钩吧？第二，不管怎么说，跟学校有关的具体事情，其实一直都是你们军方情报机构自己在暗箱操作，最后不过是挂靠在我们名义下边而已——

何况第三，它现在又成了战备工程，找外交部是不是有点认错了门儿？

"当"……这钉子碰的真是余音绕梁啊：这事儿我们管不了，你还是去找军队吧。

休·辛克莱尔没办法，只好回去想办法。说是"找军队"，其实无非就是找陆海空三军。可是，这学校明明挂名归外交部管理，外交部尚且不理，那陆军和空军还有指望么？得了，自己好歹也是个海军上将，还是回娘家问问吧。这一次，管事的海军上将比外交部人要好说话得多，只觉得有一个"不太对头"：这个政府密码学校，压根就不在海军编制序列里，没记错的话，它应该算外交部的一部分吧？

"当当"……二号钉子的回答逻辑性很强：既然它算外交部的一部分，那么，钱当然还是该外交部出。

绕了一圈，问题又回到原地。说起来，各位官僚踢皮球的水准也算不分伯仲了，可正经事——买庄园的钱——到底该谁出呢？传记作家迈克尔·史密斯（Michael Smith）写到这里时，不失尖刻地评论说，"中国人才该出这钱"（The Mandarins should pay）；实际意思，当然就是说谁都不该当这个冤大头（在此也抗议一次，这都什么话啊）。既然如此，谁最积极，那就谁出钱呗——可是把伦敦大大小小的领导们整体过一遍筛子，还能有谁比休·辛克莱尔更积极呢？

万般无奈之下，他只好自己掏了7500英镑才算搞定；而这7500英镑，就是庄园当年的价格——答案揭晓了，各位猜对了么？在这里，也顺便做个经济学回顾：以写稿的今天（2006年2月27日）的黄金市价及汇率价格来看，假如我们认为黄金价格不变，则1938年的1英镑大致相当于今天的44.2847英镑；换言之，他当年支付的金钱，大致相当于今天的332 135.25英镑。如果再以今天中国人民银行公布的汇买价折算，这332 135.25英镑又相当于人民币4 639 995.87元，即大约四百六十四万元——要多说一句的是，这只是一个理想状态下的参考价格而已。

从这个结果我们可以看出，即便是休·辛克莱尔非常爱国，可如此一笔数目的金钱也已经不是小数了，因此最后他自掏腰包的壮举，其实完全得算是被政府官员逼出来的。有位情报官员说，他很清楚休·辛克莱尔出了钱，但是国家后来有没有补偿他就不知道了——休·辛克莱尔不久就离开了人世，很多事情，大概也就因此放下了……

买下庄园之后，为了最后确定一下这里的内外环境是否适合驻扎密码分析机构，一群军人和专家还专门来这儿踩了踩点儿。而在那个时候，"政府密码学校"这个番号还是保密的，为了不惊动当地的居民而走漏风声，他们就给自己临时找了个名义，听上去还挺像回事——"雷德利上尉的射击队"（Captain Ridley's shooting party）。

图 68　"上尉的射击队"在行动

　　还别说，这支军装便装混杂的小分队，在庄园里外查勘靶场般地来来回回走上几趟，还真是有点儿射击队探道儿的感觉……

　　勘察的结果很理想，于是政府拍了板，学校就在沙家浜扎下来了。可这之后的事情，怎么说都有点儿夸张了——不是说"什么什么上尉的射击队"么，怎么会有这么多人？数一数就知道，在最鼎盛的时期，在这个面积不过 0.22 平方公里、堪称弹丸之地的庄园里，竟然进驻了大约一万两千人（此为庄园自己公布的数据；也有其他资料认为是六千多人）。"射击队"？还是忘了这个探路时的称呼吧——非要按人数计算，恐怕叫"射击师"才更贴切一些。只是，这天底下似乎也没有哪支军队，会拥有如此让人哭笑不得的编制吧……

　　当然，到了这个时候，整个庄园早已成为英国的国家机密，也不再对外开放了。附近有没有坚壁清野，目前尚缺乏这方面的资料；但是，对整个庄园的保密工作无疑是非常成功的，整个战争期间，德国人根本就没有发现它的存在。很耐人寻味的是，居然正是由于德军的一次轰炸，才反过来证明了一件事——庄园在敌人眼中，完全就是透明的！

　　说起来也挺有意思的。二战爆发以后，整个英国都成了德国空军轰炸的靶子。有一次，也只有这一次，德军的一架轰炸机把炸弹扔在了庄园的一个入口旁边。一声巨响之后，离炸点最近的某个简陋的棚屋，被气浪平推出两米左右。而除此之外，庄园内外可以说是毫发无伤。不用说，"庄园挨炸"这事儿马上就引起了英国人高度的警惕：如此敏感的目标遭到空袭，难道是因为敌人已经知道这里头的名堂了？可是经过认真分析，发现满不是这么回事。这唯一一颗成功地轰炸了庄园的炸弹，肯定是被被扔歪了，它本来的目标，应该是不远处的铁路车站——还记得上文的介绍么？那个小车站，也就是布莱奇利车站，可是英国铁路上的一个纵横交叉点哟。

事实证明这个判断完全正确。闹了半天，德国人歪打正着，英国人虚惊一场。

从这以后，庄园再也没遭到过任何袭击，始终是平平安安地执行着它的使命。在这几年中，不到 70 公里远的伦敦，已经被德军轮番出动的轰炸机和先后登场的 V1、V2 火箭炸得死伤惨重、一塌糊涂；而这座恬静的庄园，却如世外桃源般一次又一次地躲过了劫难。不能不说，平时被我们忽视、甚至认为是无所谓的"保密"二字，在战时又是多么重要啊。

而政府密码学校驻地所在的这个庄园，就是大名鼎鼎的布莱奇利庄园（Bletchley park，BP）。也因此，"政府密码学校"或者"布莱奇利庄园"，在相关文献的记载中，往往都是通用的称呼。凭借着它在密码战中建立的不世功勋，布莱奇利庄园已经成为了一个非常有代表性的地方，甚至可以说，这里就是密码学发展史上的一个圣地。

这里，也顺便再提一下庄园的拥有者、政府密码学校真正的创始人，海军上将休·辛克莱尔爵士吧。前面说到，65 岁的时候，他买入了庄园，并把政府密码学校迁了进来。可是，我们查一下他的履历表就会发现，早在 12 年前，也就是 1926 年 5 月 1 日，他老人家的大名就已经出现在海军退役人员名单上了。这么前后一看，事情就比较怪异了：既然已经退役了，怎么他后来还能一直掌管着情报机构、并且最终被晋升为海军上将呢？

莫非是英国的退休干部管理政策比较宽松，允许下了台的同志再跨上马、走一程？

这不是捣乱嘛。

四、从"C 先生"到"M 先生"

说穿了，原因也很简单：情报工作，本来就是真真假假嘛，特别是比较敏感的内容，当然是能掩护就尽量掩护，敌人越看不明白越好了。实际上，如我们前面所介绍的那样，休·辛克莱尔在被宣布退役前的 3 年，也就是在 1923 年，就已经秘密接了班。继军情六处的首任掌门人曼斯菲尔德·史密斯－卡明爵士（Sir Mansfield Smith－Cumming，一般这个中间名 Smith，在很多文献上都是被省略掉了）之后，他成为军情六处的第二任主管。

也顺便说一句，这里之所以每次都说休·辛克莱尔，而不是习惯性地直称辛克莱尔，也真不是咱对那个休息的休字特有好感，而实在是没办法。我们知道，休·辛克莱尔爵士是军情六处第二任主管；又过了12年，军情六处的第四任主管，居然还是个令人抓狂的辛克莱尔，就是约翰·辛克莱尔爵士（Sir John Sinclair）。更让人郁闷的是，俩人居然还没什么亲戚关系，他们姓氏相同，完全就是个巧合！这还不算完。我又稍微研究一下军情六处打成立起到今天，历任的14位主管，结果发现：

——第五任和第十三任，名字都是理查德（Richard）。

——第九任和第十一任，名字都是柯林（Colin）。

——第四任、第六任，以及搞出了"伊拉克有大规模杀伤性武器"的报告、现在正当权的这第十四任，名字都是约翰（John）……

莫非完全是巧合？可也太巧了吧，毕竟总共才14个人啊！不过，超小概率事件容易成为怪力乱神的孽生地，所以这个话题还是就此打住吧。

说到军情六处（MI6）我们都知道，它在全世界的名声，那可真是如雷贯耳。而有时，我们也会在资料中看到另一个经常神出鬼没的单位"英国秘密情报局"（Secret Intelligence Service，SIS），其实就是军情六处的另一个名字而已。只不过，眼看着一个"处"换个招牌就成了"局"，也是够让人摸不着头脑的。此外，军情六处的头头应该是处长吧？可这位处长休·辛克莱尔的军衔，居然是上将——就算他是局长也太离谱了啊，除非是中央警卫局——如此等等，跟我们所习惯的中国式"处级 = 团级"的概念，实在差的太远了，确实没法照搬。而英文里的"division"、"section"、"bureau"，诸如此类的机构名称，也没法严格地和我们概念中的处啊、厅啊、局啊什么的一个个对应上，本书只好从权，以习惯的译法为主吧。

总的来说，这位外号叫 Quex 的休·辛克莱尔，与他的前任卡明爵士一样，在任期内，都没有把军情六处建设和发展成一个名声卓著的情报机关。甚至到了第二次世界大战爆发初期，军情六处的工作依然乏善可陈，以至于某些历史文献形容这个时期该机构获得的成果时，居然用了一个"惨"（poor）字——对此，休·辛克莱尔上将难辞其咎，毕竟是他而不是别人，管了军情六处整整16年。饶是如此，这种问责的板子，似乎也该打在他的推荐人，和最终下达任命的英国政府身上更合适一点儿。不管怎么说，休·辛克莱尔本来是位舰艇军官，个人兴趣也不是钩心斗角搞情报，而是研究鱼雷；非要让他去干八竿子打不着的情报主管，也实在有点难为人了。而且，军情六处事业不发达，也不等于休·辛克莱尔上将的工作是全盘失败的；在他的坚持下，许多隶属于军情六处的新情报组织也诞生了。比如，他组建了专门从事反间谍工作的反间谍处（Counter-Espionage Section，CE）、组建了专门在欧洲大陆活动，替代性掩护军情六处在欧洲谍报网络的 Z 组织（Z Organization）、组建了专门搞敌后破坏的 D 处（Section D）等。

如前所述，休·辛克莱尔接的是卡明爵士的班，而这位卡明爵士，1923 年年初时就已经发现自己患上了心脏病，并因此决定退休。病退之前，卡明爵士推荐了当时还是海军少将的休·辛克莱尔，作为自己最合适的接班人，说要是休·辛克莱尔接班的话，那么"在各方面都是合格和适当的"。随后在这一年的 6 月 14 日下午，一位老朋友来拜访卡明，俩人还聊了会儿天。大概 6 点钟的样子，老朋友离开了，这时候的卡明舒服地窝在沙发里，还朝老朋友说了句再见。没多大工夫，秘书有事进房间来，发现沙发上的卡明爵士已经停止了呼吸——军情六处的第一任主管，在掌管了军情六处 14 年后，就这样离开了人世。

休·辛克莱尔比前任稍长，管理了军情六处 16 年。眨眼之间，时间就从他上任的 1923 年，嗖地一下飞到了我们现在谈到的 1939 年。这一年，也是他在位的最后一年了。其实几年前，休·辛克莱尔就已经被癌症消耗得相当虚弱了。他对自己的健康状况倒有个清醒认识，于是在一年前的 1938 年的 11 月 4 日那天，把全家人召集过来，郑重宣布了遗嘱。或许又只是个惊人的巧合吧，1939 年 11 月 4 日，也就是在宣布遗嘱正好满一年的那天，休·辛克莱尔海军上将与世长辞了。

也许只有往回看，才能多少明白休·辛克莱尔动用私人腰包买下布莱奇利庄园，又将政府密码学校安置其中的原因。我想，当他疾病缠身、赢弱不堪的时候，大概早已把金钱之类的东西看淡了；或许，他只是想再做一点点他还力所能及的事情吧，不为别的，只为他的国家。除此之外，我们很难还能再想出什么其他的理由能让他这么去做，以至于这座庄园的所有权，会被默默无闻地埋没了几十年之久。总的来说，虽然休·辛克莱尔先生看上去更适合做一名热爱鱼雷研究的舰艇军官，而不是一位官拜上将、荣封爵士的情报机关首脑，但是毕竟是他而不是别人，看到了军方破译机构各自为政的弊端，并以此为突破口，精心构建了政府密码学校这个世界顶尖的密码破译机构。仅此一笔，我们的密码故事就很难绕过他。也正是由于他的这个举动，让他的祖国最终拥有了大规模地、系统地、全面地破译对手密码的能力，从而为最终赢得战争的胜利，奠定了良好的组织基础。

现在，我们也顺便看看关于军情六处的八卦吧。如前所言，军情六处的第一任主管，是曼斯菲尔德·史密斯 - 卡明爵士。他虽然建树不多，却搞出了个军情六处内部一直延续的传统。或许是因为姓名里"卡明"（Cumming）字样的缘故，他就把自己的内部代号定为了 C。这以后，大家一说"C 先生"，就知道是在指军情六处的头头卡明爵士。

既然有了这个先例，那么他的后任，想必也是在自己的姓名中找个首写字母，作为各自的代号了吧？还真不是，比如第二任的休·辛克莱尔，代号就依然是这个C。而且，江山代有才人出，C却再也不变了。从此，所谓的"C先生"，专门就指军情六处的一把手了。

可是，还就有个才子，生生把这个代号给篡改了，而且弄的影响还挺大。说到这里，我打算再拉开了扯一次，对象也不再是军情六处，而是休·辛克莱尔从前效力过的海军情报部（Naval Intelligence Division，NID），而且这一回不谈机构本身，倒要说说某位在海军情报部工作的先生了。

这位先生曾经作为主要策划人之一，搞过一个名叫"冷酷行动"（Operation Ruthless）的计划，试图通过设置重重假象，最终搞到德国海军型的Enigma——由此看来，跑题不算太远——遗憾的是，虽然作者题跑的不远，这个计划却没有成功。不过，冷酷行动本身倒还是很有创意的，由此也反映出了该先生的一个特点：脑子比较活，总爱琢磨些鬼点子去骗骗德国人。除了冷酷行动，他还策划或参加策划了好几个稀奇古怪的欺骗行动，共同之处是初看起来离奇不已，细细一想却还颇有点可信度。也正是因为如此，如果这些想法都实现了的话，估计能把德国人骗个半死——九真一假那是韦小宝，九假一真还能让人相信，可就是这位先生的本事了。这些事迹一下说不清、也讲不完，这里就不提了吧。

人才难得的是，当时30多岁的他还有个爱好，就是写作。爱舞文弄墨的军人本来不算少，但是，各位见过几个爱动笔写小说的情报军官呢？而该先生就得算一位。他不仅爱写，而且还偏爱写惊心动魄的间谍故事——毕竟他就是干这个的，不说亲自操作，即便耳濡目染，也有着不少宝贵的故事素材。这还不算什么，更气人的是：他写的故事一个比一个离奇，让人没法相信；可又架不住他那如花大笔一通猛煽乎，看着看着，渐渐就觉得——似乎有可能发生，应该能发生，好像发生过，肯定发生过——最后才回过味来：敢情，他是拿当年蒙德国鬼子的劲头来蒙大伙啊……

二战结束后，他退役了，也终于可以开始自由自在地从事自己喜欢的写作工作了。1953年，他的第一部小说正式出版。据说，仅仅是据说，里面的某个漂亮的双面女间谍，其原型就是有着波兰"第一美女"之称的间谍克里斯汀·格兰维尔——从这一点就能看出，"作家要体验生活"这个观点虽然被王小波批判过，其实还是挺有道理的。估计也出乎他自己的意料吧，这部描写间谍的小说一经推出，就引起了巨大的轰动，很快还被改编成了电影。受此鼓励，他一发而不可收，小说那是一部接一部连续推出，好评如潮，而且还先后都被改编成了电影。

图 69　老先生不仅爱写惊心动魄的间谍故事，偶尔还爱耍耍酷

　　这些小说和电影都有一个共同特点，那就是只讲间谍故事，并且其中的男主人公始终是同一个人。他不仅风流倜傥，整天周旋在阴谋、美女和美酒之间，而且极为聪明敏捷。

图 70　这位主人公咱们就不介绍了

真够绕的，我们还是直接把话题拉回去吧——伊恩·弗莱明（Ian Fleming），这位"007之父"，在他的詹姆斯·邦德系列间谍小说中，很频繁地提到了军情六处的领导，同时也是007的顶头上司的那位老大。只不过，在弗莱明笔下，这位领导的内部代号始终不是C。他把那支连敌人带观众一起骗的大笔一挥，就生造出个迈尔斯·麦瑟韦爵士（Sir Miles Messervy）来；这么一搞，卡明爵士好不容易遗传下来的C，现在让他给改成M了——你看，也是军情六处的头头，代号也是一个大写字母，身份也是爵士，很有点靠谱吧？

于是就更像真的了……

何况，007系列那是多大的影响力啊，一来二去的，现实中的C先生在小说里的M先生面前，倒显得跟假的一样了。好在这个系列的电影确实为军情六处大大地扬了名，特别是在军情六处因为搜集情报能力和行政效率低下而饱受国际和国内讥讽的时候，片中那位无所不能的007更简直成为了活广告，雪中送炭一般地维持着英国谍报机关的形象。有鉴于此，那点儿故意歪曲也就没什么人追究了——比如刚才我们提到弗莱明在1953年出版的第一本小说《皇家赌场》，近来不就再次被拍成了电影，已经满世界激情地上映了么——我想，即便卡明爵士再世，也不会在乎这个纯粹是虚名的问题了吧？

八卦到此结束。如上文所介绍的那样，军情六处的第一任领导是卡明爵士，之后由休·辛克莱尔爵士接了班。那么，又是谁接了休·辛克莱尔爵士的班呢？他就是斯图尔特·孟席斯爵士（Sir Stewart Graham Menzies，中间名依习惯已省略；Menzies按标准译法，取"孟席斯"，其真正发音更接近"门吉斯"）。事实上，他早就是休·辛克莱尔爵士的副手了。

孟席斯、孟席斯……怎么？觉得这名字有那么一点点眼熟？

那就对了，本章一开篇其实就已经提过他了。如果想不起来的话，那就再提醒一下：1939年8月16日，波兰人仿制的Enigma机，被法国人贝特兰送到了英国，而交接的最后一站，就是伦敦的维多利亚车站。注意，注意……有人过来了……他停下来了……他伸手接货了……好，定格！就是他，斯图尔特·孟席斯先生。

——咳，闹了半天，就是那个拎包的啊！

图71 孟席斯爵士，军情六处第三任负责人

五、密码破译是这样进行的

拉拉杂杂说了那么多军情六处的闲话，现在，还是让我们回到布莱奇利庄园吧。

庄园的目标很清楚：破译敌国的密电。实际上，破译密码，其实只是从敌方密电获取情报的一个中间环节。它既需要初始素材（密电），也需要最终用户（政府和军方）；因此形象地说，破译就是个车间，只是整个情报工厂流水线的一部分。而把密电从截收、破译到提供给相关机关使用，涉及的"工艺流程"大概是这么5步：

截获敌方密电 → 整理归类 → 密码分析 → 翻译整理 → 情报分发

下面，我们就按这五个步骤，简单介绍一下庄园的各部门工作流程吧。

（一）截获密电

这一步说起来跟废话一样，但却是整个破译最最基础的必要条件。虽然敌方密电一直就没中断过，但是你起码也得知道在什么频率、什么方向（相位）和哪些时间段上，才有可能截获到你想要的密电。另外，敌人用无线电主要是为了他们自己进行交流，肯定不会为了方便千里之外的窃听者而去不必要地增大信号强度，因此，在无线电信号的汪洋大海中，如果没有高灵敏度的截收设备，又如何能够敏锐地分辨并捕捉到微弱的目标信号呢？

稍微回想一下用收音机接受电台广播的调谐过程，我们就能体会到，这肯定不是说起来那么简单。毕竟，广播电台为了方便听众，不仅固定频率、播出时间，而且发射功率还非常大，唯恐你听不到；而敌方的电台为了保密，正好是反其道而行之，你收不到才最好呢。因此，为了更好更多地获取敌人的无线电信息，英国可谓是想尽了办法。

图72　面前的设备，就是当年英国人用来截收敌人密电的

除了这些昂贵的设备以外，相对比较廉价的监听手段，当然也没有放弃的理由。

图 73 庄园内的监听室

二战中，日以继夜地坐在这些椅子上聆听无穷无尽噪声的人，大部分依然是女性

关于无线电侦察，那是另外一个极大的话题了；这里，咱们就只说说跟庄园关系比较密切的那部分吧。

首先，庄园内专门成立了无线电侦听站，也即 X 站（Station X）。不过大伙要留意一点，这个 X 可不是大写字母 X，而是罗马数字 X，意思是"10"，因为它在一系列无线电侦听站中，排行正是老十。写到这里就有点郁闷，你说英国人好好地用阿拉伯数字命名就是了，干吗非搬出个容易和字母搞混的罗马数字来？同为秘密机构的军情六处，名字从来是 MI6，也没见写成"MI Ⅵ"啊——好在咱们的甲乙丙丁没让他们学去，否则要是掰着指头数到 10，这名字还不得叫……"癸站"？

回来接着说这个 X 站吧。干着干着，X 站的名头越来越响亮了。这本来不是什么坏事，可是名声太大了也容易造成误会，一来二去的，江湖上就开始盛传：其实庄园就是 X 站，X 站就是庄园。可是由于庄园实在太过敏感，知情人一般也不会出面澄清，搞得这个谣言真的还流传了很久，以致到现在，还有人认为布莱奇利庄园就是 X 站。老实说，这实在也有点太小看庄园了，虽然 X 站是密码破译的前哨，但它跟技术上的密码破译工作并没有什么瓜葛。

后来英国人想到，要是各种天线林立的 X 站不小心暴露了，比如被德军飞行员目视侦察发现了，那不得牵连着布莱奇利庄园一起遭殃么？于是，X 站很快就搬出了庄园，重新安置在南边不太远的一个小村子瓦登（Whaddon）的一处私人领地里。

除了 X 站以外，庄园还有别的耳目，比如陆军部 Y 集群司令部（War Office "Y" Group HQ）。这个司令部离庄园可就颇有距离了，它不在白金汉郡，而在贝德福德郡（Bedfordshire）的奇克散兹。顺便抱怨一句，这个"奇克散兹"音译起来真是别扭死了，简直恨不得照着它的原文 Chicksands，直接给翻成"鸡沙滩"！而这个别扭的名字来自于附近的一个修道院，也是没办法的事情。在这里，还驻扎着皇家空军的一个无线电侦听站，至于刚才所说的陆军 Y 集群司令部，则是一个跨军种机构，负责将截获的电报转发至布莱奇利庄园。

既然说到了这里，我们索性扯远些，再多讲一些关于这个在世界上都非常著名的监听基地，也就是奇克散兹后来发展的情况吧。第二次世界大战结束后，它不仅没闲下来，还得到了进一步的发展，成为了北约信号情报网（NATO's SIGINT）的一部分。到了 1950 年，皇家空军又把它转租给了美国人，从此，番号为"第 6940 无线电中队"的美国空军部队开始驻扎在这里。再之后的 1964 年，这里又竖立起了全新的美国产高频无线电截收天线阵列，学名为 AN/FLR9 天线阵列。这玩意儿的功能极为强大，简直堪称恐怖——它所监听的频谱可以分为 A、B、C 三个波段，从低至 30 千赫兹的甚低频（VLF），到高达 30 兆赫兹的甚高频（VHF），都是它的监听对象。而它的外形，更是与我们脑海里的雷达天线大不相同，压根就不是那种锅盖的形状，而很像从地面上扎起的一圈儿钢铁篱笆。千万别小看这个貌不惊人的"篱笆"，它就像超级灵敏的耳朵一般，可以径直"听"到远及 5000 甚至 7000 公里外发出的无线电信号。为了达到这样的截收效果，该巨型天线阵列的外环直径达到了匪夷所思的 439.80 米——而这个尺寸，比标准操场的整圈儿跑道还要长！

图 74　AN/FLR9 天线阵列（侧视）
它的天线外环直径就有 400 多米

图 75　AN/FLR9 天线阵列（俯视）

从图中可以清晰地看到：除了外环，它还有内环，用于截收不同波段的无线电信号。

图 76　霞光中的 AN/FLR9 天线阵列
这就是当年北约的"耳朵"

其实，AN/FLR9天线阵列不光是在英国的奇克散兹能看到，在日本的三泽空军基地、泰国的乌冬他尼（Udon Thani）省第七无线电研究工作站、菲律宾的克拉克空军基地（已关闭，今称克拉克自由港）、意大利的圣维托诺曼军用机场、美国的艾尔门多夫空军基地、土耳其的卡拉穆塞尔等美国空军的窝里都能找到。这些钢铁篱笆兄弟们，合力支撑起了一个叫"火车"（Iron Horse）的庞大的无线电监听计划。"火车"所要收集的，正是除了美国和英国以外，地球上几乎所有国家的高频通信。比如部署在奇克散兹的AN/FLR9阵列的首要任务，就是截获原苏联以及其他华约国家的空军电讯，具体工作则是由"对口"的美国空军来完成；此外还有些相对次要的任务，诸如监听其他非美国（不光是社会主义阵营国家，甚至包括同为北约盟国的法国、意大利等）的政府电讯，以及那些租用国际线路的电讯，具体工作则是由同样"对口"的美国国家安全局文职雇员来完成的。只不过在当年，似乎是为了"遮蔽"高度机密的国家安全局的存在，完成这一任务的机构，名字居然是莫名其妙的"国防部奇克散兹联合作战中心"（Department of Defense Joint Operations Centre Chicksands，DODJOCC）。

图77　当年奇克散兹无线电监听站的大门标牌
虽然看不出"国防部奇克散兹联合作战中心"有什么毛病，可它这个下属的
"第6950电子安全群"的牌标还是漏了底儿

随着时间的流逝，耗资庞大的"火车"计划，在新技术的映衬下也渐渐开始显得过时，而它背后那巨大的AN/FLR9天线阵列群，在20世纪末期已经基本

被淘汰掉了。当然了，如此庞然大物变成废铁以后，处理起来也极为麻烦；比如部署在菲律宾克拉克空军基地的那个天线阵列，拆毁以后没地儿放，就只好暂时搁置在一个有着 35 000 个座位的圆形剧场里。

图 78　奇克散兹 AN/FLR9 天线阵列原址
本图使用 Google Earth 卫星地图软件截屏制作，特此致谢

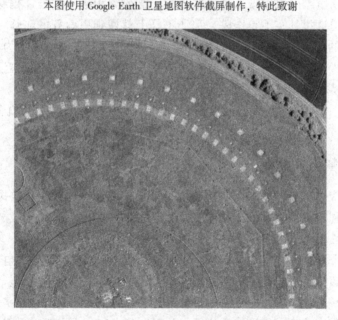

图 79　天线阵列被拆掉后，"篱笆"的痕迹依然在提醒着人们，这里曾经是个什么样的地方
本图使用 Google Earth 卫星地图软件截屏制作，特此致谢

其实，早在它们陆续退役之前 20～30 年，更狠的"梯队"（Echelon）计划，也就是新一代的美国国家安全局全球监听项目就已经启动了。这个话题与本书的主题实在太远了，我们也不能没限制地跑题，只是在这里提醒大家一句："火

车"也好、"梯队"也罢，这些贼尖的"耳朵"，从来都是把我们中国作为重中之重的监听目标的……

而奇克散兹，即便到了今天，仍然是重要的无线电情报基地。它那里驻扎着联合情报勤务学校（Joint Services School of Intelligence）和英国陆军情报兵（British Army's Intelligence Corps；中国没有类似兵种，只好硬生生地直译了）。关于这些，要说起来话也长的很，这里就不再展开了。

现在，让我们继续回来聊聊庄园的耳目，那个 Y 集群司令部吧。为了长久维持这个无线电情报来源以确保庄园的持续破译，英国人特意对 Y 集群司令部进行了伪装。结果，德军轰炸机驾驶员从天上看下去，感觉这儿不过就是个医院而已，也就失去了攻击的欲望——炸医院有什么意思？且不说违反了战争法，也不说不人道，关键是千里迢迢飞过来，就是为了炸死几个病人和医生，以及护士妹妹？没必要嘛。于是，这个地方也就还真就平安了……

不过，我本人却不怎么欣赏这种看上去似乎挺"聪明"、实际效果也不错的做法。万一这里被间谍发现、被奸细告发、被侦察识破、被破译揭穿……总之，敌人要是知道这里其实不是医院，那还不马上就遭到更疯狂的轰炸？而那以后，别的"真正的"医院，会不会因为这样自作聪明的小花招，最终为不加区分的报复性空袭买单？在战争中，欺骗敌人是理所应当的；只是，最好还是别拿人道主义设施，特别是医院之类的场所当幌子吧。

好，关于截收电报的问题，在活活扯出两万多公里以后，就先介绍到这里吧。

（二）整理归类

通过无线电测向，可以相当精确地定位发报地点。比如来自德国北方港口，或者来自比利时机场的电报，就可以通过定位技术予以区分。这样，电文就可以按不同军种被归类，之后再把它们分别送向对口的破译机关。

以上这个介绍，其实非常粗略。比如说，某陆军部队临时驻扎在机场，那么截收的电文该算空军的还是陆军的？毕竟这时候的电文还没被破译，也只好依靠不同电台的呼号和频率、发报时间、各军种电文的格式规定乃至报务员的习惯手法，来进一步区分不同的发报单位了。关于这些内容，本书不做过多涉及。

（三）密码分析

密码分析不仅是布莱奇利庄园的重中之重，也是本书的主要内容。因此，对庄园中的密码分析机构进行比较详细地介绍，应该是义不容辞的。冠冕堂皇的话说完了，下面，就让我们从一些烂木头房子开始讲起吧——这些烂木头房子，学名叫"棚屋"（Hut），正是布莱奇利庄园内的各个密码分析机构的代号。

说起来也让人遗憾，"破译敌人密码"这么神气的机构，怎么就没取个诸如"锤子"、"铁锤子"、"大号铁锤子"、"特大号铁锤子"……之类响亮的代号呢？

说来说去，还是得怪那支"射击队"的人太多。原来，在庄园逐渐开始正常运作之后，大批被招募进来的工作人员简直如潮水般汹涌而至，而本来不过是个家族私邸的布莱奇利庄园，也就应声闹起"办公室荒"了——哪有那么多现成的房间，提供给大伙生活和战斗啊？实在没办法，搭临时建筑吧。这一搭，"棚屋"这个日后响彻布莱奇利庄园的名字就诞生了。

名字叫"棚屋"，似乎多少有点文学夸张的意味。莫非大家只是为了渲染一下当年工作生活的条件很艰苦，而实际上没那么惨？像这样的问题，还是当事人最有资格回答。比如当时身为皇家空军驻布莱奇利庄园情报官的彼得·卡尔沃科雷西，就是这么评价他工作过的三号棚屋的：

> 当我刚到布莱奇利庄园工作时，棚屋可真的是棚屋，木板结构，又窄又小，四处漏风，破破烂烂。一句话，是座地地道道的棚屋。

为了让大伙有个更深刻的印象，这次就发个新旧对比的图，隆重搞一次忆苦思甜吧。这里所说的"旧"，自然就是指棚屋们；而新的，则是政府密码学校在战后的衣钵传人"政府通信总部"（Government Communications Headquarters, GCHQ）了。事先说一句，时间横跨了60多年，硬要放在一起比较，确实是有失厚道。不过这样一比，倒或许能让我们更深刻地体会到，一旦国家以整体实力作为密码分析的后盾时，对它的发展进化又将是多么巨大的促进……

图80　GCHQ于1953年搬到了英格兰西南部的格洛斯特郡切尔滕纳姆

本图使用Google Earth卫星地图软件截屏制作，特此致谢

图 81　这个新修建的豪华"炸面圈"占地 10.2 万平方米，于 2004 年 3 月落成

图 82　漂亮的设计图，显示出"炸面圈"的一侧
它的造价同样"漂亮"，整整耗费了英国纳税人 3.37 亿英镑

新楼看完了，我们再来看看棚屋的照片。不难发现，这些棚屋真是"够水准"——比起原始人时代的草屋，那当然是"现代化"了不少，但是比起如今的奢华大厦，那可就实在太寒酸了。

图83 一号棚屋。现在已经改做无线电装备仿真藏品展示室

图84 三号棚屋。虽然保存到了今天，可到底时间太久，房顶还是老化开裂了

三号棚屋明显就惨多了，看上去是不是有点像个旧仓库？

图85　四号棚屋。现在已经被改成了休闲餐吧，看上去似乎稍好一点

图86　六号棚屋。模样又不行了

图 87　八号棚屋

图 88　十一号棚屋

图89　这一幢，似乎是行政管理人员办公的地方

其实，庄园里的建筑，普遍水准差不多都是这样的——别提什么美观不美观、气派不气派，先把人安置进去再说吧。

图90　左边是三号棚屋，右边是六号棚屋。这是在白天

图 91 这是三号和六号棚屋的夜晚

当年，人们就是在这样的环境里通宵达旦、夜以继日地工作的。很显然，比起今天的 GCHQ，当年的布莱奇利庄园的工作环境确实艰苦了很多。但无论条件再怎么差，密码分析工作还是在这些简陋的棚屋中热火朝天地开始了。

从上面提到的几个棚屋我们就能看出，所有棚屋都是以数字编号的。它们从一号开始，到十五号结束。下面，就让我们来看看它们的具体职能。

一号棚屋（"Hut 1"，以下类推）：建于 1939 年，也是第一个建起的棚屋，任务是翻译。

二号棚屋：对敌方密码机进行分析和复原。

三号棚屋：对敌方陆军、空军 Enigma 已破译电文进行翻译和综合分析整理。

四号棚屋：对敌方海军 Enigma 已破译电文，进行翻译和综合分析整理。

五号棚屋：陆军情报（包括意大利方面）。

六号棚屋：对敌方陆军、空军 Enigma 电文进行密码分析。

七号棚屋：使用穿孔卡片机（也译做"制表机"）进行密码分析。

八号棚屋：对敌方海军 Enigma 电文进行密码分析（包括对 Enigma 的意大利海军版——C–38 的破译）。

九号棚屋：日本机器密码分析、意大利海军密码分析、其他相关任务及财务、行政管理。

十号棚屋：气象处，分析德国气象电报。

十一号棚屋：密码分析机 Bombe 的机房。

十二号棚屋：情报勤务，后被合并到三号棚屋。

十三号棚屋：不详，似乎与标定德国 U 艇位置有关。

十四号棚屋：电传打字机机房。使用电传打字机，通过"国防电传打字机网络"（Defence Teleprinter Network，DTN）对密电进行有线传输。

十五号棚屋：四号棚屋的新址，位于 A 区。

可以看出，这些棚屋分工明确，基本覆盖了对轴心国密电分析的方方面面。其中，三、四、六、八号棚屋又是棚屋们中较早得以曝光的。当然了，说是比较早，其实那也是二战后 20 多年以后的事儿了……

如果仔细看一下其中三、四、六、八号这 4 个棚屋的任务职能，我们不难发现：这里头海军占两个，陆军、空军混一起也占两个。问题跟着就出来了——如此分配，又是为什么呢？

说起来，大概有 3 个方面的原因：

首先是历史地位差异。英国号称日不落帝国，这不落就不落在它强大的海权上。从很早起，海军就是大英帝国的支柱了，而陆军和空军这样的后辈根本就没法比。

其次是军种内部渊源。英国皇家空军是在第一次世界大战晚期，具体说就是 1918 年愚人节的那天才成立的，自然也就成为了英国最年轻的军种。跟我国空军的组建类似，它也主要脱胎于陆军，准确地说，它前身的主体就是英国陆军航空队（直译的话就是皇家飞行兵团，不过这名字听着怎么都有点儿电子游戏的味道）。而跟中国空军稍有不同的是，英国空军在组建时，除去陆军的血脉，还稍带着合并了海军的航空兵处。总之，英国陆军和英国空军渊源颇深。

再次是战争指挥需要。英国当时也有三军之上的总参谋部，以及独自的空军司令部。但是，英国海军不仅历史悠久，而且也是经历大仗、恶仗无数的军种，总参谋部指挥起海军来，还远不如久经锻炼的海军司令部自己指挥来得职业和麻利。也正因如此，英国的海军司令部，事实上指挥的可不光是海军，相当程度地还在全局上参与指挥着（那些总参谋部和空军司令部未必能够完全驾驭的）多军种合成战争。这个现象在别的国家可能有点莫名其妙，难道还有需要总参礼让的海军？可在英国，还真是天经地义，谁让海军牛呢。

在这么 3 个原因的共同作用下，"海军占两个，空军加陆军也占两个"的现象也就不难理解了。尽管如此，在同一个棚屋里，陆军和空军的单位实际上还是分开的。搞来搞去，辛克莱尔上将好不容易才把三军捆起来，一起揉进了政府密码学校，可是到了棚屋这一级，兄弟们还是分家了。比如同在三号棚屋，内部还要再细分为三号棚屋 A 科和三号棚屋 B 科（Hut 3a，Hut 3b），分别负责处理空军和陆军 Enigma 电文。虽然这些密码分析单位还没有实现最理想的跨军种彻底融合，不过比起以前各自为政那时候还是好多了，再怎么说，大伙好歹也开始在同一个锅里搅马勺了……

在这 15 个棚屋里，第三、四、六、八号棚屋的工作对英国军队的直接帮助最明显，成果披露得也最多。顺便说一句：对这几个棚屋代号和分工对不上号的读者朋友，其实也有个简单的办法可以帮助记忆，虽然没有什么正式根据。navy（海军）不是四个字母么？那么，四号棚屋就是海军的。而比它"小一号"的三号棚屋，自然就属于剩下的"小一号"的两个军种，也就是陆军和空军了。此外，翻译电文容易还是破译密码容易？当然是翻译电文容易。根据"把容易的活儿翻倍就是麻烦"的 1001n 定理，四号棚屋"翻一倍"成八号棚屋，负责的就是麻烦活儿，专门破译海军密电；三号棚屋"翻一倍"成六号棚屋，负责的就是破译剩下两个军种的密电。

此外，前文也提到，布莱奇利庄园曾经遭到一枚扔歪了的炸弹的"轰炸"，除了一个棚屋被爆炸的气浪平推出了两米，基本算是毫发无伤。而这个有幸中了头彩的棚屋，又是哪个呢？不是别个，正是归属于海军的四号棚屋。作为整个庄园最倒霉的建筑，四号棚屋也算是替整个庄园挨了炸，但是没人受伤，其实还是挺划得来的；而从另一个角度讲，这棚屋有多轻、有多简易，也就可想而知了……

棚屋来棚屋去，那都是没办法的办法，而庄园毕竟是准备打持久战的，如此一大群国之精英聚在这里，哪能老让他们猫在棚屋里呢？于是"眼看他起高楼"，很快地，比棚屋条件强得多的办公楼，就在庄园里的绿地上见缝插针地盖起来了。这些陆续新建起的办公建筑群，都按它们所在的位置，被命名为各"区"（Block）。似乎是为了和棚屋相区别，这些"区"不再以数字、而都是以字母命名的，比如 A 区、B 区……最后一直排到 H 区为止。其中，A 区和 B 区是最早建成的，也都是经过加固的二层小楼，显然比木头棚屋要结实多了。

图 92　A 区建好后，四号和八号棚屋的海军密电破译扩展工作就在这里进行

图93　近年经过全新整修的A区

图94　B区负责对付意大利空军、海军以及日本密码

图 95　近年经过全新整修的 B 区

C 区的工作是为破译 Enigma 的穿孔卡片机编制索引。

图 96　起初是三号棚屋扩展到了 D 区，后来四、六、八号棚屋也都跟进来了

　　D 区正常运转不久，就赶上了二战后期盟军的重大军事行动——诺曼底登陆。而在这个"霸王行动"开始之前，D 区可是实实在在地为盟军整理出了相当多的德军 Enigma 情报，为此后盟军进行针对性的战略欺骗和检验欺骗效果、查清敌军部署等工作打下了坚实的基础，进而，也为整个战役的胜利做出了不可磨灭的贡献。

图 97　E 区负责无线电接收和发送

随着庄园内部建筑格局的不断变化，针对德国非 Enigma 密码机破译的 F 区，现在已经荡然无存了。

图 98　人实在太多了，不得已又建了 G 区
它负责报务分析和对轴心国进行情报欺骗

H 区在当年是专门对付德国另一种密码机 "Lorenz" 的，而今天，它已经成为了庄园内的展示场所。

图 99　近年全新整修过的 H 区

新的办公场所都有了，那没二话，搬吧。可搬完了以后人们才发现，彼此之间早就已经习惯以"某号棚屋"来称呼相应的机构了，一时还真改不过口来。既然改不过来，那就继续这么叫下去吧。因此，诸如"四号棚屋"、"六号棚屋"之类的称呼，也就很有惰性地传下来了，虽然那些真正的"棚屋"早就不再使用了。下面这张，就是布莱奇利庄园功能区示意图，从中可以看出，黑黢黢的长条形黑影相互连接，已经不是棚屋，而是拔地而起的新建筑了。

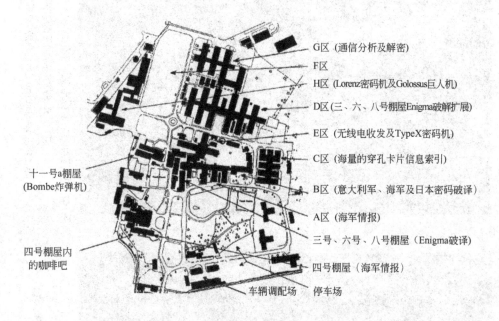

G区（通信分析及解密）

F区

H区（Lorenz密码机及Golossus巨人机）

D区（三、六、八号棚屋Enigma破解扩展）

E区（无线电收发及TypeX密码机）

C区（海量的穿孔卡片信息索引）

十一号a棚屋（Bombe炸弹机）

B区（意大利军、海军及日本密码破译）

A区（海军情报）

四号棚屋内的咖啡吧

三号、六号、八号棚屋（Enigma破译）

四号棚屋（海军情报）

车辆调配场 停车场

图100 布莱奇利庄园功能区示意图
这些新的办公地点，用的还是老名字——棚屋

当然，尽管"棚屋"的传奇色彩很浓，但它们也只是一些特定的工作场所，本身并没有什么神奇的，即便再有一千间、一万间棚屋，Enigma 情报也不会自动从屋子里长出来。只不过，当年人们在这些地方留下了太多的故事，对他们来说确实也是难忘的吧。

总的来看，在庄园内的这么多棚屋中，由于三、四、六、八号棚屋直接负责破译 Enigma 密电，在江湖上的名头也就最为响亮。但除此以外，努力试图复原敌人密码机的二号棚屋，主管陆军情报的五号棚屋，负责穿孔卡片机项目的七号棚屋，制作破译机 Bombe 的十一号棚屋，甚至就连处理气象电报的十号棚屋，也直接为密码破译提供了相当大的帮助。

举例来说，比如这个十号棚屋，任务就是破译来自德国气象船的气象电报。

图102 只有当一个个标出实际单位后，人们才会发现其中的奥秘
其中，带圈数字标示的是相应序号的棚屋
本图使用Google Earth卫星地图软件截屏制作，特此致谢

图101 从天上看下去，似乎挺平常的一片地方
本图使用Google Earth卫星地图软件截屏制作，特此致谢

当时，德国海军为了便于在东边日出西边雨的广袤海区作战，专门编列了气象船，让它们在各海区巡行，并及时发布所在地的气象信息。如此一来，在各海区穿梭往来的德国船队、U艇和水面战舰们，就可以很方便地得知当前或特定海区的气象情况了。后来在十号棚屋的努力下，其中一些经常在高纬度海区活动的德军气象船所发出的电报，最终被破译了。此后的事态发展还是挺有意思的：英国人想，既然德国鬼子已经身体力行地及时播发精确的气象信息了，英国何必再耗费额外的人力物力，去维持为了相同目的而设置的气象站呢？毕竟，高纬度地区不仅气候寒冷，而且交通太不方便，维持运转的成本实在太过高昂了。于是，位于极北苦寒之地格陵兰的英国气象站，索性鸣金收兵关门大吉了。而丝毫不知内情的德国气象船们，就像被买通了一般，始终坚持着为英国方面提供着及时准确的气象情报——要是当时德国人知道这一点，恐怕又能气个半死……

更重要的是，这些气象电报，同样是由Enigma来加密的。而气象电报受限于文体本身的特点，根本就是一种最容易遭到破译的电报。也由于这个原因，它实际还威胁到了转发这类信息的所有密钥网络。于是，本来是个好主意的"气象电报"，就这样变成了自己密码安全方面的一道重大裂缝。它不仅为十号棚屋所直接利用，也为其他棚屋破解不同体系的Enigma电文，提供了宝贵的参考资料。

总之，庄园里的每个棚屋或者说每个机构，都在为击破Enigma、击败纳粹而服务着。如果一定要说它们的区别，其实也无非就是"著名"和"不那么著名"而已。这里也顺便多说一句：在战争年代，德国启用的密码机并不是只有Enigma一种，从品牌上来讲还有另外两种，分别是赫赫有名的Lorenz（中文译名"洛伦兹"，包括Lorenz SZ40、SZ42两种机型）以及Siemens（中文译名"西门子"，包括Siemens T43和T52两种机型）。当然，它们也被英国人紧紧盯上了，比如密码代号为"鱼"（FISH）的Lorenz，最终就被庄园的H区全面破译；只不过比起Enigma来说，它们在纳粹德国的使用范围要窄得多。也如我们刚才介绍的那样，庄园的眼睛和耳朵可不光是只盯着德国人；从意大利到日本，凡是轴心国的电信，只要能截获，庄园都不放过，并且也取得了相当的战果。当然了，这些密电使用的往往是其他种类的密码，也不是每一个都与破译Enigma有关，在本书里就不做介绍了。

（四）翻译整理

1. 翻译

经过破译，得到的明文还都得翻译一次，谁让德国、意大利、日本这3个法西斯国家的电文都不说英语呢。翻译本身并没有太大难度，只是对于刚参加这个工作的新手来说，要把电文里的军事术语翻译准确倒不太容易。但是，这些问题在布莱奇利庄园看来，那还能是问题么？放眼整个庄园，缺房子、缺地皮、缺这个缺那个，就是不缺聪明人。各路生猛人才济济一堂，其中的语言学家更是成批成捆，不开玩笑地说，要是谁只会一两种外语，那他都够不上"语言学家"的标准。尽管如此，毕竟也不是每个人都懂得外语，在庄园里也一样——不过就算不会，人家还不能现学么？

我们知道，对于英国人乃至西方人来说，日语之难无异天书。如果说，学习德语和意大利语，好歹还能找到点拉丁语系感觉的话，那么让他们拿下日语，简直就是活遭罪。而在当时的特定环境下，这个"拿下"的标准实际上还是相当高的，绝不仅仅是指一般意义上的能看懂日文而已，而且还要能够精确地翻译日军电报。这就要求不仅要熟练掌握军事术语，还得明白日语那变化多端的语法，并掌握字词在不同语境里所体现的不同含义；而电报，本身又是一种简略文体，这跟正常的文本又有所不同。总之一句话，难度还是相当大的。

可是，高手就是高手。比如，正常人在学校里需要 5 年左右才能较好掌握的日语课程，他们中的一些人，只用 1/10 的时间，也就是 6 个月，就能学会。写到这里不由得就很郁闷：我要有这个本事，半年一门、半年一门地拿下各种外语，那该有多披靡啊……

翻译完密电，就该进行整理了。"整理"二字说起来轻松，却是非常不好做，也非常重要的一个方面——说它不好做，是因为绝不是什么人都能干这个差事的；说它非常重要，则是因为破译电文必须经过这道手续后，才能破茧化蝶般地成为真正意义上的有用情报。下面，我们就从"文件意义上的整理"和"侦察意义上的整理"两方面，分别介绍一下这个"整理"的过程吧。

2. 文件意义上的整理

随着布莱奇利庄园破译德军密电能力的日渐增强，越来越多的已破译电文，如雪片一般堆满了破译人员的房间。如此之多的情报，在文件管理方面，的确使人非常头痛。好比说，今天先是破译了一份驻北非德国空军调防的电报，过会儿又破译了斯大林格勒（现伏尔加格勒）方向的德军空军大队的战果汇报，紧跟着又破译了德军驻比利时某集团军下达的后勤命令。这么 3 份电报虽然都归对付陆军、空军密电的三号棚屋处理，但是涉及对象远隔千里，军种不一，级别不同，内容的重要性、急迫性也有区别。如果只是简单编个流水号，按空军情报和陆军情报分开放在两个地方的话，到时候如果想查找某个具体信息，比如查找驻北非德国空军的目前编制的话，面对那一大堆都标着"空军"的情报，简直连找都不知道该从哪里找起……

肯定会有人说：这还不容易，编个索引就成了，回头搜索起来，又快又方便。这个想法非常对——可是老兄啊，那时候还没有数据库，更没有 Google 或百度，只要输入关键词"North Africa AF"再一回车就成了的；要想搞个索引，就只有老老实实地靠人工，一份份地去归纳总结出来。如此一点点搞出索引以后，什么时候需要，只要通过这个索引，查到记录着相关电文摘要的卡片，再顺藤摸瓜地找到原始电文，就可以进行综合分析了。方便是方便多了，可是为了获得日后的这个"方便"，就必须事先付出"麻烦"的代价——那就是将所有如潮水一般涌来的电文逐份归纳，一条条地记录……

这个活计极度考验工作人员的耐心，它非常辛苦、非常琐碎、却又非常重要。比如在三号棚屋的空军科，负责情报分发和卡片整理的，一共是两拨人，即便全算上也不过四五十口子人。本来人数就不多，而其中负责情报分发的那一拨，偏偏还不管卡片整理。这样一来，还能有多少人从事卡片整理的工作呢？而在剩下的极为有限的工作人员中，女性又占了一多半。如果详细描述一下她们的工作，就是：

接过破译电文 → 将电文内容摘要 → 在编号卡片上抄录摘要

进行摘要的时候，还得特别留神：摘多了不行、少了也不行——摘要太长的话，后续的索引关键词的确定就比较麻烦；太短的话，又可能造成电文无法被正确搜索到，从而在将来使用的时候被遗漏。之后，她们还要：

确定摘要的关键词 → 寻找并匹配总索引中已有的关键词 → 在每个
已匹配的关键词条目下，记录下该卡片的编号 → 将卡片按某种分类规
则归档 → 接过破译电文……

就这样日复一日、月复一月、年复一年地，不断地接手、摘录、提炼、归档；再接手、再摘录、再提炼、再归档……无数次地完全相同地重复，重复着这份简直看不到尽头的工作……

而且——人是会困的，战争却精力旺盛、从不睡觉，具体到德军，也从来就没有夜里或凌晨不发电报的规定。这就是说，在整个战争期间，她们必须24小时轮班上岗工作，像机器一般地随时整理着刚刚被破译出的电文……

而且——这份"容易到不能再容易的"工作做好了，别人会觉得是你应该的，万一出了稍许差错，或许就要忍受难以承受的责难——"这么简单的活儿，你都干不好?!"……

而且——这注定是一份默默无闻的工作，因为从技术难度上讲，它和破译工作根本无法相提并论……

尽管如此，在付出了这么多之后，除了亲身参加的少数人外，还有谁会记得她们的辛苦和功劳呢？在今天，那些破译高手的名字，我们可以从史籍中查到不少，可是谁又听说过那些从事卡片整理的工作人员的姓名呢——哪怕仅仅是一位？二战期间，布莱奇利庄园发生的一切，直到今天仍是人们津津乐道的话题。

但是，这个世界关注的焦点，永远是那些破译密码的科学天才，掌管情报机构的秘密官员，以及一国之尊的风云领袖。就在有意无意间，一个个凡人的默默奉献，已经被人们给遗忘了。多说无益，这里附上两张六号棚屋当时工作的照片吧。

图 103　这就是要重复无数遍的工作——做摘要卡片，做卡片索引

大家能清楚地看到，其中多数是女人

本图扫描自《Station X：Decoding Nazi Secrets》，原作者 Michael Smith

图 104　其实，即便是在破译密码这样的纯技术性岗位，依然是巾帼不逊须眉

在六号棚屋的解码室（decording room），她们正在为破译 Enigma 密文做前期准备工作

本图扫描自《Station X：Decoding Nazi Secrets》，原作者 Michael Smith

也正如那些在战场上默默死去的无名战士，最终用生命支撑起战役的辉煌胜利一般，这些在庄园里从事着"技术含量最低"的工种的人们，也是用他（她）们最无私的奉献，最终有力地托举起了盟军密码分析的巨大成就。回顾60多年前那场曾经燃遍全球的二战烽火时，这些曾经为击垮第三帝国、打败嗜血纳粹而竭力奉献的普通人，或许与功成名就的将军们一样，有理由被我们再一次地记起吧。

3. 侦察意义上的整理

翻译之后，就得对这些译文进行整理分析了。这一步，堪称点石成金——破译的电报，往往是各说各事，从国家大政到鸡毛蒜皮，什么货色都有；而要想从这些电文中归纳出有意义的情报，就必须进行整理。而正是这点石成金的一步，才是密码分析的最终目的，可惜的是，公开的文献对这个方面谈到的太少了。

不过，少归少，总还是有的，比如在不多的公开报道中，我们就可以找到一个很有启发意义的事例。现在就稍微扯远一点，来说说当年中国大庆油田被日本情报机关分析的往事吧。

1964年的人民日报上，刊发了一篇《大庆精神，大庆人》的报道，之后在1966年的《中国画报》上，又出现了铁人王进喜在钻井旁边的那张著名照片。同在1966年，《人民中国》杂志上，再次出现对铁人精神的报道，其中有这么两句话：

> 最早钻井是在北安附近开始的。
>
> 王进喜一到马家窑子，看到一片荒野说：好大的油海，我们要把中国石油落后的帽子抛到太平洋去！

文中为了描述创业的不易，还专门提到：为了把沉重的设备运到油井的位置，采用了人拉肩扛的方式。

大庆油田的具体情况，当时并没有公布。但是有心人确实能从这些公开报道中，分析出大庆到底是个怎样的油田——而这一点，就是情报整理的重要性所在了。具体到这个例子，也不妨让我们来看看，日本的"有心人"当时是怎么分析以上这些情报的吧：

1）从《人民日报》的文章可以看出，大庆油田果真存在。

2）从《中国画报》的照片上，可以看出当地气候寒冷。

3）从《中国画报》的照片上，可以看出，铁人的衣着相当厚实。这不仅再次证明大庆油田位于寒冷地区，而且，即便在中国的最北端，即北纬46°~48°的苦寒之地，如此衣着也只是在冬天才会出现。所以，大庆油田很可能在齐齐哈尔到哈尔滨之间的中国东北，因为这里冬天的温度一般在-30°左右。

4）从《人民中国》的报道中，有"人拉肩扛"这个说法，说明油井的位置应该离某个车站不远，否则工人们绝不会采取这样的办法。

5）从《人民中国》的报道中，找到了马家窑子和北安两个地名。马家窑子这样的地名，对曾经扶持伪满洲国的日本人来说并不陌生，它们在中国东北到处都是；而北安，则又是一个明确的提示。

根据以上分析，日本情报人员很快就在保留的旧伪满地图上，找到了这个叫马家窑子的地方。它位于黑龙江省海伦县东南，北安铁路一个小站往东10公里处——至此，大庆油田被清晰定位。

6）根据对铁人事迹的报道，可以知道王进喜是玉门油田的工人，"十年大庆"的时候自愿去了大庆——这就是说，大庆油田的开工，至迟不会晚于1959年。

7）从《中国画报》刊登的照片上，可以看到大庆油田炼油厂的设施，其中一座建筑明显是反应塔，还可以看到它上面的扶手栏杆。日本人知道，这样的栏杆，一般也就是一米多长。根据栏杆与反应塔的比例，可以推断出塔身直径约为5米。而如此规模的反应塔，年加工原油能力，应该在100万吨上下。

8）报道中还说，当年大庆"已有820口油井出油"。经过综合分析，日本人估算大庆当年年产原油应该能达到360万吨；而油田显然没有得到全部开发，因此，总产量必然会逐年递增。根据石油工业发展的一般规律，日本人再次做出预测：5年之后的1971年，这个原油生产数字，应该增加到1200万吨左右。

——几篇报道，几张照片，放在我们的手里，也就是看个新鲜：没见过油井，没见过铁人嘛；而在专业人员眼中，就都变成了千金难买的情报。最后，再简单提一下这个故事的尾声吧：日本情报机关已经知道大庆油田的原油产量惊人，但通过照片判读，发现反应塔的炼油能力明显跟不上原油生产的速度，因此大庆油田必然会设法补上这个缺口。从技术上讲，他们应该需要日产量万吨左右的炼油设备，果真如此的话，日本生产的轻油裂解设备就不愁卖不出去——看似智力游戏般的情报整理，到这时才显现出它真正的经济价值。正如照片告诉日本人的那样，中国的石油工业部很快就开始在世界范围内招标，购买日产量万吨的炼油设备。而日本人早就有所准备，以低价加现货，一举中标。

这个故事告诉我们：无论是通过什么手段弄来的原始情报信息，如果不加以正确的整理，不形成最后的系统性情报，那么它就无法发挥出最大的威力，实际上也是在浪费情报资源本身。经济情报如此，军事情报自然更是如此。在第一次世界大战期间，暴露了旅部所在地的那只懒洋洋晒太阳的宠物猫，就再清楚不过地说明了问题。

总的来看，情报整理这个工作，既好干，也不好干。说它"好干"，是因为情报信息被浪费的程度，很难被正确评估出来；说它"不好干"，则是因为如果还想要干好，就非得具有相当的智慧和分析判断能力才成。

而在布莱奇利庄园，人们又是怎么进行情报整理的呢？

显而易见，如果说翻译这活儿，有点儿底子的人多少还都可以上手的话，那么负责情报整理的，肯定不是抓个人就行，而必须是有一定知识和判断能力的人才能承担的了。我们还以负责整理陆军和空军情报的三号棚屋为例，来看看其中的一位高手吧。在这个棚屋刚刚组建、还没有正式开始进行密码分析的时候，皇家空军驻军情六处的情报官员，空军上校温德博瑟姆（F. W. Winterbotham），就已经颇具前瞻性地看到这个问题了。他也是我们故事里的熟面孔了；在第三章我们提到，日后正是他写的那本《超级机密》，才让雷耶夫斯基"如梦方醒"。

图105 温德博瑟姆上校

为了增加人手，他在征得上司、军情六处主管孟席斯的同意后，自己出面向空军部要人了，其中最重要的条件就是精通德语。为了不让战时的空军部为难，温德博瑟姆上校又很体贴地加了一条要求：来几个人就够，而且只要不承担飞行任务的。毕竟这不是什么很难满足的要求，空军情报署署长很快同意了，次日，3位年轻的空军军官就被派到了庄园。看到空军点了头，温德博瑟姆上校信心大长，又开始忙活陆军这头儿。他找到了陆军情报署长，继续伸手要人。这一次温德博瑟姆上校的攻关也很成功，只过了两天，两名军官、一名中士也带着他们的行李来三号棚屋报到了。

把他们安顿好以后，温德博瑟姆上校专门抽调了手下，负责给他们介绍德国军队的详细情况，包括驻地、人名和一些相关细节，以便他们更好地适应未来的工作。只不过，这位介绍人同时还有另一项没公开的任务，就是悄悄地对他们进行最后一次政审。其实，新来的这几位过去一直在各自军种的情报部门工作，都是老手了，只是对庄园、对三号棚屋来说，才算是"新人"。但是，情报部门的惯性思维总还是忍不住要表现一下，也是没办法的事儿。

一切就绪后，温德博瑟姆上校还是挺高兴的。他很希望有这么一天，那就是三军能够打破军种界限，来共同处理情报。而这个念头，在他脑海里盘踞了可不是一天两天了。还在第二次世界大战爆发前，在军情六处内负责研究整理德国军队情报的温德博瑟姆，就已经有了令他刻骨铭心的体验。

一次，他在和同事一起研究1934年德国陆军军官花名册的时候（鬼知道这花名册是怎么弄来的），他就发现了一个别人没发现的问题：花名册里有几个人名，那是特别眼熟啊！原来，他们跟上校可算是未曾谋面的老相识了，在一战时期，英国空军情报机关日夜研究的对象中，就包括了这几位原德国空军的战斗机飞行员。而当时正在英国空军情报机关供职的温德博瑟姆，也是天天对着这些名字琢磨不休，印象自然极为深刻。根据凡尔赛和约，一战后的德军是不准发展空军的，因此这几个必然要失业的飞行员没有选择退役，而是改干陆军，这似乎也没什么不对。毕竟，人家在军队呆了那么多年，现在不愿意离开军队，好像也说得通。不过，他们真的只是转行去干陆军了么？温德博瑟姆对这个问题极为怀疑：一个两个这样的不奇怪，可自己熟知的好几位飞行员都是这样，难道又只是巧合么？他对此很重视，马上进行了进一步研究。

一如黑格尔告诉我们的那样——"存在即合理"——不好理解的现实背后，必定有令其顺理成章的原因，而这次的情况也是如此。经过详细调查，他和他的同事们得出了很简单也很令人震惊的结论：那些人只不过是换上了陆军制服，但是，他们依然是飞行员！

原来，德国人并没有老老实实地按照和约规定，放弃发展空军。为了掩人耳目，他们把以前的空军人员分头秘密地编制在陆军中，并且进行着正常的训练。进一步的研究还表明，此时的德国陆军内部，已经隐藏了一个完整的空军机构！

——如果这位温德博瑟姆上校，依然在他的空军情报机关里、而不是在军情六处工作的话，那么，他还能看到这份"非本职范围"的 1934 年德国陆军军官名册么？从另一个角度讲，即便是军情六处的某些人能看到，如果他们从前没有在空军供职的经历，还能如温德博瑟姆一般敏感地发现问题么？进而，这么重要的战略情报——"德国人采用欺骗性的手段，正在偷偷地发展空军"——还能分析出来么？

就是这件事，让上校坚定了各军种联合处理情报的想法。他认为，各军种情报军官一起分析处理情报，将比各自为战能够获得的信息要多得多。为了实现这个想法，他开始在各军种间积极奔走。也是出于策略上的考虑，他才会选择先去争取自己所在的空军的同意，然后以"空军已经同意了"为由再去争取陆军点头。待两家都批准了以后，再以"只差海军了"的既成事实，去设法说服最有性格、也是最难被说服的海军。实践证明，上校的方法完全对头，海军最后也同意了，尽管只派来了一名少校军官。虽然支持力度相对弱了点儿，但"三军联情"这个想法好歹也总算是实现了。

这样，陆军、空军的三号棚屋，和海军的四号棚屋，就成了情报的最后生成地。关于它们的情报整理，由于跟战争的关系相当密切，只有等后面的章节再具体介绍了。

情报生成了，总还得提供给该看的人去看，才能发挥作用。于是，流程进入了第五个阶段。

（五）情报分发

情报分发，就是把整理好的情报，一份份发送到上至首相，下至获准阅读的人手里。这个工作说起来简单，但是细细一想就会发现，里面技术性的问题多得很，而且有的问题还相当棘手。比起"智慧密集型"的密码破译来说，难度似乎低得可笑的最后一步——情报分发——竟然会平生波折，也实在是让人没想到。那么，在情报分发时候，到底是哪些地方可能会出岔子呢？

首先，这些情报是根据德国电文破译整理而来。那么，为了保证破译事业的可持续发展，就不能让德国人知道他们的密码已经被破译。因此，这个分发的途径本身就绝对不能泄密。这一条似乎是理所当然的，可是布莱奇利庄园怎么才能及时地把情报送到目的地，比如首相府，或者北非战场司令部呢？

也许有人说了，用无线电啊——说完了估计自己也会觉得不对头：这不是等着德国人破译么？你能破译德国人的无线电通信，焉知德国人就肯定不能破译你的？事实上，与布莱奇利庄园类似，德国自己也有专门的破译机构。截止到大战爆发的1939年，这样的机构一共有7个，分布在外交部、最高统帅部密码处、陆军、空军、海军、研究局和帝国保安总局；而其战绩也远不像一般人感觉的那样失败，其实人家先后成功地破译了法国、英国、美国、罗马尼亚、意大利、苏联、日本等国家的密码！

其中，法国被破译得最惨，因为他们使用的密码相对简单不说（四码组小规模密本，再加乱数），而且还很有信心，几年也不更换一次；即便换了，也换得很不成功——从1939年年中大战即将爆发算起，到1940年6月纳粹彻底征服法国的这段时间里，法军所有军区的电报密码都遭到了有效的破译。而这些在最关键时期被破译的电报，大大帮助了纳粹军队的进军步伐[1]。最后，法国以亡国告终，又有谁能说与这个没有关系呢？

密码对抗的一条重要原则就是：永远、永远不要低估敌人的能力和智力。因此，当庄园通过无线电来分发情报时，要是在这个环节上遭到了破译，结果肯定是不堪设想。换言之，一旦德国人发觉这情报是由破译德军电报而来，那么他们肯定要对整个Enigma加密系统进行增强（升级机器、更改密钥生成机制等），如果不是干脆彻底淘汰Enigma的话。而这样一来，庄园的破译事业，岂不就栽在自己的产品上了？破译的目的是形成情报，形成情报的目的是为了使用，而为了使用情报，就不得不分发——可这最后一步竟然暗藏杀机，备不住就变成整个破

---

①　乌尔里希·利斯将军在1959年出版的《1930—1940年的西部战线》一书中，描述了破译的法军电报对军事指挥所起到的作用。

译工作的掘墓人，说起来倒实在是充满了辩证的色彩啊。

更加要命的，还在后头。

一旦德国人知道自己的 Enigma 被破解了，那么他们肯定会相当合情合理地猜测：这些被破译的电文，英国人肯定是要加以利用的——比如说，今天德军调动了第 1 师到比利时，那么或许在明天，英国内部通信中就会提到这一点。如此一来，诸如该师的番号"第 1 师"，调动的目的地"比利时"等这样的关键词，不就都成了密码学概念上的已知明文么？而利用已知明文对密文进行试探性攻击，是密码分析中极为常见、极为有效的一种方式啊。因此，这样的情报在英国被使用得越是广泛，越是用不同种类的密码机和密码，再次加密它们并播发，被截获以后德国人获得的战果可能就会越大——不是危言耸听，它很可能导致这么一个让人意想不到的结果：

第一，所有参与播发这一情报的密码系统，都会因为德国人采用已知明文攻击的方式而全部遭到破译。

还以刚才的例子来说，假如英国为了围歼这个正在比利时的第 1 师，很可能要空军、陆军甚至海军协同动作。那么，类似"比利时"、"第 1 师"这样的明文（也可能是暗语，但同样难逃破译），几乎必然会在短期内，贯穿英国三军大大小小的密码体系和网络。而这么好的礼物，德国人会注意不到么？更可怕的是，上面所列举的，还是内容为真的电文。如果德军干脆炮制假电文，并精心在电文中设下特制的诱饵，以对手必定会引用的关键字来诱使对手在密码网络广为传播，结果又会如何？最终，德军什么损失也没有，却可能因此击破所有涉及的盟军密码网络——还是那句话，永远、永远不要低估敌人的能力和智力！

破译敌方密电，居然可能威胁到己方密码系统的安全？说起来可能令人相当意外，但它却又是实实在在的危险。不妥善解决这个问题，又怎么得了？

——这是分发的方式问题。

第二，为了对情报来源本身保密，就必须要严格限制能够接触这些通过破译来的情报的人数。但是，具体操作的时候，又该怎么规定呢？比如说，司令官能看，那他的副手能不能看？秘书能不能看？在军事会议上，他能不能提到自己有这个情报渠道？如果能，会议参与人员是不是都要被授予权限？如果不能，他又该怎么解释自己的命令根据呢？再比如，如果需要不同部队配合作战，那么，友邻部队低级别的指挥官，又该不该知道情报内容，以便妥善配合？

——这是分发的范围问题。

第三，这些精准的情报发出以后，会不会让那些求功心切的将领给毁掉？

既然都已经知道对手的行动计划了，那么在荣誉的巨大诱惑下，会不会每次都抢在敌人前头行动，或者屡屡精确地实施打击？而这样的情况多了以后，会不会让德国人怀疑自己的密码出了问题？

翻开史书，这样的问题不是没出现过。在波涛汹涌的大西洋上，英国人就曾经犯过一次这种几乎是不可饶恕的错误：破译情报显示某海区有敌人一个船队，共9艘轮船；奉命前去的英国海军当然是大打出手，一口气击沉了其中的7艘。但为了麻痹对手，不暴露情报来源，他们还故意伪装成好像是偶然碰上的，专门给对手留了两艘活口。本来整个事件做的挺天衣无缝的，但倒霉的是，这两艘逃出生天的德国轮船不知道怎么就那么命苦，在路上又撞上了另一支不知内情的皇家海军部队，最终还是被击沉了！

一个船队尽数灭顶，当即引起了纳粹海军的高度怀疑：这事儿也太离奇了吧？！"偶然"路遇、而不是事先早已准备好的英国海军舰队，就能全歼一支尽力逃生的船队？难不成是密码被泄露，或者被破译了？后来，幸亏过于自信的德国密码专家反复向当时的海军司令邓尼茨解释，这事确实是巧合而不是密码危机，Enigma是不可破译的——才让他这个海军最高统帅解除了来自"密码灾难"的担心。而已经被吓出一身冷汗的英国人还真是运气好，连如此明显的错误，都没有引起对手真正的重视。要是德军就此举一反三、认真论证自己的密码安全问题并对现有规则进行重大改变，布莱奇利庄园不惨才怪。说到底，这回正是沾了德国人过于自信的光。但是，下回呢？还有下回吗——又有哪个敌人，会慷慨地给你那么多次不受惩罚地犯错误的机会呢？

——这是情报的使用问题。

第四，毫无疑问，布莱奇利庄园里生产的都是绝密情报；但是，通过其他途径，一样会产生绝密情报。相对于其他来源的情报来讲，庄园的情报肯定是更加系统、更加全面和更加真实的——那都是敌人自己的通信啊，比起其他渠道获取的情报来说，其中刻意欺骗、隐瞒和夸大的成分几乎可以忽略不计。毕竟，敌人的通信主管机构根本就不相信Enigma有被破译的可能，他们也就犯不着在自己正常的通信网络中认认真真地作假，以试图蒙骗对手。

既然如此，可信度完全不在同一个等级上的情报，应不应该都简单地看作是"绝密"？换言之，这样的情报，该不该与别的途径获取的情报，哪怕是那些"绝密"情报混在一起？

——这是情报的分级问题。

总之，情报分发这个看上去很不起眼的步骤，却包含着丝毫容不得马虎的大问题。说到底，情报分发不出问题，不会给密码破译工作额外带来什么好处；但是一旦不慎出了问题，那对破译工作甚至整个情报事业，都将是沉重的打击。

现在，又得提到温德博瑟姆上校了。虽然他自己谦虚地坦承，自己不是计算机时代的人，也不怎么懂电子技术；但是，他的确不愧是专门吃情报饭的——在他还没向空军和陆军替三号棚屋要人的时候，就已经极为前瞻地看到了情报分发所可能存在的种种问题。为此，他和军情六处主管孟席斯专门进行了沟通，提出了可行的解决方案，并最终打动了他的上级。也是在他的思路启发下，布莱奇利庄园渐渐形成了严格的情报分发制度，以针对性地解决上面提到的4个问题：

——解决分发方式问题的办法，最重要的就是尽量不通过无线电方式来发送它。比如，送首相办公室的情报，就是用专门架设的电传打字机线路来解决的；向驻地相对固定的陆军司令部、空军指挥部、海军基地发送情报的时候，尽量采用电话——那时候当然还没有什么手机——也是采用有线形式。只有向一些太远、太散而又有必要接收这样情报的单位，如驻北非陆军、空军司令部，以及大西洋上的海军护航船队等发送情报时，才会使用无线电。

使用无线电方式是不得已的，这必定会带来信息安全意义上的漏洞，但是以当时的技术手段，也确实没有更好的办法了。毕竟，破译的情报是有时效性的，而要尽快传送情报，当时的手段也只有通过无线电，或者有线线路传送两种。在有线线路无法覆盖所有接收单位的前提下，无线电就是唯一的选择。而保密的希望，也只能在限制范围、限制次数、限制报量和增强密码机安全性上做文章了。比如前文已经提到，皇家空军就是使用 TypeX 密码机来加密情报，再以无线电方式发送的；而它从未被德军破译，也算是很幸运了。至于其他情况嘛，那就很难说了——德国人没有破译 TypeX，可不意味着他们真的都是笨蛋哪。具体情况，本书就不涉及了。

——解决分发范围问题的办法，就是建立使用这些情报的严格规定。一般的军官不仅绝对不允许观看这些情报，甚至都不会知道有这样的情报存在。计算下来，在集团军一级的部队里能够看到这类情报的人，从司令、参谋长、情报处长到具体接发报人员，一般总共也只有几个人。使用这一情报的其他行政、军事机关的适用范围与此类似，一言以蔽之：不是绝对必要，就绝对不能看到。

相应地，对那些有权限看到、也有必要了解该情报来源的人，庄园在中后期的实践中，往往又采取单独说明的方式，让他们比较明确地了解这些情报究竟是怎么回事。比如说，在一个集团军司令部里，24 小时内各种情报如雪片般飞来，其中有真有假、有轻有重，彼此之间往往还有冲突。那么，就有必要让相关人员明白，为什么更应该首先相信来自庄园的情报。

——解决情报使用问题的办法，就是建立专门的"特种联络小组"，主要由庄园培训的密码员和报务员组成。在庄园里，情报由小组成员发出；在各个接收单位，也由派驻各单位的小组成员接收。而这个特种联络小组的存在，不仅可以最大限度地减少此类情报被无关的人员知晓的风险，而且还起到了直接监督着它们是否被滥用的作用——比如说，接到情报的机关拟定新电文时，如果不加改动地直接引用这些情报，那么就又会构成典型的已知明文，导致密码安全危机。因此，对于这种根据庄园情报撰写的己方电文，就必须由特种联络小组组员来处理（包括歪曲和改写）后，才能再次发送。

——解决情报分级问题的办法倒是最简单的。既然通过破译而来的情报，无论是时效、真实性、准确度和预见度均远强于一般情报，那么继续沿用"绝密"这一称呼就有点不妥当了，何况，这样也无法界定布莱奇利庄园情报的特殊性。最后，还是波兰人的办法启发了英国同行。当年，他们曾在破译的 Enigma 电文上，标注了特殊的 Wicher 字样，借以区别其他情报；而英国人，当然也一样可以给破译的情报取个专用代号。有人提议说，既然"秘密"（Secret）和"绝密"（Top Secret）的级别都有点嫌低，那就叫"超密"（Ultra Secret）好了。这个主意不错，就是太长了点——最后英国人把它截短，作为所有通过破译 Enigma 而得到的情报代号。

它就是 Ultra（超级）。

从此，Enigma 故事中最高潮部分的大幕，就由 Ultra 缓缓拉开了……

六、怪老头诺克斯

从 1938 年夏天开始，密码分析人员和军情六处的工作人员，就开始陆续进驻刚刚被买下的布莱奇利庄园了。只不过，布莱奇利虽然离伦敦挺近，可也有着几十公里呐，走过来是有点够呛。于是庄园专门派车，把专家和工作人员接过来——不过说到车，各位就凑合点儿吧，只有那种福特的客货两用车。如此的物质条件，比起政府密码学校的后继者、今天的政府通信总部，那可实在是太寒碜了。

不过也有不坐福特、而是自己开车过来的，比如年轻的小姑娘黛安娜·克拉克（Diana Clarke）就是一位：

> 我就是开着自己的车来的。我有辆本特利，是朋友的车。他说，这车能跑起来，总比在街区里给堵死了强。整个战争期间，我都开着这辆漂亮的小车。

甭管是公车拉来，还是私车开到，反正人陆陆续续就进来了。而在庄园最初启动时，呈现在他们眼前的政府密码学校，又是个什么样子呢？

还记得以前照片上那个漂亮的二层小楼么？现在，整个小楼都被指定了入驻单位：它的二层，被全部划给了军情六处，一层的各房间则被分别划给了海军处、陆军处和空军处——大家还真没看错，就那么点儿大的小楼，里头居然就装着一个完整的国家破译中心！

等我们真正走进这小楼里头，当然也看不到什么新奇的：一间电话交换机机房，一间电传打字机室，一间厨房，一间餐厅。然后呢？然后就没了，剩下的基本都是空房间——然后，从五湖四海汇聚到这里的女士们先生们，就凑合点儿猫在这个小楼里，正式展开工作吧……

海军处办公室主任爱德华·格林（Edward Green），一想起当年那个情景，依然是止不住地头大：

> 刚开始那会儿，说"混乱"那都是客气的了。我们几乎没有任何计划，也没有地方碰头开会，没有办公家具，没有参考书、地图、字典或者任何能帮助我们完成任务的东西。

海军处的情况是惨了点儿，不过空军处也好不到哪儿去。比如，当时担任空军处处长的乔希·库珀（Josh Cooper），就是这么说的：

> 倒是提供了桌子和椅子，但是没有会议桌。我记得，那时简直是走进了混乱的场景之中，地上到处是成堆的书和纸。当时我注意到一个新来的家伙，叫伦纳德·胡珀（Leonard Hooper，实在很想将其翻译为"里奥那多·湖泊"）。他很安静地翻看着一本意大利语字典，等着来个什么人，给他找个什么活干。

这个年轻人看上去还真是挺可爱的，不过即便如此，事过多年以后，库珀处长怎么还能清楚地记得他呢？其实，原因说穿了也很简单——这位曾经无所事事地翻查字典的胡珀，27 年后已经贵为爵士，成为整个政府密码学校的继承人，也就是政府通信总部的头头了！也正是胡珀，把这个英国最大的无线电情报破译机关，成功地带入了卫星时代。顺便说一句，他在这个位置上一共干了大约 8 年；而在他走马上任的第二年，我们中国就爆发了文化大革命——想必，光这事就够他忙的了吧……

介绍高官不是咱们这个密码传奇的主要任务，还是把话题拉回去吧。刚才不是说到空军处处长库珀了么？他不光回忆了那个麻雀变凤凰的胡珀，还提到了另外一个人。这个人，才是我们密码传奇系列中要重点描述的传奇人物——他就是迪里·诺克斯（Dilly Knox，又想给翻译成"戴笠·诺克斯"了……）。

图106 中间这位就是青少年时代的诺克斯

图 107　诺克斯先生年轻的时候，还是颇像一位教师的

本图扫描自《Seizing the Enigma: The Race to Break the German U - Boat Codes
1939—1943》，原作者 David Kahn

　　迪里·诺克斯全名叫 Alfred Dillwyn 'Dilly' Knox，而名字中的这个"Dilly"，正是由 Dillwyn 变化而来，连起来一读，意思就是"极好的诺克斯"，还挺不错。顺便说一句，好像英国人很喜欢给这些从事秘密工作的人起个"中间名"，也就是绰号，一来二去的，这些绰号往往比真名更响亮——Quex 是休·辛克莱尔的绰号，Joe 是刚才说的那位飞黄腾达的胡珀的绰号，我们现在说到的这位破译 Enigma 的诺克斯，绰号是 Dilly，而破译德国另一种密码机的托马斯·弗劳尔斯（Thomas Flowers，"托马斯·鲜花们"？）的绰号，则是 Tommy……

　　诺克斯出生于 1884 年，到 1939 年大战爆发前夕，已经快 55 岁了。作为一位德高望重的希腊语学者、剑桥大学国王学院的学会会员，他本人的经历，却又不只是这些公开的头衔所概括的那么简单。其实，在另一个隐秘的世界中，他也有着极高的声望——还是在一战时期，他就已经在前面提过的那个闻名遐迩的"海军部 40 号房间"里工作了。当然了，他和他的同事们的任务，正是对德国的海军密码进行破译。20 年的时间转眼即逝，到了二战也将爆发的时候，他又拾起了老本行，目标还是那个老对手德国；而这份厚重的资历，在整个庄园中，还真是罕有人匹。

　　不过，"他的资历厚重，别人很难相比"这一事实，恰恰从反面说明：密码

161

分析，本来就应该是年轻人的工作。想想前文提到的雷耶夫斯基，建功立业的时候也不过30岁左右——而要让一位50多岁的人来搞密码分析，不说是对他进行智力和体力的虐待，起码也是有点强人所难吧？

可这位诺克斯，还真就是个例外！他老人家思维之敏捷，精力之充沛，确实令人叹服。他的功绩我们后文将详细介绍，现在，就随便说说关于他的一些逸事吧。我们知道，有能力从事密码分析的人，肯定是个聪明人。不过，即便在庄园里，饶是聪明人多得满坑满谷、汗牛充栋，诺克斯依然会从其中脱颖而出。比如，当年的空军处处长库珀就回忆说：

> 有一段时间，他主攻匈牙利语，对他来讲，学习一门语言根本不是什么麻烦，不过是思考一个抽象问题罢了。

能把学习外语作为思维锻炼，这位诺克斯先生有着怎样的水准，也就不难想见了。而在拥有极高智力的同时，他的脾气却又是相当的怪。怪到什么程度？库珀是这么说的（引言括号内文字为作者所加，下同）：

> 诺克斯有着极为强悍的智力，但也有点儿不可理喻；他对别人很不宽容，弄得大家没法理解他。（至于他性格如此古怪的原因，）起码有一部分是因为他的（成长）背景，那不是数学的，而是古典的那一套。

所谓"古典的那一套"，大家想想电影电视里，那种经典的英国贵族的样子，大概也就多少能够体会了吧。库珀又说：

> 我记得他来到我面前，拿着张纸，上面写满了密码组，还用彩色粉笔（colored chalks，原文如此）在上面标记了重点。他说，那是一份（根据下文判断，似为匈牙利外交人员）会见意大利外交官后的评估。他问我，在我这里，有没有什么跟意大利外交密码有关的东西？他还说，"这密码组只说明一个意思，那就是无论墨索里尼还是斯大林，无论他们做什么或者不做什么，密码组中提到的这个人——可能是塞缪尔·霍尔爵士（当时英国的外交大臣）——都将到国联发言"。我只能回答，我这里没什么他用得着的。他说"好吧，不管怎么说，匈牙利人都可能在撒谎"，然后就走了。

这位老先生也是有点莫名其妙，跑到空军处去找意大利外交密码方面的资料？确实搞不清楚他在想什么，或许高人都必然有常人难以理解之处吧。

如前所引，库珀处长显然对诺克斯评价不高，不过，诺克斯对他也没什么好印象。我们说过，政府密码学校的校长是丹尼斯顿（Alastair Denniston），而校长助理，正是这位诺克斯。不管怎么说，学校里的一位小小空军处长，又怎么可能和校长助理抗衡——不知道为什么，诺克斯一开始就看着库珀不爽，于是就特别给这位处长指定了房间里一个背阴的角落。咱们中国有话叫"给人穿小鞋"，人家诺克斯则是给别人一个面壁的机会；表现迥异，实质却也差不太多。

诺克斯老先生不仅脾气怪，看起来也不太像个正常人。首先是他走路有点跛，这是某次摩托车事故的后遗症，此外还老是戴着个挺贵重的鹿角边框眼镜，不过一旦掉地上，那就立刻什么也看不清了……而他的古怪之处不仅体现在生活中，也体现在他对自己助手的态度上。

这位助手就是彼得·特温（Peter Twinn），一位来自牛津大学数学专业的优秀毕业生。

图 108　诺克斯的助手——特温
本图扫描自《Enigma: The Battle for the Code》，原作者 Hugh Sebag-Montefiore.

1939 年 2 月，在整个政府密码学校正在陆续迁入布莱奇利庄园时，他被丹尼斯顿校长亲自招募进来，目的就是协助诺克斯攻破 Enigma。对于这位才 23 岁、初出茅庐的年轻人来说，能与一位资历深厚的长者共同工作，本来怎么看都是一件好事。可是，麻烦出在特温的身份上：他并不是诺克斯那样的语言学家，而是一位不折不扣的数学家。在当时，即便是在庄园里，那些非数学专业（主要就是指语言学方面）的教授们，对这种招募数学家参与密码分析的举措，不仅非常难以理解，甚至还高声表示怀疑。的确，密码分析这个行当，从来都是高度倚重语言学分析手段的，而且也是非常见效的。比如在 20 多年前，英国密码分析机构在第一次世界大战中获得的战果，就已经是最好不过的证明。现在，就算波兰人靠数学家搞出了名堂，可谁又在英国见过数学家真能在这个领域成事的？或许，波兰人的经验不过是个特例罢了——而特温，进入庄园不久就发现，自己面对的正是这么个极为孤立的处境，他说：

163

他们确实把数学家当成一种非常奇怪的兽类来看（译注：原文如此）。

很不幸，特温实际上是在代所有数学家受过；而更不幸的是，他的顶头上司诺克斯，态度也是如此。特温继续回忆道：

> 从事破译 Enigma 工作的，有大名鼎鼎的诺克斯……他根本不指望浪费太多时间去训练他的助手，只跟我谈了我5分钟，就让我一个人接着干下去。

干什么呢？非常简单。在前文里我们提到有位德奸施密特先生，不是一直在源源不断地向法国人出售 Enigma 的机密么？而法国人，也把这些情报向英国人开放。现在，摆在特温面前的就是 Enigma 密文和可能的密钥设置。他要做的事，就是把猜测出的明文去与密文互相匹配对照，试图分析出个端倪来——而这，可就是诺克斯的典型破解思路了。

问题是，如果各位设身处地站在特温的立场来想像一下，恐怕感觉就很会郁闷了——和上司兼老师说了5分钟话，就得独自面对密码电报开始破译工作，也不知会不会觉得心头一片茫然？且不说特温从来没接触过密码分析，光是原理和概念就要从头建立起；也不说一上来就是实战操作，根本不是教科书式循序渐进的逐步培训——即便从专业角度来讲，也实在太难为人了：这位特温，压根就不懂德语！因此就算他的猜解是对的，也没法以看不懂的德语明文来验证自己的结论啊——而在没有非常大的把握之前，他又怎么好到如此不近人情的上司那里去验证呢？

无论如何，诺克斯对于这位比他年轻了30岁、足够当他儿子的年轻助手，态度实在是过于苛刻了些。后来特温才渐渐了解到，这种神神秘秘的做法，也算是诺克斯的一贯作风了。他对自己的发明和心得，从来是严格保密、决不随意透露的；而在习惯于互相帮助、互相启发的庄园学术圈里，他这个风格让大家都很看不惯——以特温的原话说，那真是个"声名狼藉"（notorious）的形象。

以上所有这些，都说明诺克斯确实是个古怪的人。但是，与其他注重人际交往、需要构建和谐人际关系的工作不太一样的是，在密码分析专业中，人的性格古怪不古怪根本就无关紧要。脾气再好，破译不了密码，你还是个零；人品再糟，只要能破译了大家束手无策的密码，你就是老大。归根结底一句话：密码分析人员的实力、地位、荣誉，诸如此类，简称为"身价"——只唯一地体现在破译的成就方面；至于其他，通通都是枝节问题。

而诺克斯，正是用自己和助手的工作成就证明了一个事实：他这个怪老头，恰恰是密码分析，特别是 Enigma 破译方面最需要的人！

七、悠然起舞的智慧精灵

布莱奇利庄园是由英国情报机构掌管的单位，这一点我们已经很清楚了。也因此，庄园几乎是本能地在持续"关心"着老对手的情况，也就是德国情报机构的情况。在二战中，各国情报机构之间的斗法令人眼花缭乱，确实很是好看。从这个角度说，各国都有"大欢喜"的时刻，同样也都有"走麦城"的经历。这些在本书中就不展开叙述了，只是补充一点：德国的情报机构尽管总体上看败绩连连，但是，它也的确有过非常骄人的战果，的确算得上是一位值得英国乃至盟国同行尊敬的对手。其中，德国军事情报署，就是一个让庄园极感兴趣的目标。

军事情报署（Abwehrdienst），中文直译过来就是"反间谍机关"，本书取的是通译名。它的主要任务是"反情报"，也就是针对盟国试图在情报方面进行渗透的努力，及时地予以揭露和打击。具体来说，从抓外围间谍到挖内部"鼹鼠"，都是它的主攻方向。也因此，如果英国人能够破译军事情报署的密电，就有可能知道德国人目前在关心着什么、又掌握了什么。这样一来，不仅可以在危急时刻将已经暴露的间谍送出险境，更重要的是，还可以反过来验证自己的整体谍报部署是否仍然安全，进而检视自己的情报系统是否出了纰漏、在情报系统内部有没有潜伏着敌方的"鼹鼠"。总之，对英国人来说，军事情报署的密电中可能蕴涵着极高的价值，因此，庄园毫不含糊地把破译这种密电作为一大主攻目标。

我们知道，一切密码分析机构的组织体系都不是凭空设定，而是针对实际需要构建的。比如我们在前文中曾经提到，波兰密码分析机构针对德国密码成立了BS-4，而针对原苏联密码成立了BS-3。庄园自然也不例外，既然要破译德国军事情报署的密电，自然得先研究一下，它发出的密电有什么特征。很快英国人就弄明白了，军事情报署的密电，其加密方式有两种：一种沿用传统的手工加密，而另一种，则是使用军事情报署专用的 Abwehr Enigma——也就是 Enigma-G——加密而来。针对这两种迥然不同的密电，布莱奇利庄园内顺理成章地成立了两个部门，它们的正式名称都是"情报处"（Intelligence Sections, IS），但在私下里，人们往往依据 IS 的缩写，开玩笑地称它们为"非法处"（illicit sections）；其中，针对手工加密的情报处，负责人是与诺克斯资历一样老的奥立佛·斯特雷奇（Oliver Strachey）。为了区分两个缩写完全一样的情报处，人们就把奥立佛·斯特雷奇的姓名首写字母缀在后面，从此这个处就被称为了 ISOS；而负责破译 Abwehr Enigma 的情报处，领头的正是我们提到的诺克斯（Knox），从此这个情报处就被称为 ISK 了。

细细研究一下我们就会发现，ISK 要对付的 Abwehr Enigma，其实还不是单纯的一种密码。原来，在实际操作时，军事情报署还按间谍活动的不同地域，为 Abwehr Enigma 专门布设了 4 个密钥网，其中两个在东欧地区，两个在西欧地区。

在同一个密钥网中，间谍们使用的密钥都是一样的。由于这个密钥被记录在密码本上，每天都要按序更换，因此也被称为"日密钥"；而在网与网之间，日密钥则是完全不同的。这就是说，如果某个密钥网的密码本被敌人获取，虽然这个密钥网肯定就完蛋了，但是其他3个密钥网，至少不会因此立刻遭到倾巢覆卵之灾。只不过对于英国人来说，对手无论设置多少密钥网，那得也想法一个个破译掉。就这样，不断被截获的 Abwehr Enigma 密电，也陆续摆在了诺克斯的案头。

说起来，庄园指定诺克斯来负责 ISK，那也确实是人尽其才。其实早在大战爆发前，诺克斯的眼睛就已经盯上了 Enigma，到大战爆发两年前的1937年，他更是亮出了独家绝活，一举攻破了 Enigma！

在那时候，二战虽然还没打起来，可要说到著名的"西班牙内战"，那正是打得如火如荼呢。这场内战于1936年7月中旬爆发，以反对共和国的势力发动叛乱开始，到1939年3月底佛朗哥统治整个西班牙收场，历时总共两年零八个月。在这场所谓的"内战"中，外部势力插手的迹象实在是太突出了——佛朗哥一方，有纳粹德国和法西斯意大利强力撑腰；共和国政府一方，也有共产国际、民主力量和工人运动组成的"国际主义战士"帮忙。两边打得热闹无比，再加上"内战"涉及的各方豪强委实太多，世界舆论自然也是相当关注。最终，英法在1939年2月底决定承认佛朗哥政权。正是这个决定，给了风雨飘扬的共和国政府以最后的致命一击。一个月后，西班牙内战即以佛朗哥上台、共和国垮台而结束；而这个时候，离二战爆发已经不到半年了。

那么，西班牙内战跟 Enigma，又有什么关系呢？老实说，这里头的关系可大了。我们刚才提到，德意法西斯为佛朗哥一方"强力撑腰"，其实这个说法还不够具体——事实上，在两年多的"西班牙内战"中，德国和意大利堪称是赤膊上阵，先后向西班牙直接派出了大约20万军队；而这20万军队里面，意大利一家就出了15万！

当时的意大利军队已经装备上了 Enigma，比如在意大利海军，采用的密码机就是 Enigma 的改进型。它与德军军用型不同，是由早期的商业型 Enigma 单独改进而来的。从技术角度看，意大利海军型 Enigma 保留了早期商业型 Enigma 没有连接板的特点，只是将转轮内部的连线关系做了一些调整。很快，诺克斯就已经盯上这种意大利海军型 Enigma 了。工夫不负苦心人，在西班牙战火正酣的1937年，他已经端出了一种他自己命名的独家解法——"Rodding"！

这个 Rodding 很难翻译，硬要翻成中文，大概意思就是"用棒捣实"。那么，对于密文，又能用什么"捣"呢？难道还真得用大棒子么？

当然不是。诺克斯的这个 Rodding，其实就是一种可以破解特定 Enigma 密电的方法。作为一种偏门功夫，它的招式与其他所有破解 Enigma 的方法都不一样，

Rodding 所用的全部工具就是纸和笔，再加一个能正常思维的脑袋瓜——而能发明出这种招数的诺克斯，他的功力之深，也的的确确要算是超一流高手中的超一流高手了！在对付那些没有连接板的 Enigma（比如早期的商业型 Enigma，以及由此改进出来的意大利海军型 Enigma）时，Rodding 是个极为漂亮的解法。由此，不仅意大利海军型 Enigma 密电被破译了，就连根据商用型改进出来的"铁路型 Enigma"密电，也被破译了……

如前所述，ISK 盯上的是德国军事情报署的 Abwehr Enigma。这种 Enigma 虽然也属于军用型的 Enigma，但却没有连接板。因此，让诺克斯带领 ISK 破译 Abwehr Enigma，确实是个很明智的决定，毕竟，人家有过破解相似型号的经验啊！于是，诺克斯再次祭出了自己的撒手锏，来对付 Abwehr Enigma 密文。

但谁也没有料到的是，真正一操作起来，棘手的新问题就出现了——Abwehr Enigma 与以前破解的商用型 Enigma 构造不同，由此产生了两个重大的技术性问题；更要命的是，还没等到碰上这两个主要的技术障碍，Rodding 就已经提前触礁了！

如我们所介绍的那样，Rodding 是个好办法。但从原理上讲，使用 Rodding 进行破解也是有前提的，那就是必须要知道一些参数——其中，输入轮到底是怎么设置的，就是一项很重要的参数。而输入轮这东西，在整个 Enigma 加密系统中，技术含量其实不算高。比起对转轮组的破解来说，搞定它的设置，几乎就不能算个问题。可谁又能想到，就是这个"简直不是个问题的问题"，却把诺克斯师徒都给牢牢地摁住了！

如我们介绍过的那样，Enigma 是从商业型发展起来的；在这些商用的型号上，输入轮的字母顺序依次是：

QWERTZUIOASDFGHJKPYXCVBNML

这个顺序，其实就是按照 Enigma 键盘顺序，从左到右、从上到下依次排列的。诺克斯对这个顺序很熟悉，因为英国人早就买到了四处叫卖的商业型 Enigma，拆解它也不是一天两天了，内部主要结构早就被研究透了。而我们刚才提到的意大利海军型 Enigma，输入轮采用的也正是这个顺序，因此它并没有对诺克斯的破解造成任何额外的麻烦。相比之下，真正让人费心的，倒是重新计算改变过的转轮组内部连线情况——不管怎么说，最后它还是被 Rodding 给"捣"开了。

但是，当诺克斯把这个顺序作为参数代入 Rodding，试图解开 Abwehr Enigma 密文时，却发现结果完全是一堆乱码，根本读不通——密文破不开，Rodding 失灵了！

经过反复研究验证，诺克斯最后确定：问题一定是出在输入轮上，它上面的那个字母顺序肯定不对！那么，它到底变成什么样了？没有人能够回答这个问题。诺克斯别无他法，只好把所有的可能性都挨个计算一遍，指望能在这个过程中，"恰好能够碰上"正确的答案。就这样，诺克斯一直算到特温到来，然后师徒俩又合力算了几个月，问题还是没有得到解决。后来，特温在回忆这段极为苦恼的经历时，终于披露了他们所面对的那种难以言表的窘境：

> 对我们来说，很显然德国人会在他们能选择的所有随机序列里，另找一个序列。事实上，对 26 个字母进行排列的可能性，是一个大得难以想象的数字——它的长度要超过 20 位——不管是其中的哪一种，它被采用的可能性都是相同的。

——诺克斯师徒的纸笔式破译，由此遭遇了最为凶悍的狙击！

似乎只是一晃，几个月的时间就过去了。诺克斯师徒为此倾注了大量心血，却仍然没有收获到任何果实，而这个看似毫不起眼的小小输入轮，居然能让破译高手使尽浑身解数却仍然一筹莫展！而一贯神神秘秘、爱创造新名词的诺克斯，甚至专门给"输入轮字母排列问题"起了个名字：那个错误的顺序不是"QWERTZU……"么？好，就管它叫"QWERTZU 问题"吧。

名字是起好了，可问题依旧得不到解决。这个问题甚至惊动了庄园的其他顶尖高手，但是在它那简直是无与伦比的难度面前，所有人都败下阵来了——QWERTZU 依然是 QWERTZU，简直是一个比 Enigma 还难的谜！

也就在诺克斯师徒为了这令人发疯的 QWERTZU 问题心烦意乱，完全不知如何才能看到曙光的时候，转机蓦然来临了。如前文所说的那样，在 1939 年 7 月，波兰人邀请英国和法国密码同行，召开了华沙会议。其中英国方面出席会议的人员，分别是带队的军情六处负责人孟席斯、校长丹尼斯顿、校长助理诺克斯，还有一位就是破译专家图灵。而"非常希望自己当时也能在场"的特温，并没有在出访名单内，或许他的资格还不够吧。

谁也没想到，这一去，诺克斯就在国外同行那里出了大名。初次会见的时候，波兰的那几位天王级密码专家，能来的都来了。当波兰人说他们已经破译了 Enigma、主要功臣是雷耶夫斯基等以后，诺克斯不管别人，单单就瞄准了雷耶夫斯基。面对这位素不相识的外国同行，诺克斯连"你好"或者"很荣幸见到你"之类英国绅士最喜欢借以扯淡的废话都没说，劈头第一句就是：

What is the QWERTZU?

（QWERTZU 是什么？）

不礼貌到了这个程度，也真可以看见诺克斯的急切之情了——是啊，为了输入轮的这个烂顺序，他们师徒在将近半年的时间里，已经被折磨得元灵出壳、沮丧透顶了！而且以我个人的观点来看，诺克斯首先抛出了这个问题，似乎也有点想考察考察波兰人是不是在吹牛的意思：你既然能破掉 Enigma，那么你肯定绕不过这个 QWERTZU 问题——好啊，我倒要听听，你的答案是什么！

诺克斯那毫不客气的态度与突如其来的问题，一下就把雷耶夫斯基给打懵了。对于这个莫名其妙的问句，雷耶夫斯基完全是一头雾水，压根不知道诺克斯在说什么。这也真不能怪雷耶夫斯基发晕，毕竟"QWERTZU 问题"这个名词本来就是诺克斯自己发明的，他又不明说，谁知道他什么意思啊？

可是，高人就是高人。稍稍愣了一下之后，雷耶夫斯基脸上出现了一丝微笑。毕竟大家都是同行，他瞬间就想通了英国人到底在问什么。尔后，他告诉诺克斯，这个顺序问题也曾经难住过他；但是在灵光一闪之后，他有了一个思路：既然商业型 Enigma 采用的是键盘顺序，那么在军用型上，一定也应该是个"类似的简单的顺序"。

他说，所以我当时猜它是字母表顺序——而且，它一定就应该是字母表顺序！这就是说，军用型 Enigma 上，那个序列应该是这样的：

ABCDEFGHIJKLMNOPQRSTUVWXYZ

然后雷耶夫斯基说，经过验证，这个猜测是正确的。解决了这个问题以后，他就继续进行后面的破解工作了。

没有人知道，诺克斯听完这番话后心里是个什么感觉了——这个完全出乎意外的结果，简直就是砸在他头顶的一记霹雳重棒！是啊，什么都想到了，为什么就没顺手试试字母表顺序呢？这么简单而天然的顺序，试验一次根本用不了多少时间。此外，商用型 Enigma 之所以采用键盘顺序，就是因为所有的操作员都用过打字机，这个顺序很好记忆——那么在顺序被改动后，这个"好记"的特征为什么就一定要取消呢？何况，输入轮只是为了规整字母输入，并不是 Enigma 的主要加密部件啊！

这么符合逻辑的结果，现在怎么看怎么有道理，可是在知道答案以前，真是想破了头也想不出来。更要命的是，这个答案也太简单了，简单得都不像个理所应当的答案——甚至可以说，它几乎就是个嘲笑，是对一位声名卓著的密码分析家智力水准的嘲笑；更进一步说，几乎就是对布莱奇利庄园的专家们集体智力水准的嘲笑！所谓"肠子都悔青了"，大概说的就是这种情况吧。更让诺克斯郁闷的是，雷耶夫斯基自始至终都是很有礼貌、很热情、也很坦白地介绍着波兰方面的破译成就和细节，而这一切听在诺克斯的耳朵里，又会是个什么滋味呢？

一转眼，事情就过去了半个世纪。回想这个简直让人无法原谅的失误，即便是特温，也仍然是难以释怀：

假如我在回顾那些可能性的时候，曾想到要做个假设，就像 1933 年雷耶夫斯基所猜过的那样，QWERTZU 就是简单的 ABCDEFG，那么在我到达政府密码学校的头两周内，我就有可能读更多的信息，也就会

169

有一个极为漂亮的开局。唉，我没抓住机会。

何止是特温没有抓住机会。如我们所说的那样，当时被 QWERTZU 问题困扰住的，不仅仅是诺克斯师徒二人，连整个庄园的顶尖高手也未幸免。对于这个尴尬的事实，特温也只好实话实说：

> 我只能辩护说——实际上也够不上辩护——那就是诺克斯、图灵和肯德里克（庄园里的另一位破译高手）也不会更好。而且在这个三人组合里，没有谁是蠢家伙。

既然如此，为什么就没有人能想到这一点呢？

在今天，我们大概只能说：这就是科技探索中的运气问题了——"QWERTZU……"这个排列顺序，给人第一眼的潜在印象就是"它是乱的"，因此即便稍后就识别出它是键盘顺序以后，思路依然受到"它是乱的"这个先入为主的念头的干扰。因此，在人的潜意识中，不自觉地就存在了一个"正确顺序当然也应该是乱的，并且因为是军用型，可能要乱得多"的预设判断；也因此，即便头脑中偶然冒出诸如"ABCDEFG……"这样的答案，潜意识中甚至会不自觉的产生对抗和排斥，进而在几个月的时间里，没有一个人想到去试一试。结果，同样的问题换个思路一想，雷耶夫斯基就轻装前进了；而诺克斯等没有绕开，从此身陷泥潭，也真是令人感慨啊。

诺克斯还不错，在会场上竭力保持住了形象。散会后，他和校长丹尼斯顿上了同一辆出租车回宾馆；而就在路上，就在这辆车里，自尊严重受挫、恼羞成怒的诺克斯，终于还是爆发了！他冲着丹尼斯顿大发雷霆，因为他觉得波兰人"欺骗了他和他的法国同事们"。这里的"欺骗"是什么意思？是指波兰人长时间地对这两个国家隐瞒自己已经破译 Enigma 的真相？还是指诺克斯压根不相信波兰人真的已经破译了 Enigma？或是指那个 ABCDEFG 的解释根本就是个扯淡的答案？

不得而知。

无论如何，这都应该是诺克斯自觉颜面扫地的一个过激反应：他根本无法为自己的疏忽辩解，而这种疏忽现在怎么看怎么是一种"愚蠢"；从来在别人眼中高高在上的诺克斯，又何曾受过如此奇耻大辱？在某种自我保护的心理支配下，他开始下意识地拒绝相信波兰人的答案，乃至开始怀疑波兰人是否真的破掉了 Enigma。

可是这"大闹出租车"的一幕，对诺克斯的形象完全是一个无可挽回的损失，因为东道主波兰人很快就知道了。原来，诺克斯情绪已经完全失控，而这一点让他忽视了自己所在的环境——同一辆车里，还坐了一位负责接待工作的波兰人！说起来，负责接待"英国客人"的波兰人，又怎么会听不懂英语？由此，诺克斯在波兰密码界，算是大大地出了名！

上面这些情节，我们可以在英国 2000 年初版、2002 年第十一次重印的《Enigma：密码之战》（*Enigma：The Battle for the Code*）一书中看到，作者休·塞巴戈 – 蒙特费欧热（Hugh Sebag – Montefiore）在第四章中，简单地介绍了这段故事。而在这本书出版 7 年以前，关于散会后诺克斯的表现，还有另外一个版本的说法。它就是由诺克斯的徒弟特温，在事情过去 54 年后，于 1993 年亲自写下的。在这本牛津大学出版社 1993 年初版、2001 年再版的《破译者：布莱奇利庄园里的故事》（*Codebreakers：The Inside Story of the Bletchley Park*）的第十六章《军事情报署型 Enigma》（*The Abwehr Enigma*）里，没有出席华沙会议的特温写道：他事后听说，诺克斯上了出租车后，里面的同伴是一位法国同行。难题已破，高兴至极的诺克斯情绪非常好，几乎像唱歌一般，对这位法国人欢快地说起了法语：

Nous avons QWERTZU，nous marchons ensemble！

（我们有了 QWERTZU，我们一起走！）

与前一个故事相比，简直是天差地别。不过，考虑到特温的身份，这段话里是不是多少掺了点水，也很难说……

——无论哪个版本是真的，现在看来都不重要了。重要的是，无论当时真实的情况是什么样子，都可以证明诺克斯曾被"QWERTZU 问题"困扰得多么苦恼；而波兰人的这一碗灌顶醒醐，又让诺克斯是多么的兴奋如狂！

密码啊密码，确实是折磨人的东西！

在波兰人的直接指点下，庄园终于在第二次世界大战即将爆发的最后一刻，成功地破译了 Enigma 密电。特温回忆说，当诺克斯从波兰满载而归后，自己"只用了两三天"就成功地破解了一份 1938 年截获并归档的密电。在对这份密电的破译进行到最后的收尾阶段时，前文提到过的那位空军处长库珀进来了。他很快发现了特温的成果，非常兴奋地告诉特温：你现在是第一位读通 Enigma 密电的英国密码破译人员了。而特温的反应很平静，淡淡地说：

那对我来说真不算什么，因为有诺克斯从波兰带回来的关键信息，做这件事也就变得只比常规操作稍微复杂一点罢了。

同样的，这些被破译的密电，也并没有被庄园看作是多么重大的胜利。毕竟，特温破解的是存档的"旧"密电，时效性很差。此外，这样的破解基本就是重复波兰人的办法，并没有更高的技术性进展。前面我们说过，波兰人最后也无法破解不断升着级的 Enigma，而刚刚得到详尽资料的英国人，也同样奈何不了那些波兰人破解不了的"新"密电——说到底，波兰老师卡在哪里了，英国徒弟也一样没翻过去。

不过，关键问题一旦被解决，后面的进展还是大大加快了。

大战爆发 4 个月后的 1940 年 1 月 14 日（也有说法是 1940 年 2 月），庄园里的三号棚屋，在诺克斯的带领下，终于第一次成功地、独立地破解了德国空军于 1940 年 1 月 6 日拍发的一份 Enigma 密电。这次真正意义上的"首开纪录"，被英国人牢牢地记入了自己的密码破译史册。

顺便说一句，在德国的各种武装力量中，首先是空军密电被攻破，也确实不是巧合。当时戈林元帅属下的空军部队，自视为"普鲁士之鹰"，简直是狂傲无比。而他们的报务员们则坚信 Enigma 是不可被破译的，因而在使用时完全是肆无忌惮，所谓的无线电纪律对于他们，根本就是一纸空文。至于密码使用方面，在各地空军部队中，更是此起彼伏、水到渠成地"批量生产"着各种错误。最终，他们也遭到了足够的报应；比如 1 月 6 日的这份密电，就是因为空军报务员犯下了低级错误，才被庄园破译的。其他相关情况，请见本书第五章。

而空军型的 Enigma，本身是有连接板的，其实还不是特别适用于诺克斯的 Rodding 方法。

也如前文所说，诺克斯和 ISK 的主要任务，就是紧盯着 Abwehr Enigma。说起来也真是难得：刨除与日本海军联合应用的机型 Enigma-T 以外，德国军方装备了那么多种 Enigma，还偏偏就这一种没有连接板！目标选对了，Rodding 也就开始大放异彩了——到 1941 年年中，大概每天都能截收到 20 份以上的 Abwehr Enigma 密电。由此一直到战争结束前的几个星期，这些密电基本都被破译了。战争结束前，当盟军和苏军的坦克已经逼近柏林时，军事情报署又升级了 Abwehr Enigma 的加密系统；而末日前的这最后一次升级，终于起了作用，使英国人没有能够及时破解掉它。不过，那已经不再重要了——新的 Abwehr Enigma 密码系统的寿命，也不会比希特勒以及第三帝国屈指可数的剩余寿命再长多少了。

按说，有着这么辉煌的战绩，诺克斯以及 ISK 对付 Abwehr Enigma 的相关资料，应该是很好查到的。可是真要去找找，我们就不难发现：同样是破解 Enigma，诺克斯的工作相对而言却很不出名，即便介绍往往也就是一两句话。为什么会这样呢？说穿了，其实就是两点：

第一，他主要对付的 Abwehr Enigma，是缺少了连接板、还配置了改型转轮的专门型号，既不是 Enigma 家族中的主流机型，也不是最困难的机型，因此这个破解相对不太出名，也算是情理之中。

第二，正因为如此，破解 Abwehr Enigma 非常有效的办法——Rodding，也无法简单地引申到对其他军用机型的破解上，而只能成为针对特殊的 Enigma 的一种特殊的解法。

但是，即便如此，诺克斯的破解也是非常了不起的。说句公道话，Rodding 被湮没还有一个特别重要的原因，那就是保密。并且，不仅是诺克斯自己对 Rodding 保密，而且就连官方，也在帮他遮掩这个密码分析学的方法。实际上，在前几年，几乎所有英国官方的出版材料都没有仔细阐述 Rodding 的实现途径；即便提到，一般也就是只言片语带过了事——那么，诺克斯的破解真的就是那么简单，以至都用不着多花口舌来具体解释么？

完全不是。这几年，Rodding 已经被渐渐披露出来；也如我们前面所粗略介绍的那样，这是个整体思路非常巧妙的办法。至于它的具体操作，理解起来有一定难度，详细讲起来就更加麻烦，为了保证故事的流畅，我们就不在这里详细地展开介绍了[①]。

总的来说，Rodding 就是借助于 Enigma 内部的映射连接关系，来进行破解的一种办法。由于反射板的特性，进/出反射板的字母信息必定有某种程度的对应关系。因此，拿到密文字母以后，通过精心设计的规则，是有可能从仔细炮制的表格中一个个"查"出正确的明文字母的。

而在炮制这张表格，也就是构造字母对应关系时，诺克斯可谓是费尽心机。他必须把 Enigma 各转轮的内部连接全部搞清楚，在此基础上才能进行查对式破译，正如我们所知道的那样，想搞清楚这个内部连接关系，那还真不是一般的麻烦……好在，一旦整理出来，表格中的 Rod 们就可以被派上用场，用来攻击密文了。比如，字母 T 和 M 分别位于某两个横行的相同位置上，并在适合的机会被匹配在一起，组成了一个 Rod。那么如果密文字母是 T，则明文字母很可能就是

---

① 对它有兴趣的朋友，不妨按照弗兰克·卡特尔（Frank Carter）的讲述，来理解 Rodding 的原理：
除了机器的右轮和反射板之外，忽略 Enigma 的其他部分；
在脑海中建立两个叫"盘子"（Disc）的虚拟概念，其中一个叫"虚盘"（Imaginary Disc），一个叫"固定输入盘"（Fixed Entry Disc）；
设想右轮被夹在虚盘和固定输入盘之间；
按照 Enigma 的内部加密流程，设想字母信号经过固定输入盘流入右轮，再流入虚盘，然后被反射板反射回虚盘，再经过右轮，最终回到固定输入盘；
找出右轮与虚盘的字母对应关系；
找出转动的右轮与虚盘的字母对应关系；
将所有对应关系列入一张大表，其中，横坐标是固定输入轮的位置，纵坐标是虚盘的字母连接点，横纵坐标交叉点则是在固定输入轮在此位置时，与虚盘特定字母连接点相接触的右轮上的字母连接点；
位于任意两个横行同一位置的那两个字母，被称为一个 Rod，因此，对这两个横行而言，就包含了 26 个 Rod；
以 Rod 为分析单元，对比密电，一旦特定位置的密文字母与特定 Rod 中的某一个字母对应上，则这个 Rod 中的另一个字母很可能就是明文字母。
以上为分析右轮时的方法；分析中轮、左轮的方法也一样，只不过要分别更换为相对应的大表，在此基础上，还要考虑到进位的影响，使用正确的横行来构造匹配的 Rod。

M；如果验证的结果并非如此，那就一定是被匹配的两个横行选择错了。如此一个个字母搞下去，整篇密文就可以被成功地解密了——思路很漂亮，不是么？

当然，说起来很简单，实际操作却很繁琐。比如，什么叫"适合的匹配"？表格中一共有 26 行，任意两行都可以组合并提供 26 个完全不同的 Rod，如果选错了行，那么 Rod 只会给出错误的结果。因此，该怎么选择适合匹配的行，也是有规则的。此外，转轮组的运行有其特殊规律，比如进位。而就在分析进位现象时，一个新的现象出现了。

如我们在上文中介绍的那样，雷耶夫斯基观察到，德军电文的头 6 个字母，由于是对三字母的指标组重复加密而来，因此存在深层次的字母对应关系。正是在波兰老师的启发下，诺克斯在有着四个转轮的 Abwehr Enigma 身上，也发现了类似的特点。由于指标组的每个字母都表示着一个转轮的设定位置，因此四转轮的 Abwehr Enigma 的指标组，就被加密成了 8 个字母。波兰人发现三转轮的 Enigma 机的头 6 个字母里，第一和第四、第二和第五、第三和第六个字母可以拿来构造字母循环圈；相应地，Abwehr Enigma 密文的头 8 个字母中，第一和第五、第二和第六、第三和第七、第四和第八个字母，这些距离为 4 的字母对们，也成为了诺克斯仔细研究的对象。下面，我们就简单描述一下他的发现吧。

选定一份密电的八字母组，确定某个位置组合，比如，第一和第五个字母。他先把第一个字母记下来，比如是 T，然后把第五个字母记在后面，比如 X。这样一来，就可以写成

TX

然后他观察当天其他的密电。好在那个时候（1941 年 8 月至 9 月），每天 ISK 大概都能截获 20 份甚至更多的 Abwehr Enigma 密电，这样就有了比较充足的材料。刚才，他记下了第五个字母是 X；现在，他就要找另一份密电的八字母组，要求它的第一个字母是 X。找到以后，依然按照第一和第五个字母的对应，把这第二份密电的第五个字母记录下来，比如是 B。这样一来，就成为

TXB

如此类推，继续检查第三份、第四份……直到将这个"TXB……"的字母链一直延长下去。将第一和第五个字母的字母链整理完毕后，再整理第二和第六、第三和第七、第四和第八个字母的字母链。诺克斯对着这些很有波兰人"字母循环圈"感觉的字母链反复研究，最后，还真被他找到了一个很有意思的发现。

诺克斯发现，如果两个字母链是"相邻"（比如第一和第五、第二和第六字母链）而且"相关"的，同时将后一个字母链的字母分别以 QWERTZU…顺序错动一位予以替换的话，那么就有很大的可能性，可以直接生成前一个字母链！

QWERTZU…的顺序，正是 Abwehr Enigma 转轮的步进顺序；换句话说，就

是正常工作（旋转）时，转轮将依次到达的位置。而从多份密电"无规律"的八字母组中，按首尾相连的方式构造出的两个不同位置的字母链，怎么会呈现出这种匪夷所思的"相关"现象呢？

这事情也太邪门了——换言之，一旦它们符合某种要求，那么此时整个 Enigma 的复杂加密机制似乎突然就"不存在"了；只要这两条字母链"相关"，那么基本上就可以认为：无论当天密钥是什么（也即无论转轮的排列和设置具体是什么），也无论操作员选择哪些字母作为指标组，它都将在 QWERTZU……的错动折射下，互相映射出彼此的真身！

本来是雾障重重的铜墙铁壁，在那个时刻，莫名其妙地就变成了一块晶莹透明的玻璃！如果说这样的事情还不怪异，那真是有点见鬼了——那么，这个规律到底是什么，这个现象又为什么会产生呢？

我们说诺克斯聪明绝顶，那真不是吹的。他几乎立刻就判断出了这个现象的成因：不是别的，正是因为出现这个现象时，Abwehr Enigma 的 4 个转轮和反射板同时都在旋转！

我们知道，转轮组和反射板之间的连线关系非常复杂，一旦转起来更是令人头大；但是事情都是有例外的，这些复杂的连线关系，有时候也会变得极为简单——想像我们拿着一个手电筒，然后握着它旋转，也许多少就能明白：不管转轮组内部和转轮组-反射板的连线关系如何，当它们整体步调一致地旋转一格时，旋转之前连通的那条电路一定还是原来的走向，只是最终对应的字母移动了一位而已。

因此，在 4 个转轮和反射板同时旋转前的那个位置，它们生成了前一个字母链；紧接着它们就发生了同步旋转，又生成了后一个字母链。这两个字母链当然不该有什么不同，非要说不同，那就是它们的字母位置顺序应该正好差一位！而如果把这样两条字母链上下并排对比，我们不难发现一个现象，那就是所有的字母都向右下方"爬"了过去。详细描述起来比较费事，我们还是直接举个简单的例子吧：

```
前一个字母链  W E R T Z U I O A S D F G H J K P Y X C V B N M L Q
              \ \ \ \ \ \ \ \ \ \ \ \ \ \ \ \ \ \ \ \ \ \ \ \ \
后一个字母链  Q W E R T Z U I O A S D F G H J K P Y X C V B N M L
```

如前文所列举的那样，诺克斯本来就爱给一些没有名字的概念命名，这次当然也不例外。对于这些"斜着移动的东西"（things moved slideways），他给起了一个非常贴切的名字：螃蟹（Crab）。

注意，这里的"螃蟹"可不是"栅栏"（Crib）；Crab 与 Crib 虽然拼写近似，也都是庄园密码分析专家制造的术语，但前者描述的是 Abwehr Enigma 在加密时出现的一个特殊现象，后者则是指在进行猜测式明文攻击时，专门构造的可疑明文——这一点，还真是很容易混淆。

接着说我们的螃蟹吧。这只螃蟹非常重要，因为它实际上已经消解了 Enigma 的庞大变化可能：既然知道它会 45 度斜着往下爬，那么它的"行踪"当然也就可以预测了。事实上，由于螃蟹的帮助，选择匹配 Rod 的工作就简单了很多，而明文，也就可以很方便地从表中"读"出来了！

对于这个重大的发现，诺克斯的徒弟特温给予了很高的评价（括号内为特温原话）：

从那以后，处理过程就变得很快（尽管还有一大堆不得不用常规方法解决的问题），定期破译 Abwehr Enigma 密文，也终于成为了现实。

只可惜，如此"优美"的螃蟹不是什么时候都有的。如诺克斯判断的那样，只有 4 个转轮和反射板都在转的时候，螃蟹才能产生；这就是说，除去右轮是靠输入员手工输入直接驱动的以外，同一时刻，其他 3 个转轮必须都在步进。从本书第五章的详细介绍中我们可以知道，这就意味着除去无可进位的最左边的那个转轮以外，其他 3 个转轮都在进位（而不止是步进）！

而一般来说，Enigma 上的转轮，只有一到两个进位点。这就是说，一个转轮转上一圈走了 26 个位置，最多进位一到两次；而要几个转轮同时发生进位，这现象实在也太罕见了——幸运的是，Abwehr Enigma 本身就是 Enigma 大家族中的不折不扣的变态。它的不同转轮上，分别有着 11、15、19 个进位点；如此疯狂的进位设置，逼迫着整个转轮组加密不了几个字母，内部就已经进位得沸反盈天了。在这个基础上，要找到 4 个转轮同时运动的时刻，相对而言可就容易太多了。

其次，要想让螃蟹诞生，还非得有反射板的同步旋转来配合——而变态的 Abwehr Enigma，它的反射板确实也能旋转！

没话说了——天作之合，天作之合啊……

不过，这个螃蟹并不稳定。按说，只要 4 个转轮和反射板一起转，就应该能找到螃蟹；但在理论上，完全可以出现这么一种现象：虽然 4 个转轮和反射板确实都同时转得不亦乐乎，但是无论如何也看不到螃蟹的足迹。

诺克斯不愧是密码分析专家，居然成功地预言并抓到了这个变种螃蟹。其实，它还是有螃蟹的特征的，只不过字母之间的距离不再是 4 而已；而且这种现象相对很少，属于螃蟹现象的一个特例。不过在诺克斯看来，即便是特例又怎么了？特例就不该有个正式名字啦？

不用说，他的"起名瘾"又犯了。这回，他给变种螃蟹起了个新名字："龙虾"（Lobster）。

对此，他老人家的解释是：龙虾，就是半个螃蟹（half a crab）嘛！

……

在螃蟹和龙虾们的配合下，Abwehr Enigma 被算计得一塌糊涂；庄园里的姑娘们也在诺克斯的率领下，不厌其烦地使用着 Rodding，破解着一封又一封的军事情报署密电。这里也多说一句：诺克斯对 Rodding 确实很保密，但这个保密的对象中，不包括自己的这些手下。毕竟，要是不把招数传给她们，光靠他诺克斯自己，那是永远也做不完那没有尽头的对比、排除、再对比、再排除的琐碎工作啊。

不管怎么说，诺克斯的办法之牛，也确实令人大开眼界。从道理上讲，只要拿着方格表，对照着密电，然后左比比右瞄瞄、时不时做个记号，再打点小草稿，就完全可以连"读"带"猜"地一个个还原出明文字母，从而完成整个密电的破译。这种只用纸和笔就能对转轮组进行解构的方法，确实是非常之酷——以至到了今天，当我们按照 Rodding 的专题介绍，一步步重演他老人家 70 年前使用过的招数时，我们甚至可以不断地感受到某种来自"更深刻智慧"的震撼，乃至不断地拍案叫绝！

以时下某些流行的密码题材的文学作品的说法，破译密码是魔鬼的工作。此话也许在精神层面上有一定道理，但是从诺克斯的表演中，我们却看不到什么魔鬼的张牙舞爪，而是一个顶级的智慧天使在他自己的密码花园里悠然起舞——而舞姿的这份赏心悦目，也实在是令人叹为观止！

不过，我们也要公允地看到，Rodding 也确实存在着相当的局限性。它在对付缺乏连接板、转轮又喜欢胡乱进位、反射板也不老实的 Abwehr Enigma 时，整个操作可以说如庖丁解牛一般痛快；但是当它面对其他相对而言"正常"一些的 Enigma 时，这些招数就不灵了。即便是对 Abwehr Enigma 的破解，Rodding 也不是万能的，也必须时刻随着敌人的变化而变化。特温就感慨地回忆道：

> 我们基本延续这种破译方式，一直到战争结束。实际上我们总是生活在刀锋边缘，因为德国人任何小的修改，都可能让我们的成功溜走。

总之，诺克斯的办法更多地来自第一次世界大战时破译对手密码的经验，以及对 Enigma 加密本质的深刻理解，而不是从更高的地方俯视下来的结果。因此，他的办法即便总结为数学方式，也无法简单地以变形的方式去适应所有机型的破解。正是因为这一点，在密码分析学界正在掀起数学狂潮的时候，诺克斯面对后辈的成功，也只能望洋兴叹了。

更不幸的是，诺克斯的健康也出现了问题。1942 年，他被检查出了淋巴癌，并住进了医院。在病床上，诺克斯依然在关注着对 Enigma 的破解进展。1943 年 2 月 27 日，病魔终于彻底击败了 59 岁的诺克斯。这位性格古怪的语言天才、智力超人、密码分析大师，最终还是没有能够看到 Abwehr Enigma 密电被彻底干掉的那一天。

图 109 诺克斯先生素描像

本图扫描自《Enigma：The Battle for the Code》，原作者 Hugh Sebag-Montefiore

或许，对于这位毕生都在从事密码分析工作的诺克斯来说，这样的结局也算是一种幸福吧——而他在离开人世的时刻，看着后辈们仍然在使用着他发明的方法对抗着来自纳粹的密码，我想，他不仅会很欣慰，而且也会为自己骄傲的。

一定会的。

八、科学英雄：图灵

（一）天才诞生

就这样，经过波兰人和英国人的不懈努力，也多亏德国人在使用时的愚蠢鲁莽和漫不经心，Enigma 这个貌似强大的加密魔盒，也终于呈现出越来越多的漏洞；而全面破译 Enigma 的重大胜利，似乎就在眼前了。

但是，由于机器原理在当时足够先进，使得 Enigma 在面对这些来自敌方和己方的双重威胁时，竟然也还能一直摇摇晃晃地支撑着。至于整部直接建筑在它上面的德国军事机器，更是大展身手：

0 日，也就是 1939 年 9 月 1 日，裹挟着 160 万纳粹德军的黑色箭头开始插入波兰领土；

+15 日，德军第八集团军已经兵临首都华沙城下；

+16 日，波兰政府取道罗马尼亚和法国，最终亡命海峡那边的伦敦；

+27 日，首都华沙被攻陷，12 万残存的波兰军队投降，波兰灭亡。

一时间，纳粹军队天下无敌的神话飘散到了整个世界。看着已经出笼的纳粹猛兽正在疯狂地撕咬着欧洲的肌体，庄园内的破译专家们心急如焚。随着战火骤起并愈燃愈烈，英国每天截收到的德军电文数量也开始直线上升，而依照诺克斯的办法，也就是手工分析并破解，已经很难再应付了。何况，他的办法虽然可以破译 Abwehr Enigma，但是面对其他更多型号的 Enigma，却仍是一筹莫展——所有这一切，都在呼唤更强有力的破译方式！

就在这时，真正的天皇巨星冉冉升起了。如果说，上帝曾经赠送给波兰人两份礼物的话，那么现在的英国也收到了一份：一位 27 岁的年轻人，当仁不让地走上了历史的舞台。他，就是我们整个故事中，第三位应该获得花环的阿兰·图灵（Alan Turing）。

图 110　图灵

毫无疑问，图灵是个极为聪明的人，而且看来似乎还有点儿遗传因素——他的爷爷约翰·罗伯特·图灵（John Robert Turing）就有着剑桥大学三一学院的数学学位，而且当年成绩相当不赖，在同届毕业生中排名第 17。到他父亲朱利叶斯·麦西森·图灵（Julius Mathison Turing）时，数学天分似乎不见了，倒改拿了个牛津大学的文学和历史学位。他是个公务员，在英国的殖民地印度公干过一段时间。就在那里，图灵被孕育出来，而为了让小图灵能够有个比较好的生活环境，他父亲和母亲商议之后，决定回英国生下他。

1912 年 6 月 23 日，图灵在伦敦西部的帕丁顿降生。额外提一句，放眼东方，就在 7 天以后，日本的明治天皇去世了，所谓的"明治时代"也从此彻底终结。

不得不承认，图灵的确是天赋异秉。他自己说过，小时候为了识字，曾经用了 3 个礼拜读完了一本叫《Reading Without Tears》的书——那意思，大概是读完了就基本识字了，而这份语言才能，估计是他爹的遗传起了作用。同时，他又很喜欢和数字打交道，以至于走在街上，在每个路灯下都要停一下，去检查一下该路灯的编号——这一点，大概就是他爷爷的遗传了。不过，小图灵也依然会被一些别人不当回事的问题所困扰。比如左右，他就分不清楚，结果只好偷偷在左手大拇指上画个红点，自称"知道点"（the knowing spot），以此来解决由方向带来的麻烦。

从他 6 岁上学起，图灵就逐渐显露出他在数学和逻辑方面的天才。不过一直到 1926 年，他到外地上中学的第一天，一件事情才真正让他出了名。说起来也真是命运弄人，这一天几乎是百事皆宜——比如适合罢个工啥的，却唯独不适合远距离出行，因为各种长途公交车辆都趴窝不出来了。换是别人，这天大概也就在家睡懒觉了，什么时候有车了再去也不迟啊：从家到学校，足足有 90 多公里远，没有车，还能有什么办法？

别人没有办法，图灵有。他的办法也很简单，就是骑上自行车，以 14 岁的少年心性，悍然踏上了漫漫求学路。等到他到了学校以后，消息理所当然地轰动了正忙着报道罢工事件的媒体，图灵就这么上了当地报纸。只是他对那些浮夸的热闹不感兴趣，一时的喧嚣很快就过去了。

来到学校以后，图灵的感觉并不太好。这所中学是那种出了名的贵、出了名的传统的学校，老师们更喜欢讲授古典作品；而这些，图灵并没有什么兴趣，因为他喜欢的是自然科学。大概是表现得太过明显了，甚至校长都给他的父母去信，认为让图灵在学校待下去纯粹是浪费时间，如果他们的儿子果真是一位科学家的话。可是图灵心无旁骛，继续研究那些他喜欢的难题。1928 年，他研究了爱因斯坦对牛顿运动定律的质疑；而这时候才 16 岁的图灵，不仅仔细思考，还继续外推了这个问题。

与此同时，他的情感之花也首次盛开了。他默默地爱上他的一个同学，名叫克里斯多夫·默克姆（Christopher Morcom）。两个人都喜欢科学，一直是非常好的朋友。一切都很好，除了"默克姆是个男孩"这一条以外……

我们知道，这种情感在今天仍然属于异类，更何况是在 70 多年前的英国，更何况是在那个以保守和传统出名的中学里。图灵也很清楚这其中的利害，他并没有把自己对默克姆的爱慕倾诉给对方。如果历史真的能够按照图灵所愿意的方向继续发展下去的话，那么大概也没有人会知道最后会是什么结果了。但是一切很快就结束了，起因却不过是一杯牛奶。正是这杯产自病牛的牛奶，让默克姆患上了当年极为致命的牛型肺结核，尔后很快，就因为这个意外告别了人世。

图 111　还是中学生的图灵　　图 112　他的心灵伴侣默克姆

单相思破灭的图灵，就这样遭到了人生第一次惨重打击。由于默克姆生前已经获得了剑桥大学的奖学金，于是图灵发奋学习，也把剑桥大学当作了自己的目标。他写信给默克姆的母亲，要来了一张默克姆的照片，贴在自己的书桌前，以此激励自己。1931 年，19 岁的图灵如愿以偿进入剑桥大学学习，4 年后的 1934 年，又以极为漂亮的成绩毕业并留校。而这时，图灵并不愿意去做他自己毫无兴趣的古典研究，因此失去了剑桥大学三一学院的奖学金，只能到自己的第二志愿——剑桥大学国王学院，继续他热爱的工作。

是金子，到哪里都要发光。进入国王学院的第二年，图灵就因为一篇论文初

图 113　1933 年，时年
22 岁的图灵

出茅庐、声名大噪。在这篇论文里，他对高斯函数的错误进行了详细论述，也因为这篇论文，他被破格推选为剑桥大学国王学院的会员——跟我们上文提到的诺克斯一样——只不过，这一年他才 23 岁！据说，为了这个极不寻常的事件，学院还专门放了半天假以示庆祝。

次年，图灵再接再励，又发表了一篇超一流的论文，从此奠定了他在数学界的地位。为了说清楚是怎么回事，我们不妨把话题暂时往前扯几年吧。在从前，数学家们头脑里一直有个感觉，那就是针对任何一个数学命题，必然可以证明它是真的，或者它是假的。很多数学家一直在为证明这个感觉而努力工作，他们提出了种种论证方法，但是总不能尽如人意。最终，杰出的奥地利数学家库尔特·哥德尔（Kurt Godel）提出了一个巨牛无比的定理，直接推翻了数学界中这一似乎"天生合理"的感觉。而这个定理，也就被称为"哥德尔不完备性定理"。

稍细一点来说，哥德尔定理实际是由两个不完备定理组成的：

对每个丰富而可靠的数学形式系统 S，第一，在 S 中存在既不可证也不可否证，即不可判定的命题（第一不完备性定理）；第二，在 S 中不可证 S 的一致性（第二不完备性定理）。

这两条定理理解起来其实非常困难，没有足够的数学和逻辑基础，我们也只能是外行看个热闹而已。但是数学家们不是外行，他们马上就发现，哥德尔不完备性定理属于横空出世的那种全新的东西，它实际上是在说：数学不但是不完全的（incomplete），而且是不可完全的（incompletable）——于是，多少年来人们试图构造"完美"的"全部数学的形式公理体系"的徒劳梦想，就此被彻底粉碎。

而这样的不完备定理，究竟又给数学界带来多大的震撼？也真是一言难尽啊。详细说明太长，或许我们只要举出几个人名就够了，他们就是超级数学泰斗：

贝特兰·罗素（Bertrand Russell）

阿尔弗雷德·怀特海（Alfred Whitehead）

路德维希·维特根斯坦（Ludwig Wittgenstein）

大卫·希尔伯特（David Hilbert）

及著名数学家

　　布劳威尔（L. E. J. Brouwer）

　　哈恩（Hans Hahn）

　　卡尔纳普（R. Carnap）

　　……

而这些牛人们的相关研究和论断，现在都被哥德尔不完备定理打翻在地了……

图 114　库尔特·哥德尔
当然，这是老了以后的模样

图 115　虽然年纪大了，但是依然可以呈现出比较高深的造型……

从单纯的数学角度看，哥德尔定理彻底推翻了前人的错误，订立了新的标杆。而它又被引入哲学及更广泛的领域，成为了一个人类理性思维的里程碑。远的不说，哥德尔这篇一战成名的划时代论文，即《论〈数学原理〉及有关系统中的形式不可判定命题（I）》（*Uber formal unentscheidbare Satze der Principia Mathematica und verwandter Systeme, I.*），在 1931 年 1 月发表了。如我们所介绍的那样，它理所当然地轰动了整个数学界。一时间，受他论文的启发，各种新论文层出不穷。这其中，图灵对哥德尔理论的进一步扩展和阐述，则达到了又一个令人叹为观止的高峰。

1936 年 5 月 28 日，图灵发表了他一生中堪称最为重要的论文《论可计算数，及其在可判定问题上的应用》（*On Computable Numbers, with an Application to the Entscheidungsproblem*）。

> **1936.] ON COMPUTABLE NUMBERS. 255**
>
> unless $y_n = 0$ or $y_n = 1$, in either of which cases $a_n = 0$. Then, as n runs through the satisfactory numbers, a_n runs through the computable numbers. Now let $\phi(n)$ be a computable function which can be shown to be such that for any satisfactory argument its value is satisfactory‡. Then the function f, defined by $f(a_n) = a_{\phi(n)}$, is a computable function and all computable functions of a computable variable are expressible in this form.
>
> Similar definitions may be given of computable functions of several variables, computable-valued functions of an integral variable, etc.
>
> I shall enunciate a number of theorems about computability, but I shall prove only (ii) and a theorem similar to (iii).
>
> (i) A computable function of a computable function of an integral or computable variable is computable.

图 116　该篇论文的手稿，现存于剑桥大学

这篇论文，直接奠定了他在数学界中的地位。在这里，我们姑且就用外行的语言简单地介绍一下它所阐述的内容吧。为了说明后面的问题，图灵化繁为简，首先引入了"虚拟机器"的概念。在他的设想中，这种可以进行特定计算的虚拟机器，不是一个，而是很多个，每个作用又不相同；比如有的用来做加法，有的则专攻减法，总之功能是五花八门。在此基础上，设想有无限个但"可数"的虚拟机器，并分别用自然数予以命名，比如 1 号机器、2 号机器等。现在，我们假设 1 号机器专做加法，2 号机器专做减法。那么，在需要做加法时，就使用 1 号机器，输入适合的加数和被加数，然后观察结果——当然，如果我们的运算还需要使用其他机器，比如 2 号机器乃至 N 号机器时，也都是这么用。

　　然后，图灵明确指出，理论上存在着这样一台超级虚拟机器，即所谓的"万能机器"，可以不断通过改造它的内部结构，达到模拟任意一台虚拟机器的目的，进而完成各种复杂的工作。例如，当我们需要做加法的时候，这台万能机器就可以模拟为 1 号机器，做减法时则模拟为 2 号机器……以此类推。关于这台"万能机器"的设想，确实是很是令人神往，但它还只是一个理论上的存在；而且图灵的论文也不是为了证明，世界上的确就有这么一台万能机器。按他的论证，即便真有这样一台"万能机器"，它也照样会有个过不去的坎儿。具体来说，如果人们提出了某个需要计算的具体问题，也设定好需要被模拟的"虚拟机器"对象以后，这台万能机器是不是就总能得出最后的结果呢？

　　图灵证明，未必。换言之，一旦机器计算出最终结果，就将自动停机的话，那么针对某个问题，根本无法预言万能机器是不是最终必然停机——而这，就是著名的"停机问题"。这个停机问题，实质上就是以西方人擅长的打比方的办法，来阐述哥德尔不完备性定理的一个例子。它其实是在说，"是否肯定会计算出结果"这个命题，本身就是"不可判定"的。

　　如果这篇论文仅此而已，图灵的想法虽然很有意思，也不过是进一步把哥德尔问题形象化而已。关键是，他的这个独出心裁的思路，也就是"通过对所有特定机器的模拟，来实现所有功能"的万能机器，实际上已经在数学上，构建了现代计算机的理论基础——这，才是这篇论文最最厉害的地方。今天我们看到这个想法，或许并不惊讶：它不就是一台电脑嘛，模拟器游戏玩多少年了，又有什么新奇的呢？可是我们不要忘记，在图灵的那个时代，不要说电脑了，就连大规模集成电路——不，还得往回退——那会儿，就连晶体管也还没诞生呢！

　　而这时候的图灵，还差 26 天才满 24 岁。说他是"天才"，当不是虚言！

　　之后的两年，也就是 1937 年和 1938 年，他大部分时间都花在了美国的普林斯顿大学，师从阿龙佐·丘奇（Alonzo Church）教授，并在 1938 年获得了博士学位。总的来说，这两年的学习时光对图灵来说是非常幸福的，倒不是因为课题简单，而是日子相对比较逍遥——大学对同性恋的态度相当宽容，即便他同时与几位男子交往，也不会遭到什么干预。除此以外，图灵的业余生活，应该说也过的不错。之后，他返回英国，继续在剑桥大学工作。

　　1937 年年底的 12 月 21 日，迪斯尼公司推出了有史以来第一部真正意义上的动画电影，当即轰动了全世界。几个月以后的 1938 年 10 月，剑桥大学也放映了这部电影。

　　或许是心地单纯的人都喜欢童话吧，图灵也跑去看了。结果，这部电影给他留下了极为深刻的印象，特别是片中巫婆把苹果泡入毒药那一段，图灵简直看得着了迷。

图 117   1937 年末上映的《白雪公主和七个小矮人》的海报

图 118   片中的那位老巫婆

以后很久很久，他都会情不自禁地复述老巫婆当时的喃喃自语：

Dip the apple in the brew

Let the sleeping death seep through

（苹果蘸毒

让死之沉睡渗入）

还别说，这两句话确实是朗朗上口，反复吟诵几遍，也真有些味道啊。

到了这时候，图灵那世外桃源般的生活，也已经发生了变化。一个月以前的 1938 年 9 月，由于在数学方面出类拔萃的建树，他自然而然地被政府密码学校盯上了，而他也答应利用业余时间，从事一些相关工作。

图 119　1939 年夏天，图灵和朋友正在享受战前最后的悠闲暑假

本图扫描自《Alan Turing：The Enigma》，原作者 Andrew Hodges

时间一掠而逝。

随着纳粹的炸弹在波兰境内炸响，二战爆发了。就在开战的第 4 天，也就是 1939 年 9 月 4 日，图灵正式加入了庄园，开始全身心投入密码破译工作。

随着这个 27 岁的年轻人的到来，整个密码分析学的手段，即将发生质的飞跃了。

（二）神奇的"图灵机"

我们说过，Enigma 已经实现了密码编码的机械化。从这个意义上讲，针对 Enigma 的密码分析，使用机器，当然要比"纯粹依靠手工"更加符合对抗的逻辑。前面我们提到，波兰人已经发明了 Bombe，但是由于资金和技术的问题，没有能够跟上 Enigma 系列的不断升级，最终只得抱憾而停。

而现在，英国人已经看见了一丝新的曙光——无论是图灵的研究对象（那些可灵活组合，发挥不同功效的"图灵机"），还是他的研究思路（计算的机械化），不都是破译 Enigma 最需要的么？

老实说，图灵如果继续留在大学里，或许会研究出很多理论性很强的成果；但在政府密码学校，他的特长却可以让他在实践方面大放异彩——其实，在庄园里各行各业的专家群里，怕是没有比图灵更加"专业对口"的了。而机会只也留给有准备的人，此话真是一点不假：当历史性的机会摆在图灵的面前时，他还真是成功地抓住了它！

图灵仔细分析了波兰人的 Bombe，从中得到了相当的启迪。

破译 Enigma，难就难在它是复合加密，也就是转轮组和连接板的双重加密。因此，破译的大前提就是必须想办法把两次加密拆开，分别对待。为了达到这个目的，波兰人雷耶夫斯基的办法是：

1）收集德军电文报头的 6 个字母（也就是指标组），来构造相应的字母循环圈（其中内容，请参见第三章及第五章）。

2）尔后构造群论方程组，消除掉连接板的影响。

3）在此基础上，利用 Bombe 对转轮组进行穷尽暴力破解。

4）利用其他手段还原连接板的加密，最终实现对 Enigma 的整体破译。

而取前 6 个字母，根据是什么？

我们前文曾经提到过：电文前 6 个字母，是通过操作员任意选择的 3 个字母（也就是指标组），连续加密两次而生成的。这样一来，由于第一和第四、第二和第五、第三和第六个字母都是针对同样的明文字母加密而来，相互之间就有了"关联"，因此就能予以分析。只不过，波兰人的办法，确实还存在着两个问题：

第一，摒弃全文而只用前 6 个字母，从密码分析的角度看，是不是比较浪费"素材"？因此，是不是也在一定程度上加大了己方破译的难度？

第二，要是敌人报务规则改变，指标组不再连续加密两遍，这样的"关联"也就不存在了，到那时又该怎么办？

特别是第二点，可以说是雷耶夫斯基方法的最大漏洞。一旦德国人废弃了现有的报务规则，波兰人的 Bomba 将立刻陷入无码可破的境地——真是怕什么就来什么：一战爆发后不到 1 年，德军真的专门规定，指标组不再拍发两遍。

——波兰人的办法，果然就失灵了！

可是战火已起，英国人必须尽快击破 Enigma。现在，没有了报头那 6 个标志性的字母，难道就没有办法破译 Enigma 了么？为了解决这个问题，图灵试着重新追溯波兰人的思路，即寻找密文字母之间的"关联性"

↓

截取前 6 个字母，分别构造字母循环圈

↓

利用字母循环圈构造字母深层对应关系

↓

构造群论方程，排除连接板的影响，并计算最右边的转轮设置

↓

计算所有转轮的内部设置

↓

将所有字母循环圈对应的转轮设置情况，逐个列入表中

↓

根据截获密文的字母循环圈特征，按表查找转轮设置

↓

得到当天的转轮设置

↓

初步破解密文，并逐步恢复被连接板交换过的字母对

↓

密电被完全破译

　　显而易见，随着密电不再连续两次加密指标组，波兰人的办法，进行到第二步时就已经是无源之水了。但是，这是不是意味着后续的其他步骤，也就跟着全部失效了呢？

　　当然不是——不难看出，只要密文还是由 Enigma（包含反射板）生成的，或者说，这份密文依然是"自反"或者说"对合"的，那么，其中的字母循环圈法，就依然可以使用；而波兰人思路的绝大部分，也依然是适用的！的确，字母循环圈法作为一个分析方法，它本身并不在乎你取的是什么字母，只要有"关联"就成。而波兰人一时找不到、或者想不到有什么其他的"关联"，这才取了前 6 个字母。那么，密文中还有没有别的字母，可能有某种"关联"呢——恰如一道闪电，劈开了图灵的思维：就是啊，为什么非要只取前 6 个字母呢？

　　从理论上说，能想到这一点，确实是很聪明，但是如果仅此而已，图灵也说不上有什么过人之处。或许也有人早就想到这个问题，但是，"关联"啊"关联"，你到底躲在哪里呢？没人知道。

　　——而图灵，还就找到了这个关联！

　　为了说清楚，我们不妨把雷耶夫斯基的思路和图灵的思路做个对照：

	雷耶夫斯基	图　灵
目的	寻找关联	寻找关联
范围	前 6 个字母	全文
依据	相同字母经过两次加密	明文字母和密文字母必然一一对应
实质	密文 – 密文字母的关联	明文 – 密文字母的关联
方法	字母循环圈 + 暴力破解	字母循环圈 + 暴力破解
适用	旧规则 Enigma 电文	所有 Enigma 电文

从上表可以看出，图灵大大扩展了雷耶夫斯基的思路，关键就在于选取关联字母的范围从"密文 – 密文"，扩大到了"明文 – 密文"。也因此，图灵的方法，适用范围明显要广泛得多——毕竟，只要有"密文"，必定就会对应一份"明文"，不管德国人再怎么改变服务规则，这一点总不可能被改变掉吧？只不过，雷耶夫斯基的办法虽说相对狭隘，"素材"的获得却也不难，只要能清楚正确地截收到电文，就必然可以获得所需要的密文字母；而按图灵的办法，又到哪里去找那些特定而"有关联"的明文字母呢？

是啊，本来破译的目的，就是从密文中恢复明文，现在却反而要以明文为基础去"配套"密文，之后再以此为据脱出明文——如此行事逻辑，是不是太混乱了点儿？

一点都不混乱。关键是，这里所说的"以明文为基础"，实际上并不是立足于真正已经破译出来的明文，而是猜出来的"明文"！

举例而言，在某段时期内，布莱奇利公园几乎每天都能截收到一份很短的电文，而这样的电文，大部分的长度都是基本相等的。从道理上讲，能够天天截收到长度大致相当的短电文，这本身很可能是一种巧合；但是更巧合的是，这样的短电报还有个共同特征：都是于每日 06 时 05 分拍发的！负责对截收电文进行初步整理的工作人员玛格丽特·罗克（Margaret Rock），非常细心地注意到了这个问题，并产生了极大兴趣：什么电报会在每天清晨准时播发一次呢？

很快她就猜出了正确的答案——这不可能是别的，只能是包括天气预报在内的气象情报！

在这里，我们也多说一句吧。玛格丽特·罗克不仅正确判断出了例行短电报的属性，还以她的细心，为庄园又立一功。经过她的仔细观察，这些天气预报的报文还有个特点，那就是在全文的倒数第 5 至倒数第 15 个字母之间，几乎就从来就没有出现过字母 X。

我们知道，一份两份电文，特定位置不出现 X，可能是巧合，但所有电文都这样，岂非有诈？

密码分析，果真应该是聪明人的专利——她很快就判定，正是由于 Enigma 不可能把字母 X 加密成同样的密文字母 X，因此，在密电中的这些位置总也不出现 X，肯定是因为明文中出现过 X！稍微详细解释一下就是：Enigma 由于有反射板的存在，不能把明文字母 X 加密成密文字母 X；如果在明文中，额外掺杂了相当数量的字母 X 后，那么经过 Enigma 加密后，这些 X 当然就通通被转换成了其他密文字母。这样一来，按照总体分布规律统计，出现字母 X 的几率，也就当然明显低于正常密文了。

那么，德国人为什么要在文电末尾加上一大堆 X 呢？玛格丽特·罗克断定，这绝对是对手的花招，他们在文电末尾特定位置加上数量不等的字母 X，目的就是为了打乱字母分布频率，进而迷惑试图解密这些电文的人。果真如此的话，这些位置上的明文字母，就有很大的可能通通都是 X。因此，德国人实际上是在告诉对手，在"密钥＋指标组"的当前设定下，同样的字母 X 会分别被同一台 Enigma 一个个加密成什么样——不用多讲大家也一定能体会到，这些倒霉的 X 们会给 Enigma 带来怎样的灾难！而事实证明，她的判断完全正确。据此她乘胜追击，顺利地破解了拍发该电文时的 Enigma 转轮内部连线设置，而这个连线的具体细节，当时庄园还不知道。

就这样，"06 时 05 分"、"短电文"、"特定位置不出现 X"这三个貌似无关的特征，居然也会成为盟国击破 Enigma 的一件利器——这段故事至少能给我们两点启示：第一，细心、再细心一些，也许就会获得意料之外的回报。第二，在智力的竞技场上，性别肯定不是最重要的问题……

现在就让我们来看看，一份已知是气象情报的电文，会对破译 Enigma 起到什么样的帮助作用吧。我们可以设想一下，在这气象情报中，除去地点和时间以外，最重要的无非就是几个指标：

阴晴天候

云量情况

风向风力

气温变化

此外，在特定海区气象预报中，可能还会有海水水温及风浪情况等。稍微想想就会发现，这些指标的变化幅度一定非常小。比如气温，顶多顶多也就是从零下几十度到零上五十度——而这已经涵盖了从 U 艇出没的北冰洋，到北非军团鏖战的热带的所有可能气温——全部加起来，最多也就是 100 种左右的变化。而且，让破译人员松了一口气的是，德国人采用的是分区播报。毕竟，对于在斯大林格勒的冰天雪地中奋战的东线德军来说，他们根本就不关心北非军团所需要的撒哈拉沙漠气象情报。如此一来，每个分区内的气温变化幅度，必然还要大大缩小，说到底，世界毕竟还很少有那种全年温差可以达到 100 度的地区吧？何况，同一个地区连续两天的气温变化，一般都不可能超过 30℃，即便超过了，其幅度也必然不会大的离谱。这一切都告诉我们，对于气温这个指标来说，可能产生的变化不会太大，特别是对同一地区的连续监测，结果就更是如此。

而诸如阴天还是晴天、多云，下不下雨、雪，几乎都只有个位数的变化可能；再考虑上风力和海浪情况，即便是分了级，各自一般也不会超过 20 种变化情况。总之，气象情报由于其本身性质，连续监测后，必然会成为一种各指标数据大量重复的明文。这就是说，气象情报电报本身，正是最容易导致"明文泄露"的一种文本，因为它的明文是最容易被"猜"出来的！反观当年为了战争需要而发明了这个新招的德军，却还远远没有认识到它对密码安全的危害。确实，到底是新生事物嘛，想不周全也是情理之中的——只不过那句"凡事有利必有弊"，套用在这里可就真是太准确了。

从密码分析的角度，我们至少可以从 3 个层次，对气象电报进行破解。

1）统计学破解：由于明文里面涉及的数据翻来覆去就是那么多，还要按照规定的顺序陆续出场，这本身就是一个漏洞。

2）比照式破解：如果能够知道这样的气象情报是面向哪个地区的，破译方就可以使用自己对该地区的相应气象情报，进行比对，进而实现在"大致相同明文"基础上的密文对照分析。

3）猜测式已知明文攻击：根据经验猜出密电里说的是什么，然后以此为根据去试探性地分析密文，寻找"猜出的明文"和密文之间的关系，在不断试验排除错误猜测的基础上，达成对密文的破译。

这最后一种办法，不仅适用于气象情报密电，也适用于能够大致估计出明文部分内容的各种密电。这一招，在分析密电格式相对死板的德军电文时，更是有着不可估量的价值。至于德军电文格式存在的具体问题，本书第五章会专门予以阐述。

而图灵的办法，正是立足于这第三种办法，也就是"猜测式已知明文攻击"。这个思路，图灵早在 1939 年夏天，还没正式到布莱奇利庄园上班时就产生过。现在，我们就以气象情报密电为例，来做个说明吧。

在这一类的密电中，为了标明本身的属性，很有可能会在电文中出现"天气"这个词，特别是自己还没有想到气象情报本身正是泄密途径之一的时候。而在德语中，"天气"对应的单词是"wetter"——OK，一切就从这个 wetter 开始好了。以下为一个虚拟的例子，假设我们在 06 时 05 分截获了一份电报电文：

> QPLUD OETQW KYOFI XZMDF ……

我们已经知道它是天气预报密电。通过详细观察这份电文，以及大量的不同日期、相同时刻截收的其他电文，我们很有可能发现这些电报有一个共同特点：那就是从第 7 个字母开始，到第 12 个字母为止，从来不会出现以下字母（请特别注意，这里是虚拟例子)：

第 7 个字母：从来不出现 W

第 8 个字母：从来不出现 E

第 9 个字母：从来不出现 T

第 10 个字母：从来不出现 T

第 11 个字母：从来不出现 E

第 12 个字母：从来不出现 R

这样一来，根据 Enigma 的加密特点，我们有理由怀疑：明文中的这 6 个字母，分别就是 W、E、T、T、E、R。

整理刚才的电文，即

假定明文：　　　　W E T T E R

密文：Q P L U D O E T Q W K Y O F I X Z M D F ......　　→ 可疑对应关系

开始构造字母循环圈，规则是：

1）从一个假定明文字母出发，连接它所对应的密文字母。

2）之后从密文字母出发，寻找在已对应字母之后位置的假定明文字母，如果有相同的，则予以对应。这个对应关系，应该尽量保证能以最短的对应次数，回到初始假定明文字母。

3）重复第一步、第二步，直到出现循环圈现象。

说起来比较容易糊涂，我们就实际操练一下吧。现在，假定明文字母是 W、E、T、T、E、R，对应的密文字母是 E、T、Q、W、K、Y。根据前面的规则，我们可以得到

第一步：

明文字母　W E T T E R

密文字母　E T Q W K Y

尔后，密文字母的 E，就可以和明文字母中的 E 对应上了，即

第二步：

明文字母　W E T T E R

密文字母　E T Q W K Y

按规则，再把明文字母 E 和它直接对应的 T 相连接，即

第三步：

明文字母　W E T T E R

密文字母　E T Q W K Y

从密文字母 T 出发，按规则应该对应下一个可疑明文字母 T，也就是第三

个明文字母；但是第四个明文字母也是 T，而且对应的是密文字母 W，有希望构成循环圈——因此，对应关系跳跃，直接对应第四个明文字母，也就是第二个 T。

第四步：　明文字母　W　E　T　T　E　R
　　　　　　密文字母　E　T　Q　W　K　Y

第五步：　明文字母　W　E　T　T　E　R
　　　　　　密文字母　E　T　Q　W　K　Y

第六步：　明文字母　W　E　T　T　E　R
　　　　　　密文字母　E　T　Q　W　K　Y

成功！经过 6 步操作，可疑明文字母和密文字母之间，终于呈现了"关联"！这就意味着，新的字母循环圈已经建立，即

明　密　明　密　明　密
文　文　文　文　文　文
W → E → E → T → T → W

从理论上讲，由于假定明文太短（才 6 个字母），可疑密文字母与这些假定明文字母之间，能够出现如此的对应关系的概率，其实并不大。但是，试着建立这样的对应关系，非常有助于图灵的思考，那就是把问题"逻辑化"。尔后，他的强项就开始闪光了。

严格来说，Enigma 属于"流式密码机"，也即流水般以字母为单位加密明文，一个明文字母，必然对应一个密文字母。这就意味着，在连续加密明文字母时，机器内部的转轮组必然是在加密前一个字母的位置基础上，又做了进一步运动的。那么，如果我们把转轮组加密某个明文字母 X 时的位置记做 P（X），则加密 X 后续的第一个字母（$X+1$）时，位置就是 P（$X+1$）。因此，上文对 6 个假定明文字母的加密时，我们就以加密第一个字母时转轮组的位置为 P1，下一个为 P2，如此类推，一直到最后一个字母为 P6。

对照上面的循环关系

　　　　　明文字母　W　E　T　T　E　R
　　　　　密文字母　E　T　Q　W　K　Y

将 P（X）的位置信息代入，则有

P1　P2　P3　P4　P5　P6

明文字母　W　E　T　T　E　R

密文字母　E　T　Q　W　K　Y

图灵毕竟是图灵，他马上把自己的拿手思路套了进来：这每一步，不正是一台"虚拟机器"——也就是"图灵机"——所能做的事么？而将 Enigma 的流式连续加密过程，分解为一步步的工作，进而引申成一台台机器的"独立工作"，正是图灵的天才所在；而事实也将会证明，这一步的飞跃是多么漂亮！

将 P（X）直接想像成独立的图灵机，则 P1～P6 就变成了 6 台图灵机，记做 T（X）。因此，我们刚才的 P1～P6，也就相应成为了 T1～T6。根据这个定义不难理解，不管怎么加密，T2 永远比 T1 更前进一个位置，而 T6 永远比 T3 更前进 3 个位置，即

T1　T2　T3　T4　T5　T6

明文字母　W　E　T　T　E　R

密文字母　E　T　Q　W　K　Y

到此为止，Enigma 的流水作业确实被拆开了，但是，这对破译到底有什么帮助呢？

——我们要说，图灵高就高在这里。看起来，似乎只是把 Enigma 的工序给分解了，但其实质，则是通过彻底打破"Enigma 加密是由一台机器完成的"这样的思维定势，而为后续工作的进行奠定了新的基础。顺着这条新思路，图灵的智慧也爆发了：既然是几台机器一起在工作，那么，把它们"连接"起来，又会如何？

——这个想法，实在是令人佩服得五体投地！

连接的办法并不难，说白了就是个串联；可就这么一串联，却导致了一个极为奇妙的结果。为了说清楚，我们不妨先简单回顾一下 Enigma 的加密流程：

输入明文字母 → 进入连接板 → *进入输入轮* → *进入转轮组* → *被反射板反射回来* → *进入转轮组* → *进入输入轮* → 进入连接板 → 显示为密文字母

我们将其中标记为斜体字的步骤做一概括，则整个流程可以简化为

输入明文字母 → 进入连接板 → ……加密…… → 进入连接板 → 显示为密文字母

对照我们刚才取得的字母循环圈，并标出操作中涉及的图灵机，可整理为

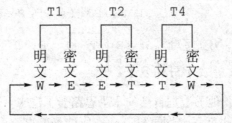

现在让我们化简一下，只考虑图灵机的串联关系。于是就又可以表示为

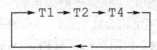

这样一来，在 6 台图灵机中，实际上我们只需要考虑 3 台，也即 T1、T2、T4 就足够了。对第一台图灵机 T1 而言，输入 W，输出 E，则

T1：W → 进入连接板 → 加密 → 进入连接板 → E

对第二台图灵机 T2，以及第三台图灵机 T4，有

T2：E → 进入连接板 → 加密 → 进入连接板 → T

T4：T → 进入连接板 → 加密 → 进入连接板 → W

其中，在 T1 这台图灵机中，输入字母进入连接板后，立即被连接板交换加密过一次，我们不知道是什么字母，先记为 C1；尔后又两次经过转轮组和输入轮加密，在即将回到连接板时，它究竟变换成了哪一个字母，我们也还是不知道，于是把它记为 C2。

我们再把被简化的过程展开，就是下面这个样子：

T1：W → 进入连接板 → C1 → 加密 → C2 → 进入连接板 → E

以这个思路，把 3 台图灵机 T1、T2、T4 串联。同时，我们还相应地把 T2 内的未知加密字母记作 C3、C4，而 T4 内的未知加密字母记作 C5、C6，则可以整理为

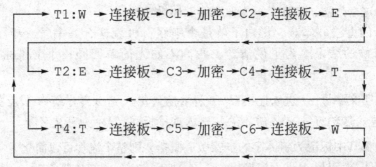

仔细看上面这张流程图，有什么问题么？不管怎样，建议大家不要着急看后面的分析，不妨自己思索一下，看看里面到底隐藏着什么关键情节？提示：连接

板设置，肯定是不变的……

好，我们继续分析。无论 T1、T2 还是 T4，它们所模拟的母体，都是加密同一电文的同一台 Enigma，所以这 3 台图灵机的连接板设置必然是相同的。进而，所谓的 C1、C2、C3、C4、C5、C6，也就是那些我们还不知道的字母，是可以拿来做文章的！

现在，就让我们从第一行的 C2 看起吧。在 T1 中，C2 经过连接板两两交换，被交换成了 E。既然连接板设置相同，那么在 T2 中，输入 E，经过连接板后当然会被还原成 C2。这就是说，C2 = C3；

同样地，在 T2 中，C4 进入连接板被交换成 T，在 T4 中，T 又被交换成 C5。因此，C4 = C5；

同样地，在 T4 中，C6 被交换成了 W，而在 T1 中又被交换成了 C1。因此，C6 = C1。

这么几个结果，又有什么意义呢？现在让我们仔细看这张表，为了清楚起见，我们把连接板命名为 K（X），并按流程涉及的先后编上流水号——虽然它们其实都是同一块板子：

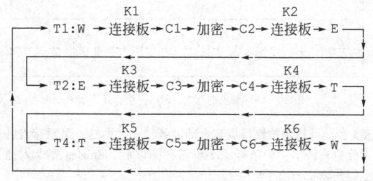

根据上文的结论，C2 = C3，这就意味着 C2 可以直接替代 C3 的位置，而 C2 和 C3 之间要经过两次连接板，即 K2 和 K3，现在可以被忽略掉了；

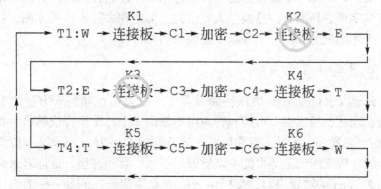

由于 C4 = C5，同样道理，K4 和 K5 也可以被忽略掉了；

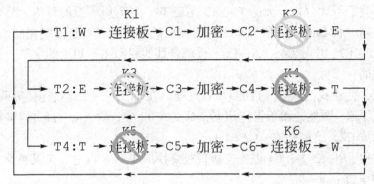

由于 C6 = C1，K6 和 K1 也被忽略了。其效果，大致如图 120 所示

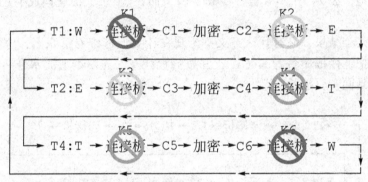

图 120　同样颜色的标志，两两一组，互相抵消

至此，3 台图灵机里的连接板被全部屏蔽掉了。而这，又意味着什么？实际上，它只意味着一件事：构造好了字母循环圈以后，Enigma 那令人挠头的连接板，现在已经是废物一块了！

回想波兰人雷耶夫斯基，为了清除掉连接板的影响，辛苦构造了群论方程。而现在，图灵只用几台串联起来的机器就达到了同样的目的，并且消解得漂漂亮亮——虽然字母循环圈方法是波兰人发明的，但是在去除连接板方面，我们不得不承认：天才图灵的办法，实在是要高明和巧妙得多！

（三）另类计算之美

到了这会儿，Enigma 的破译就简单多了，过去简直如同天方夜谭般的穷尽暴力攻击，现在已经成为了可能。转轮组不是由 3 个转轮组合成的么？每个转轮不是有 26 个位置么？那好，只要针对性地分别模拟出 26 × 26 × 26 = 17 576 种变化，一个特定转轮组的全部可能不就被穷尽了么？看到这里，也许有人会想起后文在介绍 Enigma 的转轮组时，专门讲过的"双重步进"问题——的确，特定转轮组在实际运行的时候，可能导致的变化是 $26 \times 25 \times 24 = 16\,900$ 种变化。但是，现在不是为了计算加密时的变化可能总数，而是为了穷尽式地破解，自然要遍历所有 17 576 种可能——谁又能知道德国人在某封密电中，把转轮的进位点设置在哪里呢？还是一个不漏地全算一遍，来得比较妥当啊。

这里顺便提一句，波兰人称呼自己的 Enigma 破译机为 "Bomba"，得到启发的英国人则变 a 为 e，把自己的机器叫做 "Bombe"。比较好玩的是，原文里两个名字只不过有一个字母不同，而中文的音译变化倒不小，分别成了 "波霸" 和 "宝贝" ——不过，她俩意思好像也差不多……

在讲述 Enigma 的构造的时候，我们提到过，Enigma 其实是个电 – 机械复合体，所有的机械运动，其目的都是一个：不断地改变内部连线路径，最终产生唯一一条可以导通的电路。而针锋相对的 Bombe 自然也不例外，同样也是这样一个电 – 机械复合构造：当机器飞快运行的时候，电路一般是不通的，一旦通了、灯泡亮起来，机器也就停止运转了。这时，Bombe 内部的转轮组位置，就是密文拍发时的 Enigma 的转轮组位置，于是 Enigma 密电的密钥也就被 "算" 出来了。

我们介绍过，Enigma 的复合加密包括两部分，其中转轮组的多表替代加密是一部分，连接板（包括输入轮）的单表替代加密是另一部分。现在，因为连接板这个障碍已经被 "串联图灵机" 消除，多表加密也可以被单独拿出来破解了。那么，在使用 Bombe 暴力破解掉多表替代、并得到初步结果后，只要再返回去，把连接板生成的单表替代给废掉，正确的明文不就出现了么？

还以 wetter 为例吧。比如说，在 Bombe 破解了当日转轮组设置以后，又依此从 Enigma 密文中还原出了 "准明文" quzzue；接下来，庄园里的密码分析员们就可以大显身手了。为此，他们需要将这个 "准明文" 转化成特定的数组格式，以便于后面的工作。通常情况下，他们要转化的对象是字母串，也就是单词和固定搭配。具体规则很简单，但是表达起来比较费劲，下面，我们索性就以 T、TO、TOM、TOMO、TOMOR、TOMORR、TOMORRO、TOMORROW 为例，看看这个转化过程到底是怎么进行的吧。

T	1
TO	12
TOM	123
TOMO	1232
TOMOR	12324
TOMORR	123244
TOMORRO	1232442
TOMORROW	12324425

从这个例子我们可以看出，实际上数组中的每个数字，都没有被预先指定表示什么特定的字母，它只是记录了这个字母串的构造形式而已。因此，当我们回到刚才所说的 quzzue 这个字母串时，就可以把它记录为"123324"的形式。

这样一来，虽然"123324"这个结构本身并不能告诉我们它到底是哪个单词，但是从语言学的角度讲，完全符合这个结构形式的德文单词并不特别多，是可以穷尽的。对于天天做这个的分析员来说，在不多的候选单词中，把它们还原成同样是"123324"格式的"wetter"，简直是小菜一碟——这一步的关键原理就是：连接板必须成对互换字母，所以不管怎么交换，它总不可能把"wetter"本来的"123324"结构，给转化成其他形式。所以，无论连接板的具体设置是什么样，"wetter"也绝不可能呈现为"123324"以外的任何结构。再说清楚一点，那就是：连接板成对交换字母，它这个特征就决定了它不可能"无中生有"地把本来不重复的字母串（比如 we）加密成重复的，或者把重复的字母串（tt）加密成不重复的。只要连接板还是依靠这个原理进行加密，对于"wetter"来说，忽略了具体字母指向的"123324"结构肯定就是稳定不变的。

以上就是破解连接板所生成的单表替代的一个基本思路。不过，这一步也有 4 个地方值得说一下，那就是：

1）准确地说，Enigma 的单表替代，是由连接板和输入轮两个部件生成的。但是输入轮的字母替代关系，一经出厂基本就不再改变（如前文所说，商业型号是 QWERTZU…；军用型号是 ABCDEFG…）。因此实际上可以把输入轮的单表替代作为一个附加常量，在破解连接板单表替代时一起考虑即可。

2）针对各种常见语言（专指字母化语言），密码分析人员早就统计总结出了诸如"11233"、"123324"、"12341"之类各种排列的单词和固定搭配总表，对应查找的过程实际很快。

3）考虑到在实际操作中，德军往往不会把 Enigma 连接板上的所有字母全部连上，也就是不会将 13 个字母对全部两两替换，因此刚才所举"quzzue"一例中，那种全部字母均被替代的现象，在实际破解时出现的概率并没有那么大——而掺杂了正确明文字母的"准明文"，就像带了提示的谜语一样，无疑十分有利于密码分析人员的还原工作。

4）在 Bombe 上，其实也有专门破解连接板的附加装置，后面还要提到。

现在让我们先把连接板放在一边，看看 Bombe 具体是怎么破译转轮组的吧。上文所说针对转轮组生成的 17 576 种变化进行暴力破解的过程，只限于明确知道转轮组选用了哪 3 个转轮，而且清楚知道 3 个转轮的排列次序的情况。可是在实际应用中，怎么能指望事先得知德国人选用哪 3 个转轮，以及它们的排列次序呢？因此，必须穷尽所有变化的可能，而这个数字，可就比 17 576 要大得多了。

在 Bombe 问世之初，它要对付的 Enigma 一般都是 5 个转轮里选装 3 个的型号，也就是说，它要对付 60 种转轮组的排列变化。为了得到当天的密钥，理论上确实需要让 Bombe 把所有可能的 Enigma 设置都"跑"上一遍。换言之，需要把 17 576 种可能"跑"上 60 次，才能无遗漏地遍历所有可能。这里，也让我们做个小规模的估算吧。假如 Bombe "计算"一种可能，也就是机器"跑"上一"步"，需要半秒钟的话，那么为了计算一个特定排列，就需要

17 576 秒 ÷ 2 ÷ 60 ≈ 146 分钟，也即 2 个小时 26 分钟。

因此，遍历所有可能的时间为

146 分钟 × 60 = 146 小时 = 6 天零 2 小时

这就是说，破译某份 Enigma 密电的密钥，在最糟糕的情况下（Bombe 处理的最后一种情况才是正确答案），大约需要一周的时间。考虑到运气一般不会那么背，对于大量样本而言，破译密钥的平均可能时间，大致应该在 6 天的一半，也就是 3 天上下。这个结果，应该说比较理想了——虽然不能做到当天密电当天破译，但是延迟也不是太厉害，应该属于"总比没有要强的多"的可接受范围。

但是，图灵对此还是不满意。这种做法，显然没有发挥 Bombe 应有的潜力。既然对 Enigma 的密码分析都已经被拆成了"串联"的图灵机组，那么，这样的机组为什么就不能多做几个，大家同时来呢？由是，"串联"之后又出现了"并联"，也就是把每个破解单元进行横向并联——它们工作时，不会彼此互相干扰。但是，一旦有某个单元解算出了结果，其他单元也就可以停下来了。在图灵的设计中，这样的破解单元一共并联了 36 个。这样一来，初步设计的 Bombe，工作速度又可以提高到单组的 36 倍：过去需要 6 天零 2 小时，现在只需要 1/36 的时间，也即大约 4 个小时多一点就够了。只不过，这是我们估测的理论速度，至于到底是不是这样，后文我们再介绍吧。

雷耶夫斯基的 Bomba，可以同时模拟 6 台 Enigma；而图灵的 Bombe，则可以同时模拟 36 台 Enigma。实事求是地说，除了数量的单纯增长之外，图灵 Bombe 的模拟层次确实要高得多。以现代计算机的 CPU 工作原理打个不一定很恰当的比方，那就是图灵 Bombe 的"流水线"要更深一些；也因此，它能处理的字母循环圈长度，比 Bomba 要长。从密码分析的角度讲，机器能处理的字母循环圈越长，就越有利于选择更多更长的"可疑明文"。例如，上文说到的 wetter，长度是 6，而诸如德军电文中常见的那些更长的、成套的词组和固定搭配，如

oberkommandoderwehrmacht （国防军高级司令部）

wettervorhersage biskaya （天气预报 法国比斯开湾）

wettervorhersage deutsche bucht （天气预报 德国海港）

obersturmbannfuehrer （高级冲锋队指挥，上校）

obergruppenfuehrer　　　　　　（武装党卫军地区总队长，中/上将）

keine besondern ereignisse　　　（无特殊情况）

……

现在也都可以依样画葫芦地来构造字母循环圈了。

不仅如此。即便"猜测式明文攻击"无效，图灵的 Bombe 机还可以用其他手段进行密码分析——比如搜索重复码，及搜索重复计数等，这里就不多讲了。总的来说，Bombe 不仅仅是 Enigma 的杀手，同时还蕴涵了图灵脑海中"万能机器"的一部分设想。如果说，波兰人雷耶夫斯基制造 Bomba，其目的就是单纯地为了对付 Enigma 的话，那么英国人图灵设计的 Bombe，多少就有了点儿"大小通吃"的味道了。实际上，Bombe 不仅能对付 Enigma，稍作改进后，还能对付当年德国的另一种高级别场合使用的转轮密码机 Lorenz。从这个角度看，图灵 Bombe 的设计起点，的确要比波兰人的 Bomba 要高上一大截。

"以不变应万变"，一旦抓住敌人最致命的缺陷，就予以最凶猛的攻击而绝不罢手——对于不断升级的 Enigma，图灵的招数才真正是砸中了要害！对此，《图灵传》的作者安德鲁·霍奇斯（Andrew Hodges）做出了公允的评价：

图灵，是正式提出用基于可能字（即文中所说的可疑明文）搜索逻辑一致性（比如字母循环圈等）的机械化原理的第一人。

如此评价，图灵确实是当之无愧！

我们还记得，波兰人因为经费困窘而无力继续发展 Bomba；相比之下，布莱奇利庄园可真是幸运多了，深知密码利与害的丘吉尔对庄园非常关心，因此拨的财政经费一直还算比较充裕。为了制造 Bombe，庄园设法筹集了 10 万英镑，在 1939 年年底委托赫特福德郡（Hertfordshire）的不列颠制表机公司（British tabulating machine company，BTW），专门制造出英国第一台专门用来破译密码的机器——Bombe。

图 121　这是 Enigma 的官方标志

图 122　Bombe 的商标
具体说是 BTM 制造的 Bombe 的商标

我们知道，图灵提出了 Bombe 的设计思路。但是，要把它从理论和图纸上的存在，变成看得见、摸得着、用的了的机器，中间还有很长一段路要走。为了顺利完成 Bombe 从科研到生产的转化过程，庄园专门任命了密码专家、工程师哈罗

图 123　　"软硬通杀"的高手肯恩，绰号"博士"

德·"博士"·肯恩（Harold 'Doc' Keen）作为项目负责人，带领一个工作小组常驻不列颠制表机公司，边研究、边试生产。

　　总的来说，在肯恩的领导下，这个专门小组的工作进行的算是相当顺利。在图灵来到庄园仅仅 5 个多月以后的 1940 年 3 月 18 日，不列颠制表机公司的工厂就成功地做出了 Bombe。现在，这台刚刚从图纸上走下来的 Bombe，想要达到"看得见、摸得着"的这类八卦指标，那是绝对不成问题了——老实说，它的"体格"简直是令人瞠目：宽 2.1 米，厚 0.6 米，高 2 米，稍微计算一下就知道，这第一台 Bombe 的体积，已经达到了 2.52 立方米。而这么大的体积，又是个什么概念呢？我们在本书第五章会看到，Enigma 家族中，最元老、最笨重的 A 型，其体积大概是 0.1 立方米。此外作为一个参照，常见的非双开门的普通家用冰箱，体积一般是 $1.8 \times 0.5 \times 0.5 = 0.45$ 立方米左右。至此我们已经知道，第一台 Bobme，体积居然是第一台 Enigma 的 25 倍，或一台家用冰箱的 5 倍半——大家也不妨想像一下，要是把 5 台冰箱放一块儿，那会是个什么样的视觉效果……

　　针对 Enigma 的转轮，Bombe 相应地设置了一对一的"模拟转轮"。于是，每 3 个模拟转轮就相应构成了一个模拟转轮组，可以模拟 Enigma 转轮组的一种排列情况。然后，每 12 个模拟转轮组又被编为一个群（group），至于这样的群，全机器上一共有 3 个。总体算下来，全机共有 $3 \times 12 \times 3 = 108$ 个模拟转轮，此外还有一组 3 个特殊的转轮，估计应该是用来显示正确结果的——而这 111 个模拟转

203

轮，全部并列装在 Bombe 的正面，看起来煞是壮观！

只不过二战结束后，英国为了守住这个超级机密、也为了保护参与破译的工作人员，特意决定销毁许多与破译密码有关的"证据"，其中包括 Bombe。在丘吉尔的亲自命令下，从机器本身到设计图纸全部在劫难逃。

图 124　保留下来的 Colossus（属于 Bombe 大家族）零件，如今是展品
看起来，还是叫"残骸"更确切一些

而下面的几张照片，则是人们根据当年好不容易保存下来的图纸，于近年重建的 Bombe 复原型。

图 125　机器上的 108 个模拟转轮明显分成了 3 群

中间一群最右边明显多出了 3 个特殊转轮，也许就是用来显示正确设置的吧。

图 126　注意左侧立面的附加装置，它就是用来破解连接板的

从这张模拟转轮组群的槽位裸照上，我们可以清楚地看到一根根的轴，正是它们承载着模拟转轮。

图 127　卸下模拟转轮后的模样

至于神秘的"模拟转轮",其实就是 Enigma 转轮的技术变形。

图 128　每个模拟转轮的外圈上,都用字母标注着相应的位置

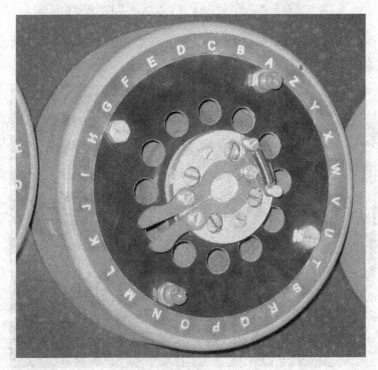

图 129　我们再离近一点看看

Bombe 的正面堪称"威风凛凛"，但也只有当我们转到它的背后，Bombe 才会真正表现出它那令人惊讶的复杂性。

图 130　这是把 Bombe 机背打开后的模样
在使用的时候，它应该是"关"上的

图 131　侧板上成排的开关，
让人看得头晕

我们刚才看到，整个Bombe的内部结构非常复杂。那么，它到底能复杂到什么程度呢？

图132　这是打开机背后，整个"后盖"的内侧面

图133　再离近些看看

图 134 "一丝不苟"的接线

图 135 整整齐齐、鳞次栉比的元件

图136 "后盖"的外侧面

这就是当年要实现大规模数学计算的代价——但真的很美，不是么？

让人非常感慨的是，所有这一切，都只是为了对付那台"小小"的 Enigma。

图137 这个……实在不成比例啊……

看看 Enigma，再看看 Bombe，作为密码对抗的"两端"，它们的体积和复杂程度，居然就能差出这么远。这个例子虽然不太严格，却的确很形象地说明了一个道理——比起密码编码来说，进行密码分析要付出的代价，实在是要大得太多了……

对这台重达 1 吨的机器，英国人当然充满了期盼，并给它起了个极富憧憬的名字："胜利"（Victory）。是啊，面对猖狂无比的纳粹军队，英国人实在太需要密码分析的胜利了。

可是这台原型机的速度并不快，原因是算法上还是有不足。如果我们做个不很严谨的对比就会发现：波兰人的 Bomba，只需要 110 分钟，即在不足两小时的时间内，就可以把 5 选 3 的 Enigma 的全部可能设置"跑"上一遍；而英国人的 Bombe，速度上的差距确实还比较远——实话实说，为了找到第一个密钥，这台"胜利"在边维修边计算的状态下，整整花了将近一周的时间才搞定。

当然，我们说"这样的对比是不严谨的"，正是因为 Bombe 的起点非常高，功能也要比波兰人的 Bomba 强大得多，只不过在没有进行针对性的优化时，它暂时还不能真正发挥出自己的潜力而已。而针对 Bombe 运行效率不高的问题，庄园里的另一位高手提出了明确的改进意见；这位高手就是后来六号棚屋的负责人，数学家戈登·威尔士曼（Gordon Welchman）。

就在 1939 年 9 月 4 日图灵正式进入庄园的那一天，33 岁的威尔士曼对 Enigma 的研究也取得了进展。他与图灵类似，走的也是机械化破译的路子，不过他的目标不是 Enigma 的转轮组，而是它的连接板。相当难得的是，在最开始的时候，威尔士曼并没有被允许参加对 Enigma 的破译研究，对于图灵的思路，他也完全不知情。直到后来，凭借着在穿孔卡片机方面的卓越工作业绩，他才被批准加入

图 138　经常叼着烟斗，也算是威尔士曼的一个典型形象
本图扫描自《Seizing the Enigma: The Race to Break the German U-Boat Codes 1939—1943》，原作者 David Kahn

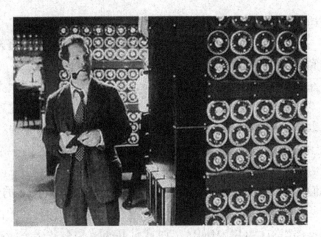

图 139　叼着烟斗，思考着 Bombe 的问题
还别说，威尔士曼的这个形象确实挺有味道

Bombe 项目。到了图灵 Bombe 遇到瓶颈的时候，威尔士曼直言不讳地提出了自己的看法——图灵的思路非常好，但由于机器的算法效率太低，大大浪费了机器的本身潜力。具体来说，图灵 Bombe 在运行中，可能会因为内部冲突而导致意外停机；而这样的错误，正是由于算法不够优化、没有在设计时就直接排除掉那些"本来就用不着计算"的可能性而导致的。

细究原因，问题还是出在连接板上。原来，连接板交换字母的规则是"两两交换"，属于单表替代体制中一种比较特殊的类型，其导致的变化，比经典单表替代所导致的变化要少得多。在某份电文中，如果字母 A 被连接板交换为字母 E 的话，那么 E 也一定会被连接板交换为 A。此时，也就完全用不着考虑 E 被交换成其他 25 个字母的可能——所以，对那些附带了连接板破解模块的 Bombe，其算法就可以进行大幅度的优化，以避免把机器时间消耗在计算那些压根不可能出现的交换情况上。

而对威尔士曼来讲，他所要做的事情，就是把自己的数学意图贯彻到最终的机器电路上去。还别说，他还真就做到了——说句题外话，在当年，类似"博士"肯恩和威尔士曼这样"软硬通吃"的数学家，那可真是任何一个破译机构的无价之宝啊！

威尔士曼提出的解决方案很简单，就是在 Bombe 内增加一个"对角线板"（diagonal board）。这个简单清晰的电工学方法，使那些可能被错误连接的机会得到了消除，同时又不会遗漏可能的正确结果。不仅如此，这个办法更适合于进行比较短的"可疑明文"攻击——显然，过长的"可疑明文"毕竟不太好找（图 140）。

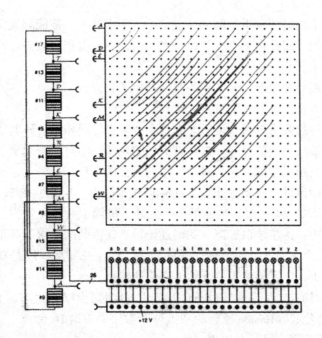

图 140　经威尔士曼改良过的图灵 Bombe 示意图，右上方即是"对角线板"

本图扫描自《密码编码和密码分析：原理与方法》（*Decrypted Secrets：*

Methods and Maxims of Cryptology，*Second Edition*），原作者弗雷德里希·L·保尔

　　这个漂亮的解法，确实超出了大家的预想，以致图灵都曾经表示过怀疑。但是事实说明了一切，威尔士曼的"对角线板"的确大大提高了 Bombe 的工作效能。在"胜利"这台原型机诞生 5 个月后的 1940 年 8 月 8 日，根据他的意见改进而成的新型 Bombe 终于问世了，并被定名为"阿格尼斯"（Agnes）。至于为什么是这个名字，现在已经不清楚了。有人认为，这似乎是在暗指美国的一位密码分析学家 Agnes Meyer Driscoll，到底对不对，也只有问上天了。

　　浴火重生的阿格尼斯，的确是带着一身杀气来到了庄园。实践证明，针对当时 5 选 3 的 Enigma，阿格尼斯只要 15 分钟就能解决问题！这个速度，比"胜利"要快了不知多少倍——更重要的是，以此速度来破译 Enigma 电文，已经达到"准实时"的效果，其重要意义不言而喻。当然，强悍的阿格尼斯还远不是 Bombe 进化的终点，刚才的骄人速度，也只是它在理想情况下，对付比较简单型号 Enigma 的实验结果。我们都知道，再怎么说，Enigma 毕竟也是一个"机"丁兴旺的大家族，各种型号之间的差别非常大，那么破解起来的难度，当然也就各自不同。

　　尽管如此，对于那些不太复杂的 Enigma（这里就是指陆军和空军型），经过进一步改进的 Bombe 破译起来的速度还是非常快的，甚至最多也就用 6 个小时，

而实际运行中平均只用一半时间——也就是 3 个小时——便能解决问题。考虑到德军变更密钥的时间都在午夜，如此一来，当天第一批密文被破译时，其时间甚至不会超过中午。

由此，密码对抗史上一个全新的时代开始了：

> 敌人当天发报，我们当天破译！

即便是对一份两份电报来说，能有这个战果也已经相当了不起了。而在庄园里，则是在成捆成捆地破译——这种破天荒的现象，绝对是密码史上的一个重要的里程碑，且它所揭示的，正是科学技术的无比威力！

阿格尼斯的出世，并不意味着 Bombe 改进的终点，毕竟，在 Enigma 家族中，将来还会诞生诸如 M4 一般难啃的骨头。此外，机器本身的稳定性，也需要在不断的改进过程中，逐步予以提高。我们还记得，在强劲的需求召唤下，曾经默默无闻的 Enigma 家族突然开始了爆炸式的增长。而十几年后，还是在同样强劲的需求召唤下，Bombe 家族终于也开始了高速的扩张：

1941 年 3 月底，"大家伙"（Jumbo）问世，此时英国人已经有了 8 台 Bombe；

至 1941 年年底，Bombe 家族的"人口"数字增长为 16 台；

至 1942 年年底，已经有了 49 台；

至 1943 年 3 月底，已经有了 60 台；

至 1943 年年底，已经有了 99 台；

至 1945 年 3 月，也就是纳粹德国只剩两个月阳寿的时候，英国人已经有了 211 台 Bombe！

顺便说一句，Bombe 大家族中专门用于对付另一种转轮密码机 Lorenz 的 "Colossus"（巨人），已经进化为纯电子管破译机器了。

图 141　当年的 Colossus，专门用于对付 Lorenz
在丘吉尔的命令下，它也没有保存下来

从图 141 中我们可以清楚地看到，这种更先进的破译机完全没有装备模拟转轮。而英国人，也因此一直把 Colossus 作为世界上第一台电子计算机来纪念——虽然除了英国，承认这一点的人还不是太多……

图 142 近年来构建的 Colossus 复原型

它的仿真度相当高。我们可以清楚地看到，它已经没有转轮了，

而图右后方类似转轮的圆盘，实际上是用来导引穿孔纸带的

可是，像 Bombe 这般既美丽又强悍的东西，也一定是不便宜的。为了操作这些既费电又费神的大家伙，庄园陆陆续续投入了差不多 2000 名工作人员——我们不难想像出，仅仅是这 2000 人的工薪、食宿、福利，再加上他们消耗的办公用品、水、电、食品，配套后勤设施及人员的花销，就已经是个极大的数目了。而这还没包括成群的 Bombe 本身的设计和制造费用，更没有计算维修和保养它们的代价！放眼整个庄园，总共供养着大约 12 000 人（也有资料认为六七千人），那么全部计算起来，又该是一笔多么巨大的开销呢……

而这些流水一般淌出的银子，也正是获得 Ultra 情报的代价。继波兰人之后，英国人也再次用实践重复了这个真理：破译密码，实在是太昂贵了！

（四）砸向密码阵地的"炸弹"

也许有人会问：造几台 Bombe 能破 Enigma 就行了，何必搞这么多台、投入如此巨大的人力呢？在密钥每日一变的这段时间里，既然能够破译 Enigma 的密钥，也就能够破掉当天的全部密文；而每天破一次密钥，就算搞个备份，几台机器轮流上也足够了嘛。但是我们能够想到，英国人也绝对不傻，这么贵的玩意儿造个上百台，还搞来这么多人伺候它们，如果不是非常必要，岂不是钱多得有点烧手了？

实际上，Enigma 虽然原理相同，但是使用它们的人，用的可不是一样的机器设置，也就是密钥。战后的统计证明，纳粹德国为了保守秘密，在各地区、各军兵种、各级别部队中，先后划分了超过 200 个不同的密钥网络。在每个网络内部，所有单位使用统一的密钥，而各网络之间，则互不相同。我们前面提到军事情报署型 Enigma 时，曾经介绍过这样的例子，它的 4 个密钥网络，就两两分布在东欧和西欧。这样一来，英国人不得不一个个对付德国的各个密钥网络，而 Bombe 因此呈现出供不应求的景象，几乎也就是必然的了。

在庄园里，人们为这些不同层次的密钥网络分别起了英文代号，借以区分和识别。据本人观察，这些代号往往和密钥网络覆盖的部队的性质有关，比如在北冰洋一带海面活动的纳粹海军部队，其密钥网络代号常常与北欧神话有关；等等这样的情况，我们下面马上就会看到了。随着投入的 Bombe 数量越来越多，集群化破译的威力也渐渐显现，正如"bombe"的名字一般，这种新技术手段犹如密集的炸弹，连续不断地在纳粹党政军内部通信的最核心部位炸响了：

1940 年 5 月 22 日，纳粹空军代号为"红"（RED）的通用密钥网被攻破。值得多说一句的是：前文我们已经提到，在 3 个月前的二月，三号棚屋首开纪录，第一次独立自主地破开了一份 Enigma 电报；而那份电报，也同样属于"红"密钥网——这也就是说，无论是沿袭波兰人的办法还是采用新型的机械化手段，庄园都拿到了开门"红"；

1940 年 12 月 10 日，纳粹党卫队代号为"橙 I"（ORANGE I）的通用密钥网被攻破。

1941 年 1 月 28 日，纳粹北非空军的作战密钥网被攻破。

1941 年 6 月 27 日，纳粹陆军在苏德战场上代号为"秃鹫 I"（VULTURE I）的密钥网被攻破。

1941 年 9 月，纳粹北非军团与柏林最高统帅部的 Enigma 联系被攻破。

1942 年 1 月 1 日，纳粹空军第九飞行队代号为"黄蜂"（WASP）的密钥网被攻破。

1942 年 1 月 1 日，纳粹空军第十飞行队代号为"牛虻"（GADFLY）的密钥网被攻破。

1942 年 1 月，纳粹空军第四飞行队代号为"大黄蜂"（HORNET）的密钥网被攻破。

1942 年 4 月 22 日，纳粹北非军团代号为"蝎子"（SCORPION）的陆 - 空通用密钥网被攻破。

……

以上只是陆、空军方面的几个例子。整个二战期间，在英国人相对更关注的海军方面，Bombe 也是屡立奇功：

1941 年 6 月，纳粹海军代号为"九头蛇"（HYDRA）的密钥网被攻破。

1941 年 8 月中旬，纳粹海军代号为"海豚"（DOLPHIN）的领海密钥网（也有资料说是北极海域潜艇密钥网）被攻破。

1942 年 12 月 13 日，纳粹海军代号为"鲨鱼"（SHARK）的潜艇群密钥网被攻破。"鲨鱼"是 M4 型 Enigma 的专用密钥网，隶属于代号为"海神"（TRITON）[①]的大西洋战区潜艇群密钥网。至于"海神"，则是从"海豚"领海密钥网中分离出来的潜艇专用密钥网。之后，从 1943 年 3 月 10 日到 6 月 30 日的这 112 天中，庄园一共破解出 90 个独立的"鲨鱼"密钥。

1943 年，纳粹海军代号为"美杜莎"（MEDUSA）的地中海战区潜艇群密钥网被攻破。

1943 年 8 月 29 日，庄园 100% 地破译了本月 1 日至 18 日所截获的全部密电。

……

实际上，被盟国死死盯住的那些德军密钥网络，或迟或早、或多或少，都曾被 Bombe 攻破过；而在"Bombe"们的狂轰滥炸下，整个第三帝国的信息安全堡垒，也遭到了空前致命的打击。不过，其中也确实有一些密钥网络，很少甚至从来没有被破译过。比如在纳粹海军中，代号为"海神女儿"（THETIS）、"北欧海神"（AEGIR）、"北欧大神奥丁的八足神马"（SLEIPNIR）、"西藏"（TIBET）等密钥网，就基本没有被破译。出现这个现象的原因，倒不全是因为 Bombe 本身的问题，而是要么截获的报文太少，要么就是英国人认为该密钥网涉及的单位不重要，不值得专门去破……

Bombe 不仅直接帮助了英国人，也直接帮助了美国人。在庄园专家的协助下，美国版的 Bombe 也隆重问世——这个话题太大，我们就简化为下面这 3 张图片吧：

图 143　美国海军型 Bombe

---

① "海神"是德军代号，不是盟军代号。

图 144　它的细节模样稍有变化
但是一看就知道，绝对是英国 Bombe 的翻版

图 145　工作人员在操作 Bombe

　　总之，在 Bombe 帮助下，源源不绝的 Ultra 情报，直接帮助了盟国，特别是英国对德的作战行动。无论是在北非，在诺曼底，在大西洋……Ultra 都像一双无所不在的神眼，将纳粹帝国的方方面面，从里到外看得清清楚楚。既然已经是知己知彼，又如何会战而不胜？而具体的战争故事，大家已经耳熟能详，这里就不再过多引述了。

　　就这样，波兰人的革命性想法——将密码分析引入机械化时代——在英国，终于成为了活生生的事实；而被希特勒认为是"不可能被破译"的 Enigma，也终于在摇摇欲坠中，遭到了英国人的最后一记致命闷棍！

　　破译 Enigma，从来不只是某一个人单枪匹马能够做成的，必须依托集体的力量。比如在布莱奇利庄园里，各行各业的专家们就起到了无与伦比的作用，从语言学家希拉里·亨斯利（Hilary Hinsley）、尼·莱弗尔（nēe Lever），数学家绍恩·威利（Shaun Wylie），到国际象棋冠军休·亚历山大（Hugh Alexander）等，都起到了别人难以替代的作用。比如最后这位国际象棋冠军亚历山大，如果大家觉得他只会下棋，那就大错而特错了。实际上，1941 年时他就已经是八号棚屋的行政二把手了，到 1942 年 11 月，他更成为了八号棚屋的最高负责人。无论如何，他的确是有真功夫的，可不是只会当官——两年之后的 1944 年 11 月，人家又掉头去对付日本海军舰队密码了……

　　图146　战后，酷爱下棋的亚历山大还被提拔为 H 科（密码分析科）的负责人
本图扫描自《Seizing the Enigma: The Race to Break the
German U-Boat Codes 1939—1943》，原作者 David Kahn

再比如那位德语学家 née Lever（原名如此，非手误），某次在翻看 Enigma 密文时，居然能够注意到一个细节：在长长的密文中，始终没出现过字母 L——这得多细心啊——与我们前文提到的玛格丽特·罗克（Margaret Rock）的例子相似，她马上就判断出明文必然是填充了大量无意义的字母 L。在此基础上，这封泄露了意大利海军情况的德文电报被全文破译，结果立竿见影：1941 年 3 月 28 日，英国海军在地中海的马达潘角（Matapan Cape）痛击意大利海军，击沉对手三艘重巡洋舰、两艘驱逐舰，重伤对手旗舰（回港整整修理了 4 个月），意军分舰队司令以下 3014 人阵亡；而英军的全部代价就是一艘巡洋舰受伤，两架舰载机被击落。

这一仗彻底把意大利海军打老实了，但是胜利的根本原因是什么？据一般披露的战史，都说是由于英军装备了雷达，官兵训练有素等。殊不知，首功应该归于密码分析，归功于语言学家 née Lever。但是，谁会公开表扬她呢？于是，还是"英国的雷达比较先进"，"战术训练比较到位"——诸如这样的理由，更容易让大家不去深究吧……

顺便也多说一句，随着本书写作而查找的不少资料，都不约而同地证明了一件事：很多当年神乎其神的战果，背后往往都隐约有密码对抗的影子。只不过要一个个说清楚，那就实在扯得太远了，咱们还是暂时打住吧。

除了这几位以外，庄园里还有填字谜高手、博物馆馆长、桥牌行家，总之身份是五花八门。1941 年 6 月丘吉尔第一次来庄园视察的时候，军情六处的负责人孟席斯为他引见了这群形形色色的"宝贝"。惊讶之余，丘吉尔悄悄对孟席斯说：

我是要求过你不惜代价把这事儿办好，可我没想到你会干得这么细。

从此，丘吉尔就把这个怪才迭出的专家团队，称为"一群从不呱呱叫，但是会下金蛋的鹅"。在这里值得多说几句的是，丘吉尔对庄园的工作人员也非

常关心。比如，他觉得大家的工作实在太费脑子，应该有一些"休养和恢复"，于是特意下令在庄园里建立了网球场。几乎可以肯定的是，这是二战期间英国境内新建的唯一一个网球场——考虑到战时极为紧张的氛围，"领导"居然能够主动想到去专门建立一个休闲场地，确确实实属于极大的关怀和照顾了……

图 147　它的名字当然就叫"丘吉尔网球场"了

说到这里，顺便再澄清一段与丘吉尔相关的历史吧。

那是在 1940 年 11 月 14 日夜，纳粹空军第 3 航空舰队（Luftflotte 3，也译做第 3 航空队；航空舰队为德国空军的最大指挥编制）和第 100 轰炸机大队（Kampfgruppe 100，后来成为第 100 轰炸机团）派出的 515 架轰炸机，如黑色死神一般扑向了英国的中部城市、重要的军工基地——考文垂。这一夜，轮番上阵的德军轰炸机一共倾泻了 500 吨以上的炸弹，在夺去了 568 条生命之外，还生生将六万多幢建筑物炸毁。整个考文垂，就这样变成了一片火海，和火海后的一片废墟。

这次"闪击式"大空袭的影响非常深远，以致至今仍然被时常提起。不少书籍和资料都说，实际上在轰炸之前，德国空军的 Enigma 密电已经被破译，英国人已经知道将要遭到空袭；但为了不让德国人知道 Enimga 已被破译，丘吉尔忍痛决定不去通知考文垂，终于导致该城被彻底摧毁。由此，人们对丘吉尔的这个判断进行了大量道德方面的争论，而这个争论也一直就没有停止过。

——只不过，以现在的资料来看，所谓"丘吉尔忍痛放弃考文垂"根本就是个谣言！

在牛津出版社 1993 年出版的《破译者：布莱奇利庄园里的故事》（Code-breakers：The Inside Story of Bletchley Park）一书中，当时在庄园里工作的专家、后来成为爵士的斯图尔特·米尔纳-贝瑞（Stuart Milner-Barry）就阐述了事件的真相。他曾经是我们前文提到的那位国际象棋冠军休·亚历山大的队友，当他们代表英国参加在阿根廷举办的国际象棋比赛时，第二次世界大战爆发了；后来，他和亚历山大一样也进入了庄园，只不过他是在六号棚屋而已。在这本书的第一章第十二节《六号棚屋：早期岁月》（Hut 6：Early days）中，他说（括号内文字为作者所加，下同）：

> "褐"是第 100 轰炸机大队的密钥网代号，按所谓"旅行指南"的指定，这个大队空袭的重点目标是布里斯托、伯明翰、考文垂，等等。我记得"褐"是种相对容易破译的密钥，我们经常在当天很早的时候就能破译出来。……有个故事一直都在流传，那就是考文垂被定为毁灭性空袭的目标，而丘吉尔怕泄露出我们已从 Enigma 中读出了所有重要的秘密（这一事实），不许作出任何特别防范。……它还是发生了，直到一切太晚以前，我们都不知道那天夜里的目标。事实上我记得，我们认为那场规模非常大的空袭将发生在伦敦。

这就已经很清楚地说明，当时庄园借助 Ultra 情报，对此次空袭确有警觉，可惜完全判断错了目标。值得注意的是，虽然第 100 轰炸机大队惯常的攻击目标中有考文垂而没有伦敦，是个比较明确的提示而不该被忽略；但是，发动空袭时，源自第 100 轰炸机大队的轰炸机，只占全部 515 架轰炸机中的约三分之一，真正的主力还是第 3 航空舰队。而第 3 航空舰队的作战方向覆盖整个西欧（包括荷兰、比利时、法国等），英国全境当然更不在话下。何况，考文垂距离伦敦确实也不远，而之前伦敦已经遭到了连续的大规模轰炸；在不知道敌人袭击具体目标的前提下，伦敦自然会得到当局的更加关注。另外，之前德国空军一直轰炸伦敦的目的，更多地是为了打击英国的象征和士气，而此次骤然变换战略，开始攻击实实在在的军工基地，对这种突然而来的转变，当时的英国明显准备不足。战后，丘吉尔在他的《第二次世界大战回忆录》第二卷下部第十八章《伦敦毫不在乎》中就明确写道：

> 德国又一次改变了它的空袭办法。现在，虽然伦敦仍然是主要的目标，但他们却把主力用于摧毁英国的工业中心。……残冬季节对德国空军来说是一个试验时期，试验夜间轰炸的技术装置，试验对英国海上贸易的袭击，并企图破坏我们的军事生产和民用生产。……

> 这些新的轰炸战术是从 11 月 14 日夜以来对考文垂进行闪电轰炸（即闪击式轰炸）开始的。伦敦这个目标似乎太大，漫无边际，因此很难收到决定性的效果，于是戈林希望能有效地摧毁各地方城市或军火生产中心。

关于"具体目标不详"的问题，在《破译者：布莱奇利庄园里的故事》的第四章第二十五节《德国空军的战术信号》（*Tactical Signals of the German Air Force*）中，彼得·格雷·卢卡斯（Peter Gray Lucas）给出了更具有细节性的回答：

> 在 1940 年 11 月 14 日下午，工作人员已经读出了"ANGRIFF（攻击）KORN"，但那时没人能猜出来、也是直到后来才知道，KORN 是考文垂的密码代字。

连破译人员都不知道敌人要空袭哪里，"丘吉尔牺牲考文垂"一说又怎么成立得了呢？事后大家可以说，"嗯，KORN 读起来有点像 Coventry（考文垂）"，但是在最终证实之前，谁敢拍着胸脯说 KORN 肯定不是伦敦呢？不管怎么说，那个密码代字毕竟是敌人拟定的啊！

顺便说一句，这种使用密码代字对重要的时间、地点和经纬度坐标等进行二次伪装的手法，在第二次世界大战的密码史上可谓屡见不鲜。其中，比较著名的就是"AF 之谜"——美军在截收的日军电报中，频繁发现 AF 的字样。别的文字都破译了，就是不知道这个 AF 在哪里，只能依据上下文，估计 AF 是指中途岛；至少，他们已经见过"A"字头被分派到了夏威夷群岛，那么，进一步的"F"确实有可能是其中的中途岛。后来，美军让驻守在中途岛的官兵发出淡水工厂遭到损坏，急需新鲜淡水的明码电报（此举目的应该是降低日军获得该信息的难度，而且对于"管道坏了"这样的纯技术故障来说，使用明码似乎并不过分，进而使对方不起疑心），随后就在截获日军的新电报中，发现了"AF 缺乏淡水"的字样。就这样，"AF 之谜"被很巧妙地解破了。关于这段历史，有意思的细节其实很多，只是在本书中，我们就暂不展开介绍了。除此以外，类似的例子还有盟军登陆诺曼底的霸王行动，其登陆日期是绝密，于是用 D 日予以掩盖……诸如此类的习惯，也一直沿用到了今天。

关于丘吉尔本人在"考文垂之夜"的表现，同样具有说服力的事实也已经披露。在维京出版社 2000 年出版的《智慧的战争：第二次世界大战中关于破译的完整故事》（*Battle of Wits：The Complete Story of Codebreaking in World War II*）的第 181 页，作者斯蒂芬·布迪安斯基（Stephen Budiansky）写道：

> 那个假的但仍然流传的故事，就是丘吉尔事先知道 1940 年 11 月 14日夜间对考文垂的毁灭性空袭……14 日那天，丘吉尔收到的有效情报，特别是那天晚些时候通过正横方位法探查到的情报，使他确信伦敦真的是目标，以至于取消了计划中的短程出行。当他动身回到唐宁街（首相官邸所在地）后，对一位助手解释说，他不能在首都被袭击的时候，却跑到乡下去度过一个和平的夜晚。在空军部的屋顶，丘吉尔耐心地扫视天空，等待着德国轰炸机的出现。就在这时，对一百英里外的考文垂的袭击开始了。

由此可见，很多离奇的传说，在事实面前其实是不值一驳的。其实，像考文垂那么重要的军工基地，丘吉尔怎么舍得丢掉呢？就像我们前面讲到的那样，通过破译 Enigma 密电，英国人得知了一个德军船队的动向信息，立刻就冲上去大打出手——只是为了防止泄密的考虑，才没有打算全歼；饶是如此，9 艘还是当场干掉了 7 艘（当然我们前面也讲到了，剩下的那两艘还是没跑掉）。同样是可能冒着暴露"已经破译 Enigma"的风险，英国人连一个船队这样的"蝇头小利"都不放过，又怎么可能"大手大脚"地任由整座重要城市完全被敌人摧毁呢？总之，丘吉尔没有"牺牲"考文垂，他只是"很正常地"更重视伦敦而已；这个选择，在任何时候都不能说有错，何况连专家们都认为目标是伦敦、何况敌人确实是毫无征兆地改变了惯常的袭击目标呢。

总的来说，甚至在"考文垂被炸"一事上，Ultra 情报也是相当成功的，至少"当天夜间将有大型空袭"这一关键信息已经被英国人获知，而且连 KORN 这样的考文垂的密码代字，也明明白白地呈现在了英国情报人员面前；只是由于他们的解读失败，导致这个情报变成了废物。

因此，这个事件其实毫厘不爽地证明了 Ultra 情报所具有的极高的精确性和时效性；而如果之前能够破译出 KORN 的真实含义，那么后来的悲剧事件很有可能就不会上演。从这个意义上讲，英国人倾尽国力投入密码分析工作，这个方向不仅没有错，而且更应该大大增强才是——实际上，英国人也确实是这么做的。

言归正传。从各行各业的专家，到庄园内成千上万的工作人员，再到全国的科技发展水平乃至工业基础能力，由此结合而成的有机体，才真正是英国密码分析的全部实力。在这个庞大的有机体中，诺克斯、图灵、肯恩、威尔士曼等的贡献尤其突出。其中，诺克斯首先以纸和笔击破了 Enigma；图灵构造了神奇的 Bombe；肯恩将设计思路变成了实实在在的机器；而威尔士曼则大大优化了算法。

在这四位高手里面，图灵无可置疑地应排为第一。毕竟，是他为 Bombe 的诞生打下了坚实的数学和逻辑学基础，并成功地完成了 Bombe 的理论设计。虽然图灵并没有直接做出任何一台 Bombe，成品也不是完美无瑕的，但正是由于他的贡献，才能够使针对不同体系机械密码的破译成为可能。

不管怎么说，在那个"知道在哪儿画线，值九千九百九十九美元"的场合，他这完成设计的关键一笔，确实如画龙点睛一般，就此激活了整个庄园的破译工作。

而图灵，本身就是科学技术史里永远不朽的传奇。

（五）流星

提出了 Bombe 的设计思路以后，图灵声名大振，一时间，庄园里几乎所有的破译高手都知道了图灵的大名。以如此傲人的成就，以如此对国家生死攸关的重大贡献，换在别的领域，他早就荣爵等身了——但是，这里是密码机构，图灵还是一如既往地工作着。每天，他都要骑上自己的自行车，从5公里外的宿舍，摇摇晃晃骑到庄园上班。此外，他还患有过敏性鼻炎，为了防止花粉的袭击，就又戴上了防毒面具。于是大名鼎鼎的图灵先生就以这么个古怪模样，面目不清、我行我酷地骑行在上班的道路上。

这还没完，他那辆破烂的自行车也实在不争气，经常在关键时刻掉链子，为此图灵又开始启动他那强悍的逻辑思维，试图分析问题的根源。经过仔细研究，他发现掉链子的时刻与他已经蹬骑的圈数有关。于是，他就一边骑车一边默默数圈，快到预定数字的时候就不再蹬踏，改为滑行或干脆刹车；而链子，也真的就不掉下来了。更气人的是，图灵觉得这样数圈比较干扰路上的思考，于是他亲自动手解决了这个问题——专门设计一个计数器，然后把它直接安在脚蹬子旁边。这样一来，必要时只要低头看看显示就行，再也不用去分神去数数了。

写到这里竟无语而凝噎——天可怜见，他真的跟附近的修车人有仇么？……

另外一个关于他的笑话，是否真实也很难考证了。那是在战争初期，英国危在旦夕，图灵就把自己所有的现金兑换成两个银锭，分别埋在两个地方。战后等他回到老地方，却怎么也找不着了。为此，图灵再次亲力亲为，自己设计制作了一个探雷器，尔后一头钻进了可疑地带的灌木丛……虽然灰头土脸地搞得非常狼狈，但最终还是没能找到……

这样的举动在别人眼里，实在是古怪透顶。但对他来说，类似的离经叛道行为实在是太"正常"了。回顾他的成长历程我们就会发现，类似的令人摸不着头脑的事情，也是在一再发生着：

3岁的时候，他就开始在花园里种植木头人的胳膊，试图收获更多的木头人。

8岁的时候，他写下了自己生命中的第一篇科普著作，全文先是以酷得一塌糊涂的"首先，你必须知道光是直的"这一句话开头，然后的中间部分又短得一塌糊涂，最后再以酷得一塌糊涂的"你必须知道光是直的"这一句，作为全文的豹尾。

小学的时候，大家一起踢球时，他喜欢担任巡边员，因为这个工种可以让他仔细观察并默默计算足球出界的角度。

中学的时候，他经常直截了当给出问题的正确答案，而具体步骤，只有在老师逼他提供时，才会在两三天的时间内费劲推导出来。

……

我们似乎只能承认：这个世界上，确实有人与我们不同，而且是相当相当地不同……

20世纪40年代初，在大部分时候，图灵都会跟同事一起呆在八号棚屋（前文介绍过，负责海军型 Enigma 破译）里工作。

图148　诺克斯和图灵都在这里工作过

其中，诺克斯的 ISK 首破 Enigma 的战绩，也发生在这里

图 149 图灵的房间，就是尖顶阁楼上有窗户的那间

而有时，他又会跑到一间储藏室思考问题。这里的原主人是一位爵士，利用这个储藏室存放苹果、梨和李子之类的水果。现在，沾了仙气的储藏室被图灵改名为"思考箱"（think tank），成为了一块专门用来换脑筋的风水宝地。顺便说一句，这"思考箱"一词，后来渐渐演化出了"智囊团"、"思想库"或"智库"的含义，影响极为深远，一直延续到了今天。

就在八号棚屋充任负责人的这段时间里，图灵的感情生活也有了新的波澜。1941 年春天，他和女同事琼·克拉克（Joan Clarke），彼此产生了人类原本正常的非工作情谊。都说"情人眼里出西施"，而在本来就爱慕男性的图灵眼中，克拉克还确实就"像个男人"——虽然，克拉克是个如假包换的女人。他们曾在一起看电影、玩耍，甚至在每天 9 个小时疲惫的工作和思考之后，还要继续摧残智力，那就是下棋。不消说，在这种状态下，棋自然下得很累，哈欠连天的图灵索性称之为"困倦象棋"（sleepy chess）。可即便如此，他还是不得不奉陪到底。原来，一切都要怪那位国际象棋冠军亚历山大没事找事，非得在庄园里开个什么象棋培训班，以便为战时极为忙碌的工作人员们带来一些业余消遣。更让他没办法的是，克拉克对此偏偏又很有兴趣……

二人的感情进展得很快，没过多久，图灵就向克拉克求婚，并送了她一枚戒指。克拉克答应了，之后他们还专门拜见了双方的家人。眼看一段姻缘即将成为现实的时候，图灵却改了主意。在反复考虑之后他觉得，男女婚姻这个形式其实并不适于他，也并不是他真正想要的。最后，图灵主动提出了分手，而在随后的这个夏季，一切又都回到了原点。

从此，图灵的感情世界里，大约只剩下了男人。好在，主要由军人管控、规矩极严的庄园高层，似乎并不知道图灵本人的性倾向。有位庄园当年的老兵，就曾略带刻薄地评论说：

> 幸亏当局不知道图灵是个同性恋者，要不然我们可能就输掉这场战争了。

后来，图灵被派到美国，支援那里的密码分析工作，而他的八号棚屋负责人的位置，也就由上文提到的那位国际象棋冠军接任了。其实，在图灵"当权"的时候，也基本上不怎么管理棚屋的日常事务，因此等到他从大洋彼岸回来的时候，就转任为庄园的科学顾问。说起来，这个没有日常行政杂事干扰思考的职务，或许也更适合他一点吧。

随着战争的结束，图灵离开庄园，进入了国家物理实验室（National Physical Laboratory，NPL），回到了他最喜欢的工作方向上，也就是继续设计"万能机器"。欧洲的烽火平息了 9 个月以后的 1946 年 2 月 13 日，他提交了一篇文章，叫做《"ACE"机器项目》（'ACE' Machine Project），其中所谓的"ACE"，就是他设想中的"自动计算机"（automatic computing engine）的缩写。文中描述了一种新型的电子计算设备 ACE，与 Bombe 之类不同的是，ACE 是一种真正的程序存储计算机。

这个想法，再一次把天才与一般科学家远远地划开了。在当时，能够执行相对复杂计算任务的机器还是个新鲜玩意儿，其硬件构造也是相当原始和死板的。一旦人们想要运算不同的题目时，就必须重新设置那些为数众多而令人头大的插线板、转换开关和继电器，效率低下不说，还非常容易出错。

而在图灵头脑中的 ACE，则依靠一种完全不同的机制来工作。简单说，在全新的"指令寄存器"和"指令地址寄存器"的协助下，只要修改存储好的程序，而不必改动硬件结构，就能完成不同类型题目的计算——不用说，这又是他那"万能机器"思路的延伸。但是与单纯的美好空想不同，图灵这时候已经为整个机制的实现提供了扎实可行的理论基础。更令人吃惊的是，在 ACE 的项目计划中，图灵还明确提出了"仿真"的思想。一个很有意思的事实是，英国政府很快把 ACE 项目列入国家秘密，不得公开；而这一手，倒正好可以让我们看看图灵的思维究竟领先了世界多少年——26 年后的 1972 年，ACE 项目终于解禁，而具有仿真特性的计算机，也是在这一年才被人们重新"发明"出来的……

就在他提出 ACE 项目构想的 1946 年，因为以上种种杰出贡献，34 岁的图灵被英国皇室授予 OBE 帝国勋章。可惜，天才的 ACE 项目计划书提交上去，却遭到莫名其妙地拖延，后来图灵回到了剑桥大学，这个项目进展得也并不顺利。

　　不过，这些工作上的延误，倒不影响图灵的另一大个人爱好，那就是体育运动。公允地说，图灵的运动成绩还是相当相当不错的。

图 150　多年以前，图灵（左一）和沃尔顿（Walton）运动俱乐部的同好在一起

图 151　在剑桥大学国王学院举办的
3 英里赛跑中，冠军图灵正冲过终点

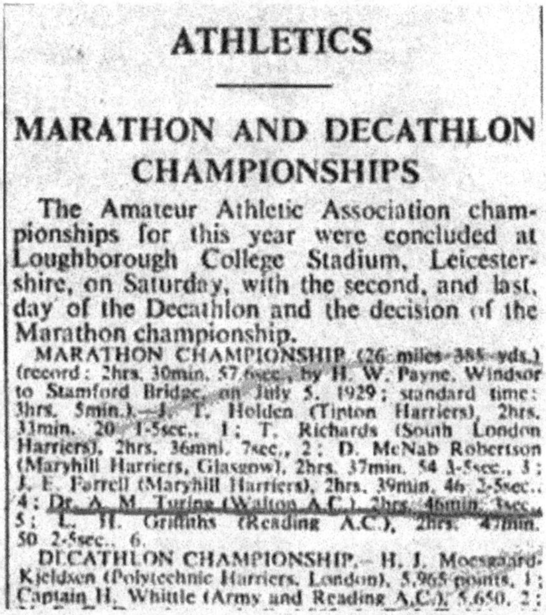

ATHLETICS

MARATHON AND DECATHLON CHAMPIONSHIPS

The Amateur Athletic Association championships for this year were concluded at Loughborough College Stadium, Leicestershire, on Saturday, with the second, and last, day of the Decathlon and the decision of the Marathon championship.

MARATHON CHAMPIONSHIP (26 miles 385 yds.) (record: 2hrs. 30min. 57.6sec., by H. W. Payne, Windsor to Stamford Bridge, on July 5, 1929; standard time: 3hrs. 5min.)—J. T. Holden (Tipton Harriers), 2hrs. 33min. 20 1-5sec., 1; T. Richards (South London Harriers), 2hrs. 36min. 7sec., 2; D. McNab Robertson (Maryhill Harriers, Glasgow), 2hrs. 37min. 54 3-5sec., 3; J. E. Farrell (Maryhill Harriers), 2hrs. 39min. 46 2-5sec., 4; Dr. A. M. Turing (Walton A.C.), 2hrs. 46min. 3sec., 5; L. H. Griffiths (Reading A.C.), 2hrs. 47min. 50 2-5sec., 6.

DECATHLON CHAMPIONSHIP.—H. J. Moesgaard-Kjeldsen (Polytechnic Harriers, London), 5,965 points, 1; Captain H. Whittle (Army and Reading A.C.), 5,650, 2;

图 152　1947 年 8 月 25 日，《泰晤士报》上的新闻
图灵参加马拉松长跑比赛，获得第四名

在这次马拉松比赛中，图灵的成绩是 2 小时 46 分 3 秒，水平之高，甚至够格参加次年在伦敦举办的第十四届奥运会。顺便说一句，在那届奥运会上，男子马拉松比赛的冠军得主、阿根廷运动员戴尔夫·卡布雷拉（Delfo Cabrera），跑出的成绩是 2 小时 34 分 51 秒 6。而作为一位科学家的图灵，只比他慢了不到 12 分钟。

由于在剑桥大学的 ACE 项目进展不顺利，心灰意懒的图灵就接受了曼彻斯特大学的邀请，担任该大学计算机实验室副主任，负责给那里的计算机编写软件。直到 1950 年，图灵设想中的 ACE 才终于制造出来。比起庄园里专门用于破译 Lorenz 密码的 "Colossus Ⅰ"（巨人 Ⅰ 型）来说，ACE 使用的电子管总数从 1500 个减为 800 个，单台成本也下降到大约 4 万英镑，而它的能力却有了明显提高，每秒可以处理超过 10 万位的信息。由于有了最原始的内存机制，按图灵的说法，ACE 可以 "十分容易地把一本小说中的 10 页内容记住"。与 Bombe 的发展历程近似，后来的 ACE 也在不断地进化着，到最高级型号时，它每秒已经可以处理 100 万位信息，成为当时世界上速度最快的电子计算机。

至于 1950 年开发成功的这第一台 ACE，全名是 "ACE Pilot Model 1950"，即 "自动计算机 1950 年试验型"。它由 "国家物理实验室"（National Physical Laboratory，NPL）负责具体研制，并由政府的 "科学工业研究部"（Department of Scientific and Industrial Research，DSIR）进行归口管理。

图 153　这就是 ACE。仔细看，长得还真是有一点点像 Colossus

图 154　这张更清晰的 ACE 的照片摄于 1951 年

可以输入，可以输出，可以编程，又有了内存——55 年前的 ACE，其实就已经再清楚不过地定义了今天计算机的基本功能模式。从中我们也可以看出，现代计算机之所以能够诞生，实实在在正是数学家的胜利。我们都很清楚，中关村的销售员们往往可以在十几分钟，甚至更短时间内攒出一台电脑，但是他们也许未必知道：没有图灵的逻辑推导和论证计算作为理论基础，今天有没有个人电脑这东西，恐怕都很难说啊。

在计算机界被评价极高的另一大牛人，冯·诺依曼就忘不了图灵的贡献。他对别人称呼他为"计算机之父"十分不安，说：

> 大约12年前，英国逻辑学家图灵开始研究下列问题，他想给自动计算机的含义下一个一般性的定义。

冯·诺依曼并不是刻意谦虚，但是在名誉地位面前，他做了一个正直的人应该做的事情。也正是在他力推之下，世界才渐渐公认了图灵是"现代计算机之父"，并从此确定下来。在我们熟练地使用电脑，寻找信息，浏览论坛，敲打文章甚至玩起游戏的时候，心中真得该对图灵保有一分敬意——他头脑中的世界，真的改变了他身后的世界啊。

1951年春天，38岁的图灵以无可争辩的贡献，成为英国皇家学会会员。而在这前一年，图灵已经发表了另一篇划时代的论文《计算机器和智能》（*Computing Machine And Intelligence*），提出了著名的"人工智能"（artificial intelligence，AI）的概念。图灵认为，"与人脑的活动方式极为相似的机器，是可以造出来的"。让机器拥有一向只有人类才能拥有的智慧，而只不是简单地替人类去做些加加减减之类的工作，这个理想即便在今天，也还是非常令人神往的。姑且不论这个理想是好是坏，它本身就有着非同一般的魅力。而在图灵的思维世界里，"机器能够拥有智慧"已经成为了一个必然，而他所关注的是，究竟如何才能判断"机器是否拥有智慧"——换句话说，我们认为一台机器是"智能的"或者"不是智能的"，这个判断本身又是怎么来的？

图灵的标准很简单，只有一句话：

> 如果一台机器能骗过人，使人相信它是人而不是机器，那么它就应当被称作是有智能的。

仔细想想，这个标准似乎是什么也没说。没有任何一个硬性指标，也没有规定能"骗"过什么智力水准的"人"，属于那种比较模糊的感性标准。但是如果认真探讨它的本质，我们就会发现，这个标准其实真是再恰当不过了："智能"是人类独占的属性之一，那么是否有"智能"，当然得以"人"为标准才可以衡量啊。而图灵，就是以这种简单而直接的思维方式，一下抓住了"人工智能"问题的核心。在各种概念花样翻新、各种技术层出不穷、号称以"摩尔速度"发展和变革的计算机科学界，50年过去了，这个"图灵测试"的标准至今仍然一字未动，依旧是无可替代的"金标准"！

"人工智能"，继"机械化计算"、"可编程计算机"之后，成为图灵给这个世界贡献的又一份厚礼。而图灵的兴趣还在延伸，例如，关于生物学方面的非线性计算（或者说，从数学角度分析生物的形态结构），包括研究人脑细胞构造并计算其中能容纳多少信息，诸如此类。今天我们已经不可能知道，如果图灵把这些工作都做完，现在的世界又会是个什么样子，因为，命运已经不再允许他做完所有这一切了。

而图灵，也终于因为自己的性倾向和天真的处世习惯，付出了惨重的代价。

1952 年的一天，经常出入他家的男性伴侣阿诺德·默里（Arnold Murray），居然帮助一个贼进入图灵家盗窃，结果被图灵当场发现。按照"被盗就该找警察处理"的直线思维，图灵没有私下解决问题，而是报警了。这样一起普通的入室盗窃案，大概要算是警察最经常面对的刑事案件了，实在没有什么特殊。但是被窃的事主图灵，那是什么人啊？声望卓著的科学家、皇家学会会员，诸如此类名号大家早已如雷贯耳了。但此案的事实说明，图灵居然还是一位同性恋——关于这一点，一般人还真是不知道。案发后，当地的媒体迅速介入，并极力渲染这个非常有卖点的的爆炸性新闻：原来，如神般智慧的图灵，也是个道德上的小人、伪君子！

此后，事态急转直下：小偷的盗窃问题被人们有意无意地淡忘了，而被盗的事主、"同性恋科学家"图灵，却遭到了警察的指控，成为了整个事件的中心！而图灵，也根本无力与那个社会做任何搏斗。在法庭上，面对警察提供的证据，图灵对自己和默里的性关系承认不讳，并且压根儿就不为自己的性倾向感到任何悔恨——或许在他看来，这些都是很自然的事情，为什么要"悔恨"呢？

于是，根据英国 1885 年刑法修正案第 11 条，图灵和默里都被指控"严重猥亵"（gross indecency）。这种罪名，其实就是那个年代对同性恋的委婉的法律说法。法庭给了他两个选择：进监狱，或者接受有条件的缓刑。图灵当然不愿意坐牢，而要选择缓刑、继续参加研究工作，就必须同意接受药物治疗。而这个所谓的"药物治疗"，就是在家接受雌激素的注射。

那个蒙昧无知的时代啊——把男人用药物强行"女性化"，就能改变他们原有的性倾向，这是什么逻辑？可是，当年人们就信之不疑，认为这是可以纠正同性恋倾向的有效招数。这个世界有时候就是这么讽刺：最富逻辑、最聪明也是公认最天才的科学家，最后，居然被最愚昧的所谓"治疗"给"治"了——如此这般的注射，在图灵身上进行了一年，以至于他的乳房都如女人一般发育起来了。而诸如此类的种种副作用，对一个心智健全的成年男性又是多大的摧残，也就不难想见了。更要命的打击接踵而至：因为他被判有罪，英国政府通信总部（GCHQ，布莱奇利庄园/政府密码学校的继任者）对他进行了忠诚审查，之后拒绝他继续担任密码事务顾问一职。所谓"密码事务顾问"，本来是英国密码学家最高级别的职务，而现在解雇图灵，实际上就等于宣告了政府对他的彻底不信任。

图灵生命中的激情岁月骤然灰暗下去了。他现在不仅名声扫地，脾气也越来越古怪；在药物的影响下，就连他的身体健康也越来越糟糕，变得既肥胖又虚弱——而从前，他不仅是大学 3 英里跑步的冠军，甚至还是马拉松长跑的高手啊……

图灵只是上天派下来的一位天才，在智力的疆域中，他是自豪的王者；而当他面对这个世俗的世界时，却脆弱得好像一朵娇艳的鲜花。当冰雹劈头盖脸砸下来的时候，他终于踏上了归途……

1954 年 6 月 8 日清晨，图灵的女管家像往常一样走进了他的卧室。跟往常一样的是，图灵在床上，似乎已经睡去了。跟往常不一样的是，这时候台灯还亮着，桌子上有一封没有寄出的信，床头柜上则有一个咬了一口的苹果。

而沉睡着的图灵，再也没有醒过来。

在床头柜上的这个苹果里，法医检测出了剧毒的氰化物。

> Dip the apple in the brew
> Let the sleeping death seep through
> （苹果蘸毒
> 让死之沉睡渗入）

还差半个月才满 42 岁的图灵，终于彻底地解脱了。

整个英伦三岛在短促的震惊后沸腾了，到处是悼念的人群，真情切切，哀伤绵绵。人们似乎根本没有意识到：图灵的地狱不是别的什么，正是他们自己。而他的母亲根本就不接受图灵自杀的说法，坚持认为是图灵不小心把实验室药品沾染到了苹果上。也有人认为由于图灵涉及密码分析这样的国家顶级机密，又身陷同性恋丑闻，"有关部门"出于"纯洁队伍"的意图，将他暗杀掉了；更多的人包括他的朋友相信，他确实是自己决定告别这个世界的。

无论如何，图灵自己已经听不到这些议论了——他听得够多了，还是还他一个安宁吧。在他最痛苦的岁月，他的名声灰暗如土，而在他离开以后，荣誉却一个个到来了：

1966 年，美国计算机协会（Association for Computing Machinery，ACM，也译为美国计算机学会）设立了世界性的计算机科学最高奖，这个"计算机界的诺贝尔奖"，被定名为图灵奖。

1994 年，在图灵工作过的曼彻斯特，一条环城路被命名为阿兰·图灵路。

1998 年 6 月 23 日，是图灵 86 岁的冥诞，在这一天，在他的故居，《阿兰·图灵：谜》的作者安德鲁·霍奇斯（Andrew Hodges），亲手为官方认定的"英国遗产"标志——"蓝盘"——揭幕。

2001 年 6 月 23 日，是图灵 89 岁的冥诞，在这一天，曼彻斯特大学外的塞克维尔（Sackville）公园里，图灵的坐姿铜像落成。

图155　图灵就坐在公园的这个幽静角落，他的脚下有一块铜牌

图156　铜牌上镌刻着如下字样：
"阿兰·麦西孙·图灵
1912—1954
计算机科学之父，数学家，逻辑学家，战时密码破译者，
偏见的牺牲品"

2004 年 6 月 5 日，即图灵去世 50 周年纪念日前 3 天，由不列颠逻辑讨论会和不列颠数学史协会联合发起，在曼彻斯特大学举行了图灵纪念大会。

2004 年 6 月 7 日，即图灵去世 50 周年纪念日前 1 天，他在威尔姆斯露（Wilmslow）的故居，也挂上了"蓝盘"。

图 157 这块"蓝盘"上写着：

"阿兰·图灵

1912—1954

计算机科学的奠基人，密码分析家，

他的工作是战时破解 Enigma 密码的关键，

曾经生活并长眠于此"

2004 年夏天，曼彻斯特大学的科技学院和曼彻斯特大学联合创立了新学院，定名为阿兰·图灵学院。

2004 年 10 月 28 日，同样为了纪念图灵去世 50 周年，伦敦西南部的萨里大学（University of Surrey）为图灵树立了全身青铜像（这个大学所在的萨里，就是当年图灵父母家的所在地）。

图 158　图灵夹着书，正走在校园的路上

图 159　铜像没有底座却又高于常人，这个设计确实意味深长

　　剑桥大学国王学院将图灵在其中学习过的地下室，改建成了计算机房，里面有现代化的 PC 机和互联网，并将其命名为"图灵室"（Turing Room）。

　　……

　　IT 人，有自己纪念图灵的方法。在 1976 年 4 月 1 日愚人节这天，在美国的一个家庭车库里，一家新的计算机公司成立了。经过不懈努力，30 年过去了，它的大名已经家喻户晓，当然，它就是苹果公司。至于它的商标，大家更是耳熟能详。

图 160 苹果公司的著名标志

一直有人说，这正是对图灵的纪念——除去被咬了一口的苹果之外，那彩虹色的背景，也正是同性恋的文化象征之一。虽然彩虹旗作为同性恋旗帜，其实是这个标志设计两年后的事情，但是，人们大概还是愿意这样去传说吧。

运动健将、计算机专家、密码分析家、同性恋、数学家、逻辑学家……图灵究竟是什么样的人，又有谁能说清楚呢？

图 161 "千面"图灵

刚才提到的作家安德鲁·霍奇斯，耗尽心血为图灵立传，写出的书也成为研究图灵生平方面最权威的著作。他为这本书起了一个意味深长的名字，追思图灵的一生，的确令人唏嘘不已。

图 162　Enigma 曾经是图灵生命中的一个重大对手
而他自己的一生，又何尝不是一个巨大的 Enigma（谜）呢

图 163　黑或白，1 或 0——仅仅如此么？

Dip the apple in the brew

Let the sleeping death seep through

那个苹果的味道还好么？

祈愿图灵，得到永远的安息。

九、传奇之外

Enigma 作为人类第一种大规模投入实践的密码编码机器，陆续遭到了波兰 Bomba、英国 Bombe 甚至人们的手工破译。而这 3 件事，恰好揭示了 3 层意义：

第一，波兰 Bomba 首建奇功，宣告了机械化密码分析时代的到来。

第二，英国 Bombe 大放异彩，证明了机械化密码分析手段在破解机械化编码时的极端必要性。

第三，波兰专家和英国专家能进行手工破译，正从某个角度形象地解释了这么一条真理——最终击败机械化编码的，不是冷冰冰的机器，而是活生生的人。

其中，手工破译的方法（比如波兰人采用的穿孔卡片法、英国人采用的 Rodding 等）有其相当明显的局限性，因此在机械化密码对抗时代，远不如机器解码来的战绩斐然。但是，天下不可能有某个神奇的地方，会自动地冒出密码分析机来，它依然需要人来研制——说到底，这三层意义其实都是在反复强调一件事，那就是：

既然密码编码是人类智慧的体现，那么能够与之相抗衡的，也只能是人类的智慧。

从 Enigma 的故事一路观察下来，我们会看见那么多闪光的名字：谢尔比乌斯、雷耶夫斯基、齐加尔斯基、鲁日茨基、诺克斯、图灵、威尔士曼……而如果我们回到当年的历史中，认真仔细地数一遍，那么一点不夸张地说：这个名单，恐怕还要长出几十倍。只是，这么多的天才绞尽脑汁，目的却是为了制造或毁灭信息的"安全盾"——这个事实也确实令人长叹。也许有人会想：如果他们的智慧能够用在为人类的和平和发展方面，用在创造物质和精神财富方面，是不是会更好呢？

也是，也不是。

只要人类内部还有原则冲突和利益纷争，只要各个国家和民族之间、各个利益集团之间还存在着难以调和的矛盾，我们大概就永远无法指望，所有人都能够去从事所谓"建设性的"事业。从这个意义上讲，密码对抗根本就不存在"应不应该对抗"的问题，而只有"如何对抗得更好"的问题。

其次，密码学作为一个专门学科，与政治、军事、经济、文化等，其实都没有什么关系。说到底，它只是一门偏重于应用的科学，属于数学的一个分支。因此，如果单纯就"密码对抗"本身而言，也就不存在什么"正义打倒邪恶"之说，而只有"更聪明战胜一般聪明"的情况。比如 Enigma，因为和纳粹挂上了钩，从此名声就变得很差。但是，这是机器自身的问题么？从密码学的角度讲，Enigma 帮助人类真正跨入了机械密码时代，直接推动了人类的科技进步，不仅丝毫无过，反而大大有功——而这个结论，恐怕也是很难推翻的。

反观 Bomba 和 Bombe，也是类似的情况。不能因为使用它们的反纳粹一方代表着正义，这两种密码分析机跟着也就能沾上什么"仙气"，变成所谓"正义的机器"。其实在第二次世界大战中，英国空军的密码机 TypeX，以及波兰人用于传送已破译 Enigma 密文的再加密机器，其原理抄袭的都是 Enigma。而德国破译盟国密电，也照样用过波兰人首创的"穿孔卡片法"的技术变形——穿孔纸带机。

这些事实告诉我们，一支枪或一张军用地图，本身是无所谓"邪恶"或"正义"的，而密码对抗也正是如此。所以，密码学作为一门科学，它本身确实是超越地域、超越民族、超越国家、超越意识形态的。从不同角度，我们可以把密码细分为块式密码、流式密码；也可以把它分为移位密码、替代密码……；还可以把它分为现代密码、古典密码；或者分为手工密码、机械密码、计算机密码……诸如这样的分类方法，都是可以的。但是，我们不应该把它分成什么"封建主义社会密码"、"资本主义社会密码"，乃至"波兰式密码"、"英国式密码"、"德国式密码"或者"日本式密码"。而在某部流行过的电视剧里，确实出现了"苏（联）式密码"和"西方式密码"的说法，并看似认真地比较了二者的不同——我个人以为，这是很不严肃的。即便是苏联采用的密码，也同时包含了"移位密码"、"转轮密码机密码"和"密本密码"等种类。从数学本质上看，所谓的"苏（联）式密码"和所谓的"西方式密码"没有任何区别，同样是依据密码编码理论生成的，他们的密码分析工作当然也是这样，没有也不可能凭空跨越性地"研制"出某种只有苏联自己才有的方式。

总的来说，我希望这本书能真正从科技的角度，探讨密码对抗的得失成败，而不是先打上"纳粹德国必败"、"法西斯意大利必败"或"军国主义日本必败"的标签，再反过来查找它必然失败的密码学证据。事实上，德国人、意大利人或日本人固然犯了很多错误、吃了大亏，而英国人、美国人或苏联人也同样好不到哪儿去，也彼此彼此地犯了很多错误，只是在各种因素的综合作用下，最终没有输掉整场战争而已。说到底，大家骤然跨入全新的机械化密码时代，都有些准备不足，经验也实在太少——其实简直就是没有——从纯技术的角度讲，只要我们不是太苛刻地要求前人，这些错误都是可以理解的。

而从这个角度看，Enigma 之于密码学的意义，无异于蒸汽机之于工业革命。

我想，在连篇累牍的精彩故事之外，这也许才是本书的根吧。在本书的第五章，我们将以更加深入的视角，详细分析 Enigma 的败亡原因。不过，如果我们能从只盯着 Enigma 的狭窄视野里跳出，站在更高的位置重新审视这段关于密码的传奇历史的话，或许会有更多的收获。那么，也就不妨让我们来看一看：Enigma 的这段先兴后亡的故事，究竟能给我们带来了什么样的启示呢？

我个人以为，总体而言大概应该有 5 点：

第一，科学技术的发展，是密码学得以前进发展的基石。

破译密码，念咒求神肯定是不行的，只有求助于科学与技术才是唯一可行的途径。当年，雷耶夫斯基先后引入字母循环圈、群论等数学工具，乃至后来图灵发展出"图灵机"的思维方式，已经清晰地证明了科学理论的发展对密码学进化的极端必要性。而从波兰的循环测定机、Bomba 到英国 Bombe 们的诞生，又从另一侧面证明了技术进步是密码学进化得以实现的基础保障。

这样的事实，已经十分明确地昭示我们：科学和技术，才是密码学宝座上真正的王者。

第二，实践的需要，是推动密码科学前进的最大动力。

Enigma 发明之初，堪称应者寥寥，而一旦绑上了铁十字战车、乃至后来整个世界烽烟四起之时，才获得了最长足的发展。相对的，英国人在 20 世纪 30 年代早期乃至中期对 Enigma 的破译并不十分热心，眼看欧洲局势日渐不可收拾，才开始全面发力，最终在战争期间达到了破译的最高潮。更明显的例子是波兰，之所以它能够首先击破 Enigma，其中最大的原动力，正是本身的存亡安危。

战事起，则密码兴。信夫！

第三，密码编码和密码分析，两者既彼此对抗，又互相促进。

Enigma 以机械化密码编码终结了纯手工编码的千年历史，而 Bomba、Bombe 又以机械化密码分析终结了 Enigma。所谓"魔高一尺，道高一丈"这句话，用来形容密码编码与密码分析之间的这种共生关系，真是再贴切不过了。我们不妨设想一下：如果历史上没有如 Enigma 一般的机械密码机，那么针对机械化密码编码的分析理论和实践，还可能存在么？类似地，随着信息理论和技术的高速发展，密码编码手段也在不断升级，一个最典型的例子就是计算机加密手段的出现。而它的不断进化，又在不断催生着更强悍、更凶猛的密码分析手段的出现。总之，"既对抗又合作"，正是"密码编码"和"密码分析"这一对欢喜冤家之间辩证关系的真实写照。

第四，在密码对抗中，人的因素是第一位的。

没有谢尔比乌斯的设计，Enigma 不会出世；没有雷耶夫斯基等波兰"数学三杰"的贡献，Enigma 不会遭到破解；没有诺克斯、图灵、威尔士曼等的努力，

Enigma 也不会最终被灭亡。而隐藏在这些杰出天才人物的光芒下面的，更是成千上万从事密码相关工作的普普通通的人。无论是德军的通信军官或报务员，还是庄园的行政官员或打字员，如果没有他们付出的辛劳，任何天才的工作目的——不管是密码通信还是破译密电——也都只能是无源之水，不会收获任何期望中的果实。

此外，对 Enigma 的破译过程已经清楚地表明，那种传统的、几个专家窝在小黑屋里埋头苦干的古典方式已经彻底过时。面对复杂的密码系统，必须要有多得多的人——数量上或许要增加几十倍、几百倍甚至几千倍——同时参与，并通过高效分工和密切配合，才有可能获得成功。

因此，无论密码对抗的故事如何花哨和精彩，最终还是必将落实在"人的对抗"这一条上。人，也必将永远是密码对抗中最重要的因素。

第五，密码对抗的代价，随着机械化时代的到来而日趋增大。

与上一点相辅相成的是，进行密码对抗所需要的条件，确实也越来越苛刻了。Enigma，应该算是非常普及的密码机了，而在纳粹德国，它也只是装备到了陆军团以上部队。至于比 Enigma 更复杂的 Lorenz，甚至只能用于帝国最高级通信，因为这种有着 12 个转轮的密码机，就连穷兵黩武的纳粹自己都无力铺开装备。而结构更复杂、有着 10 个转轮的西门子 T52 密码机，据说最终也只是造了 1000 台而已——这个数字，仅仅是 Enigma 装备数量的大约 1/40。更花钱的，则是密码分析一方——为了破译 Enigma，波兰倾尽全力，居然无法应对到底；英国更是举全国之人力、物力和难以计算的财力，才在最后赢得了胜利。

密码对抗，本是那种个人对个人、小团体对小团体的斗智，而在纷飞的战火中，已经迅速发展为国家和国家的全面科技实力碰撞。而这个划时代的巨大转变，从第一次世界大战时代就已经开始萌芽，而直到第二次世界大战时代，才真正得以完成。显然，这个至关重要的转变，也直接体现为密码对抗的代价在飞速地增大。

至于战后的实践，更是明白无误地证明了一个趋势：现在和未来的密码对抗，代价只会越来越高昂。或许，这也算是密码学发展的一条必由之路吧。

关于波兰人和英国人破译 Enigma 的故事，到这里基本上可以告一段落了。但在精彩的故事之外，是不是还有什么值得我们进一步探究的东西呢？

当然有。

Enigma 一如其名，是个标准的"谜"；多年以来，它始终存在着，我们却似乎总也看不清楚它。在层层雾障之后，Enigma 时隐时现，对它有浓厚兴趣的人，往往无法尽览其芳颜。既然如此，且让我们走近一些，仔细审视这无愧于"一代名机"之称的传奇密码机的真身吧。

第五章

雾中之谜：
回眸一代名机Enigma

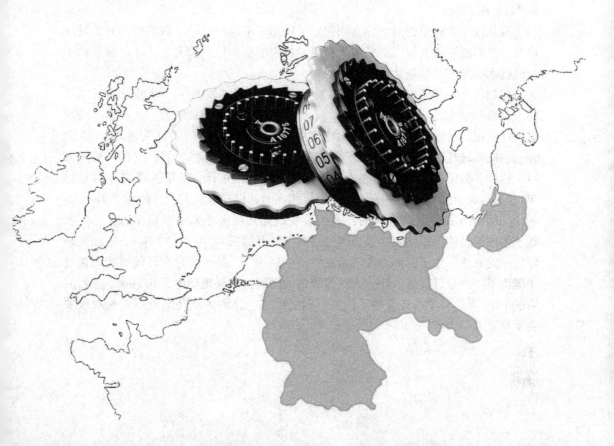

一、那个转轮密码机爆发的年代

本书曾经提到，从时间先后的顺序讲，Enigma 并不是世界上第一种使用转轮进行加密操作的机器，而是第一种被大规模应用于实践的转轮密码机。很令人惊讶的是，已经沉寂了几百年、始终没有重大创新的密码界，居然会在短短 10 年之内，雨后春笋般地蹦出了几种原理极为近似的转轮加密的发明；而且，其中某些发明者在申请专利时，还真是完全不知道别人也在近期内申请过类似的专利。就在 Enigma 诞生前后脚的几年之内，至少还有

美国人：爱德华·休·赫本（Edward Hugh Hebern）

荷兰人：胡戈·亚历山大·科赫（Hugo Alexander Koch）

瑞典人：阿维德·格哈德·达姆（Arvid Gerhard Damm）

瑞典人（生于高加索地区）：鲍里斯·恺撒·威廉·哈格林（Boris Caesar Wilhelm Hagelin）

等几位，为转轮密码机的开创和发展做出了卓越的贡献。联系到当时的具体情况，我们或许应该说：正是由于一战对各国的全方位空前考验，才迅速催动了密码技术本身的强劲进化。

比如，在一战还没打起来的 1912 年，美国人赫本发明了一种可以通过"移动字母板"加密的打字机。我们可以看到，这种比较原始的加密方式，其实还没有迈进机械式转轮加密的大门。而按照从前密码技术发展的"惯常速度"，真要等到明确的转轮被发明出来，那都不知是多少年以后的事情了。但在一战爆发后，这种老祖宗型号的密码机进化过程就大大加快了；到开战第二年（1915 年），这台密码机已经演变成两台打字机相连的新模样了。它们之间用类似 Enigma 连接板的方式连通，加密时，通过改变线路接插关系来改变换字表，也就实现了不同明文使用不同换字表加密的目的。到开战第四年（1917 年），机械式转轮加密的概念产生了；而到大战结束时（1918 年），赫本的这台转轮式密码机终于诞生了——也就在这一年，大西洋那边的德国，同样也诞生了 Enigma。一年之后的 1919 年，赫本终于获得了相关专利的批准，比谢尔比乌斯获得专利批准要稍微早那么一点点。

图 164　赫本发明的转轮密码机

在那个更像"滚筒"的原始转轮中间，正是一条字母箍带

　　而说到 Enigma，这个过程就更加明显。如我们前面的故事所叙，Enigma 正是在德国军方强烈的需求推动下，才迅速地登上了密码应用的顶峰。

　　在前面提到的这些先驱中，瑞典人哈格林也是一位不应该被我们忘记的人。如前文所说的那样，谢尔比乌斯发明了 Enigma，将纳粹德国和法西斯意大利严密地武装起来；而同为欧洲人的哈格林，生产贩卖的转轮式密码机却广泛地武装了盟国阵营。从时间上看，Enigma 的军用型，比哈格林密码机的军用型——C-36 早出世了 9 年。但是，这一点并没有妨碍它们两大家族在二战中各为其主，斗了个不亦乐乎。

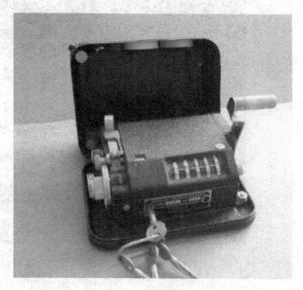

图 165　被法军率先采购的哈格林 C-36 密码机

图 166 拆开一看，啊哈——又是一个转轮式的密码怪物

图 167 与 Enigma 不同，它的观察窗口同时显示 3 行字母
只有中间那行才是当前的转轮位置，本图中即为 LXTBI（末字母并非 T）

　　值得多说一句的是，这些转轮密码机先驱们的姓名，尽管早已被镌刻在密码学的历史中，让后人很是心驰神往，但他们中间多数人的结局，却并不如童话中那么美妙。

　　——美国人赫本，他发明的机器曾被美军采用，但最后因为安全性不足被淘汰了。第二次世界大战爆发后，军方对密码机的需求骤然上升，过去保留下来的一些老式赫本密码机也就派上了用场，虽然它们的安全强度不够，但是拿来进行低级别密电通信还是挺合适的。不止如此，老式赫本密码机虽然不被青睐，但它的设计思路毕竟是正确的，竞争对手们当然也都很乐意"参考"一下。问题是，这样的设计思路，赫本可是在美国申请过专利的。结果，其他牌子的密码机大量装备了美军，而赫本却并没有因此暴富——或许是因为战争正在进行中吧，比起更多、更重要、更紧急的大事来说，一个小商人的合法利益大概实在算不上什么了不起的事情，也就很"合情合理"地被当局有选择地"遗忘"掉了。等到第二次世界大战结束后，赫本终于站了出来，为自己的权益与美国政府打起了官司，并明确要求索赔 5000 万美元。这个数额有没有道理且不说它，关键是随着时间的流逝，一切早已是物是人非，想要精确计算出在这么多年里赫本究竟受了多少损失、又该得到多少金钱补偿，几乎已经成为了一个不可能的任务。此外，由于转轮密码机在当时还是绝密玩意儿，一定程度上也限制了诉讼的深入。如此等等，都决定了这必然将是一场旷日持久的官司。双方一直坚持到 1958 年，政府一方最终决定息事宁人，选择赔钱来了结这个麻烦事，不过不是赫本索要的5000 万美元，而只是区区 3 万美元而已。最令人感慨的是，即便是这笔象征性的小钱，赫本自己也已经拿不到了，因为早在 6 年前，他就已经离开了人世。

　　——荷兰人科赫，最先将转轮专利实用化。但是他穷困潦倒，无奈之下只好将这个技术有偿转让给谢尔比乌斯。正是在这个基础上，Enigma 才获得了当时堪称最先进的密码特性，也才能被改进为真正实用的密码机。而 Enigma 在此后获得的一切荣光，都与科赫这个名字丝毫无关了。

　　——德国人谢尔比乌斯，我们已经介绍过，在 Enigma 刚刚获得好年景的1929 年 5 月，因为骑马意外丧生。

　　——瑞典人达姆，发明了双转轮的密码机后也成立了公司，但是买卖一点也不兴隆。1927 年，达姆去世。

　　——唯一的例外，就是那位生于高加索的瑞典人、曾经用自己的产品武装了盟军的哈格林了。起初，哈格林在达姆的公司工作，后来达姆死了，他就趁机用低价收购了整个公司，自己当上了老板。之后，换了新主人的公司以法国军方的第一张订单为起点，生意越做越大。二战烽火一起，哈格林的公司生意好得简直不得了，并由此奠定了自己在密码机领域的超重量级地位。战后，这家已经搬到

247

瑞士的"密码股份有限公司"照样利润滚滚，甚至哈格林本人去世以后多年，公司的经营依然是欣欣向荣。我们知道，Enigma 毕竟是战败国的密码机，当纳粹和轴心国灭亡以后，自然也就销声匿迹了。而被战胜国选用的哈格林密码机，则很好地保持了生产和开发的延续性。与 Enigma 的发展模式很相似的是，哈格林密码机也繁衍成了一个巨大的密码机家族；但是比 Enigma 幸运的是，即便到了今天，在我们这个地球上，依然有超过 130 个国家的政府或商业用户，在使用着这个牌子的密码机。

由此，哈格林也成为几位转轮密码机的先驱中，唯一一个依靠密码技术成为巨富的人。

回望那个转轮密码机爆发的年代，品味着先驱们迥异的人生境遇，我们又会想到什么呢？

二、我们为什么要研究 Enigma

一如我们介绍的那样，Enigma，是一种诞生并广泛使用于半个多世纪以前的密码机。

就其安全性而言，它远比不上今天的计算机加密。

就其延续性而言，它早在德国战败时——即 60 多年前的 1945 年，就已经永远地停止了发展。

就其通俗性而言，想琢磨明白它的原理，还真不是一件太容易的事情。

就其娱乐性而言，如果"能够产生枯燥的密码"也能算个"得分点"的话，那么 Enigma 的娱乐性总算大于零了。

那么，今天我们为什么还要回过头来，仔细端详这台既不安全、又无子嗣、很费脑筋、还一点都不搞笑的密码机呢？

原因，说穿了其实也很简单。Enigma 这台文物般的密码机器，虽然已经告别了属于它的时代，但是它依然具有几乎是独一无二的"传奇性"。仔细回顾历史事实，我们不难发现：

在纳粹陆军的每个团、空军的每个大队、海军的每艘大型舰船和 U 艇，都有着 Enigma 的身影；

在纳粹党卫队、军事情报署甚至灭绝人性的死亡集中营中，同样也少不了 Enigma 的掺和；

装备着 Enigma 的 U 艇战果辉煌，曾经差一点就掐死了英国，而在它们使用的 Enigma 被破译后，这些被击沉的 U 艇，反过来又海葬了总数将近 3 万的德国潜艇官兵；

在北非，"不可破译"的 Enigma 先是让德军战无不胜，在它被破译后，又让盟军战无不胜。

通过破译 Enigma，盟军在诺曼底登陆前，成功地查清了敌人的部署和战略设想，并进行了针对性的战略欺骗。

以破译 Enigma 为起点，英国在 Bombe 大家族内，发展出世界上第一台电子计算机 Colossus。

……

如果我们换个角度，以 Enigma 为原点，把世界上的一些名人东拉西扯一番的话，结果也是"相当传奇"：

英国前退役海军大臣丘吉尔，先是在回忆录泄密、帮助 Enigma 腾飞，晋身首相后又非常关心对 Enigma 的破译，并曾亲自批复：破译 Enigma 的相关事务"具有绝对的优先权"。

德国元首希特勒，曾经当面称赞 Enigma 的安全性。

美国陆军五星上将、盟军欧洲远征军总司令艾森豪威尔，对破译了 Enigma 的波兰数学家表达了感谢。

德国陆军元帅、第 6 集团军司令保卢斯，在斯大林格勒城外被包围，最终率数万大军一起投降，其中还包括着 26 台 Enigma。

德国陆军元帅、"沙漠之狐"隆美尔，先是靠德国破译的盟军密码接连取胜，后来又栽在了被盟军破译的 Enigma 上，最终败给了后来晋升为上将的蒙哥马利。

德国陆军一级上将、"德国装甲兵之父"古德里安，正是靠着波兰人暂时无法破译的升级版 Enigma，通过严格保密的最先进的"闪电战"战术，迅速地灭亡了波兰。

……

总之，Enigma 作为一个"物证"，出生的"不早"但是"够巧"，刚好从头至尾见证了德国的逐渐军国主义化、发动战争、嚣张一时乃至最后国破家亡的全部过程。在这个过程中，本身无所谓对错和正邪的 Enigma，被直接绑上铁十字战车东征西讨，尔后，围绕着这个 Enigma，双方又上演了无数吊诡变诈的故事。如此种种，又如何会不"传奇"呢？

如前所述，Enigma 机器本身虽然与纳粹的种种暴行无关，但作为第三帝国一个极为独特而抢眼的军事象征，即便到了今天它也未被世人完全遗忘。毕竟，不是每种密码机，都会被军队大量装备；不是每种密码机，都有机会参加实战；不是每种密码机，都会被对手完全破译；不是每种密码机，都会被彻底曝光。

在我们回顾密码机的历史时，会发现曾经有那么多不同种类的密码机。但是，就算那些曾被大量装备又投入实战的机型，其中会遭到"完全破译"的命运的，其实并不是太多；而在其中，想要找到"被彻底曝光"的机型，简直如同大

249

海捞针。事实上，唯一可以拿来与 Enigma 比拟的，只有同为战败国的日本的
"紫密"。而紫密的曝光，也远远没有 Enigma 充分——更何况，紫密是外交用途
的密码机而不是军用密码机，它压根就没被军队装备过……

大量装备、参加实战、遭到破译、彻底曝光，在这 4 个考评项目上，Enigma
绝对可以拿到 4 个满分——它实在是特殊中的特殊，堪称是独一无二的标本！

而且，纵观 Enigma 的历史，我们不难发现，这台小小的机器就像传说中的
金线一样，串起了一颗颗耀眼的明珠。这些明珠，当然就是密码界的一个个奇
才——而他们倾力破译 Enigma 的故事，跌宕起伏之余，其中散发出的智慧光芒，
更是令人过目难忘……

那么，Enigma 究竟是什么，怎么具有如此之大的魔力？

好，就让我们来看看答案吧。

三、Enigma 终极解剖

（一）前言

Enigma 与同时代的密码机比起来，的的确确算个异数。而这个"异"，又
"异"在哪里呢？

首先，它的"加密－解密同相"的操作方式，或者说，它的自反特征，绝对
是独树一帜。

其次，它兄弟众多，直系（国内的种种版本）和旁系（海外衍生版本）都
是"机"丁兴旺，堪称为一款超人气的密码设备。

再次，从 1918 年它被发明出来，到 1926 年被军队采用，再到 1945 年纳粹
灭亡为止的这 27 年时间里，它的改动无数，却始终顶着个 Enigma 的名号。何
况，即便在战后，依然有不少国家在使用它。总之，在参加过二战的密码机里，
它的确算是个寿星了。

——称它为"异数"，应该不是言过其辞。

下面，我们就着手拆了它，仔细看个究竟吧。不过，以下内容理解起来，相
对可能比较费力，也请大家做好心理准备。

在具体拆解以前，再多说两句吧。我们拆解 Enigma，并不是为了自己能再装
出一台来，而是从科技的角度，更深刻地理解一下密码究竟是怎么回事。起码，
这样也有利于大家更深入地理解 Enigma 究竟是个怎样的机器，而加密这种神乎
其神的过程，又是如何通过机电设备具体实现的。其实真搞明白了就会发现，这
个手段也并不特别高深，是我们各位都完全可以理解的——而哪怕只是从知识的
角度去欣赏一下，不也是挺好的么？何况，Enigma 作为出现较早的转轮密码机，

它的结构是非常典型的，能够理解它的运作原理，对理解其他密码机也会有相当大的帮助。

最让我手痒和心痒的原因，却源于另外一个发现——在寻找资料的漫长过程中，我搜索并浏览了相当多的中文论坛和中文站点。这其中，涉及英国破译Enigma故事的文章简直是汗牛充栋，偶尔也能看到个别文章（例如，"三思科学网站"上有一篇编译作品《ENIGMA 的兴亡》相对详细地介绍了 Enigma 原理）。但是，我没有找到哪怕一篇文章或资料，真正全面而清晰地介绍 Enigma 的内部构造，和它的详细工作机制。换言之，"密码机打开以后是个什么样"，"密码机到底是怎么一步步加的密"，诸如这样的问题，几乎就没有一篇公开的中文文献描述过。

"首次披露"总是很诱惑人的，那么咱就不自量力地来填一次空吧。

（二）输入、输出模块

粗粗研究一下，照我个人的观点看，这 Enigma 机器可以被分成几个功能模块，分别是输入部分、加密部分、输出部分，其中，输入部分和输出部分都比较好理解。输入部分就是键盘，如图：

图 168　仔细看，它跟今天我们的键盘排列是不同的，正是故事中的那个著名的 QWERTZU……顺序

图 169　使用时要用力一个个按下去，绝不会像在电脑上打字时那么快
以术语来说，就是按键的"键程"比较长，接近两厘米

图170　按键 V 下方，那个暗淡的铭牌上有"M"字样，
表示它是海军使用的 Enigma
事实上，它正是 U 艇使用的 M4 型 Enigma 的键盘

图171　另一张更清楚的 M4 铭牌
从图中我们可以知道，该 M4 编号为 18370

在键盘的上方，还有一块长得也很像键盘的显示板。这个显示板就是机器的输出部分。经过层层加密后，最终输出哪个字母，哪个字母位置底下的小灯泡就亮起来，从显示板上就能直观地看到，如图：

图 172　在某种设置下，输入字母 S，得到密文字母 N
注意，这是后来复制的、仿真程度极高的 Enigma

下面就是显示板发光部分的核心——小灯泡。

图 173　它的长度大约是两厘米，
比今天常用的小灯泡要略短一些

在显示板每个字母的位置下面，都有这么个小灯泡。于是，灯泡一亮，那个字母也就分外突出了。

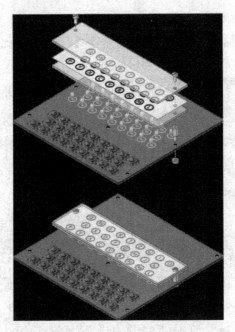

图 174　近年使用电子器件制作的复制型 Enigma 的显示板部分

虽然发光的部分已经改成了二极管，但是显示板结构层次大致就是这样的

就不由得遐想起来——如果是现在发明这个键盘，其中的小灯泡，也肯定该换成发光二极管了吧？又省电、又能换颜色、又不爱坏、还不发烫，而且还便宜啊！大概还可以换成液晶面板之类的玩意儿，也许吧……

以上这些部分都很好理解。真正要费点劲儿才能想明白的，正是它的加密部分。

（三）加密模块

从原理方面我们可以知道，Enigma 的加密是在多表替代基础上，再加上单表替代组合成的。因此，它的加密部分可以粗略分解成两个模块，分别对应多表替代和单表替代。与此同时，Enigma 还有一个诡异的加密 – 解密同相机制，依靠反射板来实现。不过，从密码学概念上分析，它并不涉及新类型的加密方式，所以，把它姑且定位为加密模块中的附加模块吧。于是，Enigma 的加密模块，可以再细分成以下 3 个功能模块。

多表替代模块：转轮组

附加模块：反射板

单表替代模块：连接板

下面，我们就把它们拆开揉碎，一个个仔细打量一遍吧。

1. 多表替代模块

（1）拆解转轮

Enigma 之所以可以进行多表替代加密，其核心就是它内部的转轮组。转轮组、转轮组，顾名思义，自然就是由一组转轮构成的。

在发明之初，Enigma 机器有 3 个转轮，被命名为 Ⅰ、Ⅱ、Ⅲ 号转轮（也叫密钥轮或加密轮；［德］walzen，［英］rotor / wheel / drum）。考虑到这罗马数字不好打，"Ⅰ"单独使用的时候还容易被误认为英文字母，在本书中就把它们通通用阿拉伯数字命名，称为 1、2、3 号转轮；类似的，如 Ⅳ、Ⅴ、Ⅵ、Ⅶ、Ⅷ 号转轮，也改称为 4、5、6、7、8 号转轮。

在使用的时候，机器内部需要安装 3 个转轮。因此，1、2、3 号转轮必须全部装上，不过，它们的顺序可以是

$$1\text{-}2\text{-}3 \qquad 1\text{-}3\text{-}2$$
$$2\text{-}1\text{-}3 \qquad 2\text{-}3\text{-}1$$
$$3\text{-}1\text{-}2 \qquad 3\text{-}2\text{-}1$$

这所有 6 种可能中的任意一种。

随着机器的不断升级发展，加密安全性越来越好，转轮的数量也在增加。渐渐地，转轮变成了 5 个，但是机器内部没有那么多空间，仍然只能安装 3 个，因此就总有两个转轮被闲置着。当然了，装哪个、不装哪个，可以在使用前事先约定。这样一来，根据组合公式，我们就可以计算一下它的变化可能性了。

5 个转轮选 3 个安装的变化为

$$C_5^3 = \frac{5!}{3!(5-3)!} = \frac{120}{6 \times 2} = 10 \text{ 种}$$

在此基础上，所指定的转轮，在组装时顺序又是可变的。我们知道，任意指定三个转轮，就可以排列出 6 种情况，因此总的变化就是

（5 选 3 的变化）× （每一种内的变化）= 10 × 6 = 60 种

当然，更简单、更直接的算法是使用排列公式，一步就可以求出最终结果：

$$P_5^3 = \frac{5!}{(5-3)!} = \frac{120}{2} = 60 \text{ 种}$$

如我们说过那样，Enigma 的转轮还有更让人眩晕的变化。在海军型中，开始的 5 个转轮又渐渐发展到 7 个，最后则是 8 个。而需要装进机器的转轮，依然是 3 个。如此一来，可能的变化就分别是

7 个转轮：$P_7^3 = \frac{7!}{(7-3)!} = \frac{5040}{24} = 210 \text{ 种}$

8 个转轮：$P_8^3 = \frac{8!}{(8-3)!} = \frac{40\,320}{120} = 336 \text{ 种}$

情况大致就是这样。我们可以计算出，假如德国海军继续按此原则前进，将

转轮们发展到 9 选 3，则结果将是 504 种，10 选 3 时则是 720 种。在 10 选 3 的时候，其转轮组变化组合情况固然会变成 5 选 3 的 12 倍、增进也最为明显，但是，为此付出的代价确实就比较大了——彼此不同的 10 个转轮，价格上肯定是 5 个转轮的 2 倍，而其总重量、总体积也必将同步涨为 2 倍；而成本的增加、重量的增加和体积的增加，也必然会为整部机器的采购、配发、携行和使用带来新的问题。很显然，比起其他更加简单、更加便宜、更加见效的增强手段，"一味增加候选转轮个数"肯定不是一个最好的做法。这也就不奇怪，为什么即便是在德国海军，发展到变态的 8 选 3 以后，也终于刹住继续在这条路上高歌猛进的步伐了。

初步介绍完转轮组的变化以后，让我们暂时从数学的世界跳出来，仔细看看单个的转轮吧。这些转轮就像被切好的香肠片，中间用根儿铁扦子一穿，就可以拿去烧烤了——不对，就可以拿去组装了——其实就是这么简单。可是讲了半天，感觉还是干巴巴的……那我们就来点湿乎乎的！

图 175　3 个散放的转轮，是美国国家安全局（NSA）的资料照片

所谓转轮，也就是个直径大概 10 厘米左右的硬质轮盘。大家可以猜猜制造这个轮盘的主要材质是什么——铁轮子？钢轮子？铜轮子？铝轮子？其实都不是。它的主体，是用硬质的橡胶，或者酚醛塑料做成的，只有外圈，才是金属的。而这"酚醛塑料"，其实就是我们生活中经常会碰到的电木。比如老式的那种上下拨动的电灯开关盒，表面是黑色的，一般装在楼道里的那种——制作它的材料就是电木。

图 176　这是 Enigma 的 5 个转轮
每个转轮的轴孔附近都标记着它是几号转轮，用的是罗马数字

　　不难发现，这转轮的外轮廓是齿状的。不过比起真正的齿轮，转轮上的齿却明显柔和得多，一看就知道不是用来啮合其他齿轮的。事实上，这波浪状的柔和"牙齿"是用来拨动的，也就是拨轮（finger wheel）。换言之，它"啮合"的不是其他铁齿铜牙，而是报务员那柔软的手指肚。

　　下面，我们把转轮拉近了看一看。这样一来，难免就要翻来覆去一番：

图 177　转轮的左面视图

我们可以看到，在它的黑色底盘上，有一圈环形排列的发亮的圆点儿。这些圆点儿可就不是绝缘的橡胶或电木啦，而是正儿八经用铜做的触点（electrical contact）。至于这些铜触点的数量嘛，不多不少，正好26个。至于为什么非要是26个，恐怕就得去问发明字母序列的人了……好，我们再把转轮倒个个儿，从右面看看它：

图178　转轮的右面视图

依然有26个铜质的触点。只不过，这面的触点明显要小一些，又比较突出，

图179　转轮最上方的局部放大，除了纳粹的标记以外，还有转轮的独立编号 WaA678

于是改叫触针（pin）。此外，我们可以发现，转轮的轴孔附近还有着"V"和"A16775"的字样。这个V不是英文，而是罗马数字"V"，说明它是5号转轮。至于A16775，则与整机的流水号相一致——也就是说，这台 Enigma 机的编号，就是 A16775。

从左视图到右视图，大伙有没有从这些触点看出一点玄机？比如，要是把两个转轮对应地安装在一起的话……

图180 这张漂亮的示意图，是加拿大多伦多大学
Noah Lockwood 所作

上述的触点和触针，也就成了转轮之间进行沟通的"连接点"。同样地，3个转轮也可以这么组合在一起。

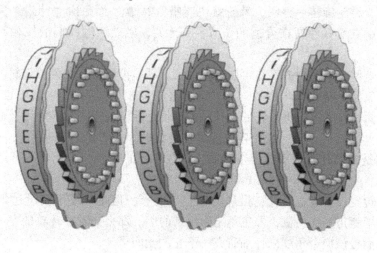

图181 3个转轮进行组合示意图

当 3 个转轮从左到右紧紧靠在一起时，右轮的左面和中轮的右面就重合在一起了。换言之，右轮的铜触点们，也就分别和中轮的触针挨个对应起来了。相应地，中轮的左面和左轮的右面也就这么接触好了。为了保证不同转轮的触点和触针能够确实可靠地彼此接触，在转轮的内部，还埋伏着预先压好的弹簧呢——在弹簧的支撑下，分别被顶出一点点的触点和触针也就相应地接触好了。

此外，刚才可提过，这触点和触针是铜做的。那么，它们既能导电，又被一对一地压在一起，电路还能不通么？实际上，这就是 Enigma 的设计精髓所在：机械部件虽然抢眼，却只是其中的配角。说到底，无论转轮再怎么旋转，目的也只是为了不断地改变电路而已。这就是说，Enigma 实际上是个电 - 机械混合机制的产物。

细心的朋友肯定要问了：那么，又怎么保证触点和触针严格地一对一地接触呢？转轮们虽然是共轴的，但是各自旋转角度稍微不对，就没法保证右轮上的某个触点"正好"顶在中轮的相应触针上啊……

确实如此。不过，总还有简单的解决办法不是？请大伙参见图 178。

这些触针们，不是乖乖地分布在一个黑色的底盘上么？这黑色底盘的轮廓也不是正圆，也长满了牙齿，可真的是"齿轮"了。从齿的角度和锐利程度就能看出，这玩意儿也不是让人拨来拨去，而是要啮合其他齿轮的了。它的名字就是棘轮（ratchet wheel），上面分布着很多"齿"，具体数量各位也不用数了，还是天杀的 26 个——而这，不正好和触点、触针的数量相等么？实际上，它的作用就是在机槽内和相应的机械机构相配合，使转轮的转动精确到位。当转轮旋转时，棘轮不仅能制造出"咔嗒"、"咔嗒"的噪声，而且还能控制转轮每次转动 1/26 圈。于是，转轮旋转一整圈，棘轮就"咔嗒"26 次。而每次"咔嗒"完毕，都可以保证触点恰好停留在合适的位置——至此，触点和触针们的接触问题彻底解决。

以上这些，都是白的不能再白的大白话。要是再严格点儿说，棘轮的主要功能，其实就是让转轮以步进的方式转动。这个"步进"，我们生活中也很常见，比如各位家里挂的石英钟。它的秒针一般都不是圆滑地一圈圈转动的，而是每走一秒就"咔嗒"停一下，好让各位能方便地计时。至于老式和某些复古风格的钟表，倒是有那种非常平滑地走动的，只是在看的时候，未免觉得有些把不准点儿……

如果转轮仅有以上设计，虽然的确也够牛了，但是，还确实没达到 Enigma 的水准。毕竟是一代名机，那也不是吹出来的啊。那么，看了转轮的左面和右面以后，我们也该换个角度来仔细研究一下它的侧面了。

图 182a 转轮的侧面

啊哈，这个转轮还挺厚的——当然要厚，要不那些负责把左面的触点、右面的触针给顶起来，以便与邻近转轮相应触点和触针密切接触的弹簧，岂非就没地方安放了？不过，附上这张图的主要目的，倒不是为了让各位体谅德国工人安装弹簧的难度，而是请注意这里：

图 182b 局部放大，再放大

字母轮箍（alphabet tyre 或 letter ring），又一个新名词出现了。这东西名字叫"字母轮箍"，然而在某些版本的 Enigma 转轮上，上面刻印的可是数字，比如咱们现在看到的这个就是；而在另外一些型号上，字母轮箍才名副其实。如果是数字，那么就是从 01、02、03、……26；如果是字母，那自然就是从 A ~ Z 了①。这里也顺便说一句，无论是字母还是数字，它们都是沿着轮箍"向上"顺序排列的。

图 183　这个转轮的字母轮箍可终于是名副其实了

当我们把转轮按正确的方式装进 Enigma 后就会发现，02 在 01 之上，B 在 A 之上，诸如此类。

图 184　侧视图看得更清楚一些

---

① 当然，如果是军事情报署型 Enigma 的话，排列顺序则为 QWERTZU……。

在转轮旋转时，人们需要用这些字母、数字来标定转轮的当前位置。正常使用时，转轮是被封闭在机器内部的，人们无法直接读取它们的位置；因此设计师在 Enigma 机器的面板上，又专门设计了小小的观察窗口，通过这些观察窗口，人们就可以很容易地读出当前各转轮所旋转到的位置了。

图185　通过观察窗口，可以清楚地读出4个转轮的位置是 RDKP

这样一来，报务员就可以通过面板上的这些窗口，观察显露出的字母或数字，进而判断每个转轮当前旋转到的位置。比如在上图中，从左到右4个转轮的位置，分别就是 R、D、K、P。顺便说一句，既然是为观察转轮的位置，每个转轮当然也都会对应一个观察窗口。所以，我们只要简单数一下观察窗口的数量，就能判断出这台 Enigma 的转轮组中，到底用了几个转轮。比如刚才这台机器，有4个观察窗口，就说明它是一种4转轮型的 Enigma。

在早期的 Enigma 版本中，字母轮箍是被固定在转轮外侧面的。也就是说，轮箍上的字样，只能简单地表示转轮处于某个角度而已。随着机器的升级，又渐渐衍生出更复杂的装置，可以调节字母轮箍和转轮内部连线之间的对应关系了——这个说起来就相当复杂，本书就不具体介绍了。而像这样可以改变设置的字母轮箍，有个专门名词来形容它的具体设置，就是所谓的环位置或环设置（［德］ringstellung；［英］ring settings）。

即便是从字面上分析，"字母轮箍"应该也只是个空心的环。事实也的确如此，这个轮箍就像个被放大了的耳环。那么，转轮侧面难道只有这一圈轮箍，里面就是空的了么？当然也不是。这个转轮可是实心的，它的内部不仅有刚才提到的弹簧，更重要的是，拥有密密麻麻的许多段电线。正是靠这些电线而不是轮子本身，才能组合出 Enigma 所需要的千变万化的电路。

图 186　转轮内部触点－触针之间"一对一"的线路相当纷乱

图 187　庄园内的展品，看得更清楚一些

既然有许多段电线，那么，必然有首有尾。考虑到电线都是一头连着右面的触针，一头连着左面的触点，那么，几个转轮如烤熟的羊肉般串好以后，电流就将沿着

　　　第一个转轮的触针 → 第一个转轮的触点 → 第二个转轮的触针 →
第二个转轮的触点 → 第三个转轮的触针 → 第三个转轮的触点

这么一条优美的电路蜿蜒前行。此外，如刚才所介绍的那样，在同一个转轮内部，每个触点都会通过电线连接到一个触针。那么，是不是说每个触点只能对应某个触针呢？比如，17 号触点，是不是一定就连接到 17 号触针呢？

当然不是。比如在 1 号转轮里，左面的 3 号触点连接着右面的 26 号触针（仅是举例，实际上未必是这么连接的），而在 2 号转轮中，同为 3 号触点，连接的也许就是 9 号触针——正因为连接关系没有规律，当不同的转轮串列组合以后，也才会产生更加不容易被追寻出规律的变化。但是，变化无穷是好的，工厂没法生产就糟糕了。因此，只有同机型、同号型的转轮，比如所有同型 Enigma 的 3 号转轮，它们的连线关系才是相同的；而不同机型或不同号型的转轮，内部连线关系就会有着显著的区别。但是，我们不要小看这个触点 - 触针连线关系的变化，就这一点，起码为增强 Enigma 的安全性贡献了两个好处。类似的特性，在其他种类的密码机上，往往或多或少也都有所体现：

1）由于同号型的转轮内部连线关系一致，所以，不同使用者之间可以通过约定使用某号转轮，方便而迅速地搭配出同样的电路结构。因此，即便远在千里之外，两台 Enigma 之间也可以进行正确的加密、解密操作。

2）由于不同号型的转轮内部连线关系完全不同，因此，使用几个不同号型转轮串列成转轮组，可以明显提高 Enigma 的安全性。我们知道，Enigma 在工作时，需要安装 3（或 4）个转轮。如果它们的内部连线情况完全相同的话，也就大致相当于同一转轮在某种情况下连续加密 3（或 4）次，被破解的风险必然大大增加。

这个设计，确实是越想越有道理，值得表扬！关于转轮的主要构成，就介绍到这里吧。至于凹口圈、弹性环状校准杆等等转轮上的一些小附件，这里就先不展开说了。

讲了这么多，估计大家也晕了。为了把枯燥的叙述变得生动一些，下面我们还是附上一张 Enigma 转轮的构造示意图吧。这图第一的确画得很好，第二的确也不是我画的——看了这个，或许能更好地帮助大家理解这个转轮的牛叉之处吧：

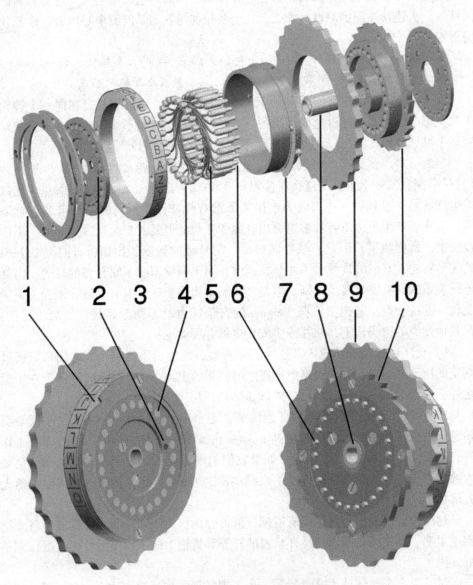

图 188　Enigma 转轮内部构造示意图

本图引自维基百科网站，原作者 Wapcaplet（真名 Eric Pierce）

以下中文注释为本书作者所加

1. 凹口圈；2. 对应字母 A 的标记点；3. 字母轮箍；

4. 连接盘；5. 连线；6. 触针；7. 弹性环状校准杆；

8. 集线器；9. 拨轮；10. 棘轮

为了加深一下对实物的印象，我们再来看看真实转轮分解图吧。

图 189　还是庄园内的展品。前面的图 188 实际是它的局部特写

图 190　本图依旧是加拿大多伦多大学 Noah Lockwood 所作
顺便说一句，他使用 3D 制作软件 MAYA 构建了
一个完整的转轮 3D 模型，此为截图

突然就想起一句小诗，谁写的来着，好像就是我自己吧？

　　新的概念如水般涌来，我在默然后终于晕菜

（2）加密原理的转轮实现

　　我们已经知道，转轮右面有 26 个触针，左面有 26 个触点；在转轮内部，触针和触点一一对应并通过连线相接。那么，要是从密码学的角度来审视的话，这个转轮又意味着什么呢？为了找到答案，我们还是从右面的触针入手，认真分析一下转轮的加密机制吧。

　　首先，我们把转轮右面的触针们编个号，规则很简单——以最上方的触针为 1 号，然后顺时针方向依次流水编号。这样，触针就被依次命名为 1 号、2 号、3 号、……、26 号。然后我们把转轮翻过来转到到左面，以同样的方法，按顺时针方向将触点顺序编为 1~26 号。既然触针和触点都是靠内部导线连通的，那么我们就可以用某种"一对一"的方式记录这种连接关系。比如，若是 1 号触针和 7 号触点相连，我们就记作 1-7，而 2 号触针和 18 号触点相连，我们就记作 2-18，3 号触针和 9 号触点相连，我们就记作 3-9，如此等等。

　　现在，我们向 1 号触针输入一个字母信号。根据 1-7 的连线情况，我们知道它必然会从 7 号触点流出。相应地，从 2 号触针输入的信号将从 18 号触点流出，从 3 号触针输入将从 9 号触点输出。如此这般，从不同的触针输入字母信号，也都会从唯一对应的触点流出。

　　下面，我们来做个新变换，规则也同样很简单——别的都不用改变，只要把 1~26 这 26 个数字，依次替换为 A~Z 这 26 个字母就行了。相应的，1-7 也就会被改写成 A-G，2-18 就被改写为 B-R，3-9 则被改变成 C-I。不用过多地试验，我们完全可以想像出，这个对应关系一定是一对一的，而且，必定没有重复和遗漏。

　　而这种对应关系，其实也可以想像为明文字母和密文字母的映射关系。如果我们把 26 个字母的对应关系都写下来，那就形成了一张标准的换字表。准确点说，它是一张单表替代的换字表，与我们在全书最开始提到的恺撒密码换字表很像。只不过，我们现在得到的换字表内部规律很复杂，根本不是在字母表顺序的基础上，简单移动一下就能得到的。即便如此，这样的换字表无论看起来有多么复杂，它也还是典型的单表替代。使用频率分析法，很轻松地就可以破解它，也就说不上有什么安全强度。

　　但是，我们还是不应该遗忘一点：转轮是会转的。

　　我们知道，转轮正常使用时，在不断的输入驱动下，它会不断地旋转。因此，诸如 1-7、2-18、3-9、……的对应关系，就会发生新的改变。现在我们假设转轮旋转一格（面对操作者向"上"旋转），那么刚才 2-18 中的 2，由于转轮

"向上"旋转了一格，就相当于在原来的基础上（+1），因此该触针的编号也就变成了（2+1）=3。而在转轮的另一面，由于同样采用顺时针编号，导致触点的流水号会在原来的基础上（-1），因此该触点的编号也就变成了（18-1）=17。相应地，1-7 就会变成 2-6，而 3-9 则会变成 4-8，如此等等。

不难发现，这个变化已经有点复杂了。现在，再让我们用字母们取代数字编号，就会出现以下的结果：

未旋转时		旋转 1 格后	
1-7	A-G	2-6	B-F
2-18	B-R	3-17	C-Q
3-9	C-I	4-8	D-H

很明显，字母对应关系已经发生了重大变化。虽然我们没有把全部 26 个字母的替代关系全部罗列出来，但"变化"这一点已经是毫无疑问的了。既然对应关系变了，它也就意味着换字表发生了变化——这就是说，我们已经拥有了第二张换字表。

回顾整个操作，只是因为转轮转动了一格，我们就获得了一张新的换字表。那么不难想象，当转轮转过全部 26 个位置以后，我们也必将获得全部 26 张换字表，而且必定彼此不同。凭借这全部 26 张换字表，或者概括称为"多（张换字）表"，我们可以已经清晰勾画出了转轮的加密本质：它正是一个典型的"多表替代"的密码机制！

但是，单个转轮无论被设计得有多么复杂，它的变化规律也不会脱离以上的简单规则。为了实现继续增强安全性的目的，就有必要把转轮们组合起来。这个操作其实很简单：3 个转轮并排放一起，中间用根小棍儿（学名叫杆，shaft）一穿，稍加收拾，一个转轮组就诞生了。

图 191 这是海军型 Enigma，具体说就是 M4 型 Enigma 的转轮

图 192　穿好以后压实，就是这个样子

图 193　这是陆军型，与上面的海军型还是很像的，
只不过字母轮箍有点不同

图 194　这张转轮组示意图还是那位 Wapcaplet 做的，清晰直观

我们已经知道，每次输入字母信号时，转轮们都会旋转，从而改变电路结构，导致输出不同的字母信号。那么，转轮组到底能生成多少张换字表呢？

粗粗看起来，这个问题似乎应该用简单的累乘来计算。如果我们把每个转轮能够生成的换字表数量记为 P，而转轮组内的转轮数量记为 Q，那么能够生成的总换字表量 N 就应该是

$$N = P^Q = 26^3 = 26 \times 26 \times 26 = 17\,576\ \text{种}$$

通行的各种书刊上，一般都是以此为结论的，也即 3 个转轮，可以提供 17576 种变化。说实在的，这样的想法很自然，以至于一开始我根本没看出什么破绽。比如，英国作家 Simon Singh 的名著《密码故事》（*The Code Book*）中，就使用了这个数字。根据该文编译而成、首发于三思科学网站的著名网络文章《Enigma 的兴亡》（http：//www. oursci. org/magazine/200108/010809. htm），引用的也是这个数字。除此以外，国外还有不少相关著作或文章，使用的也是这个数字。

——但是，这个数字竟然是错的！

尽管如此，三思科学的这篇文章还是写的非常好，这里，咱们只是指出它的问题。错了没关系，关键是要知道错在哪里。现在再看这个数字，我甚至可以知道当初各位究竟是怎么错的——那就是，他们或许看到过 Enigma 的转轮，也见过转轮组（不管是不是照片），但是，他们肯定不知道这个转轮组实际是怎么运行的——问题就出在这里！由于不知道具体的运行方式，凭"想当然"就会很顺

理成章地认为，这3个刻着26个字母的转轮，其组合变化必然是26的立方。可惜，Enigma是个电－机械结构的密码机，而不是一个理论上的虚拟产物。它的机制就决定了，Enigma在真正使用时，它能产生的换字表的总数量，是达不到这个理想值的。下面，我们就来认真分析一下，到底是什么导致了计算值的失真吧。

（3）特殊的舞步——双重步进

前文说到，Enigma机器内有个转轮组，由3个转轮组合而成。每个转轮都有26个可能的旋转位置。那么整体而言，所能生成的换字表总量，是不是26×26×26=17 576种呢？要说清楚这个问题，光靠想像是不成的，而必须把它安装在Enigma里，真正考察一下转轮组的运行过程，才能得出正确的结论。不过，为了便于理解，我们还是以石英钟为例子，先来简单说说"步进"和"进位"的关系吧。

石英钟的表盘上，有秒针、分针和时针。其中，秒针从0开始一格格运动，1、2、3、4……59。这"一下""一下"的运动，我们称之为**步进**。当秒针运转到59，继续步进的时候，就会再次指向0，就在这个瞬间，分针跟着前进一格。本例中，59这个位置，我们就称为进位点。这就是说，秒针从0步进到59，达到进位点；再次步进一格时，秒针进入下一圈，也就是0。而越过进位点的这一次步进，秒针将带动它上一级的分针也步进一次，这个过程，就是**进位**。同理，分针到达59这个进位点时，再步进一次就将带动时针步进一次。换言之，分针也进位一次。

综上所述，进位点本身，并不是进位这个动作的发生点。只有再次步进并越过进位点，"进位"这一行为才会发生。

回到Enigma转轮组，情况也相当近似，这里，我们还是用字母来取代钟表上的数字吧——虽然前文说过，在很多型号的转轮上，刻在它的字母轮箍上的是数字，但这里为了叙述方便起见，一律假设为字母，反正机理根本就是一样的。现在，我们假设一个转轮的进位点是字母Z，那么，当该转轮步进到Z，并以此为基础继续步进到下一圈的初始位置A时，进位就发生了，而它左侧相邻的转轮也会因此步进一格。之所以被推动的转轮在它的"左侧"，原因也很简单——Enigma就是这么设计的，而作用相当于"秒针"、转动最频繁的转轮，正好在最右边。

对于Enigma机器来讲，转轮的步进是和输入直接相关的，操作员每输入一个字母，转轮就将旋转一格。因此，当转轮步进到Z时，操作员再次输入一个字母，就将引发进位。而整体地来看进位的结果，就是会有两个转轮同时步进一格——非常类似秒针和分针同时步进的那一下。

在实际应用中, 转轮上的进位点并不是固定死的, 而是可以调节的。这个用来调节进位点的装置, 就是凹口圈。

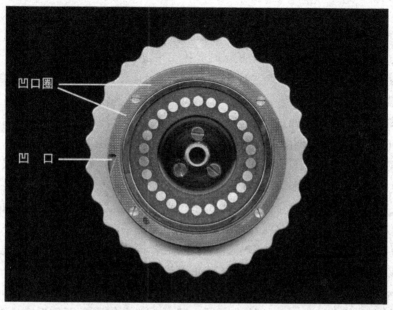

图 195　表面有点磨砂感的凹口圈, 只有在左面才能看到

凹口圈也叫缺口环 (notched ring), 在每个转轮上都有。它是个空心的圈, 套在转轮的左侧, 如下图:

图 196　注意, 图中左方的是另一个转轮的局部,
同样也可以观察到凹口圈和凹口

顾名思义，凹口圈上有个凹口。当凹口圈和转轮组合起来以后，我们就会发现：这个凹口正好是一个字母的宽度，而对应这个凹口的字母位置，就是该转轮的进位点。

例如，这个凹口对应着字母 B，那么当这个转轮转过 A、到达 B 时就到达了进位点；在新输入的驱动下，一旦该转轮由 B 步进为 C，左侧相邻的那个转轮就将跟随着步进一次，"进位"也就发生了。同时，由于凹口圈是可以手动旋转的，因此，操作员可以把它旋转到任意一个字母的位置。这就是说，他可以事先决定这个转轮的进位点。比如我们把它转到 Q，那么，这个转轮步进到 Q 以后，再次步进到 R 时，就将带动相邻的转轮也步进一次，形成进位。

不难看出，"进位点可以通过手工设置"这一条，确实可以将转轮组的运行规律打得更乱，也正是因为这个原因，凹口圈这个东西才不是白加的附件。如果没有它，出厂时所有同型号的转轮都被统一固定了进位点，那么必然导致所有机器的进位规律都一样——真要这样，那也太便宜敌国的密码分析人员了……

不仅如此。由于可以随时调节进位点，转轮步进的规律性越发变得诡异——不仅可以做到不同型机器规律不同（转轮型号不同，默认进位点不同），同型机器规律不同（同号型转轮进位点设置不同），还可以做到操作同一台机器时，加密这份报文和那份报文时的规律也不同。甚至，如果你愿意而且不嫌麻烦的话，完全可以在加密某一报文时，随时打开机器拧一拧那个凹口圈，让上下文之间的加密规律也不同……

不能不承认：这个凹口圈对于密码分析人员来说，实在是个非常有特色的杀着！

看到这里，有朋友或许会说了：转轮组如此运行，并没有涉及其他古怪变化，而三个转轮所能生成的换字表总数量，依然应该是 26×26×26 啊——别急，转轮组工作起来，确实还是有古怪变化的；而这个古怪变化的源头，就是所谓的"双重步进"（double stepping）。

为了说明这个双重步进，我们还是暂时把注意力转移到石英钟上，看看如果该石英钟执行了类似 Enigma 的"双重步进"的机制，又会发生什么吧。先看看正常的步进

时钟状态：01 时 59 分 59 秒

一秒之后：02 时 00 分 00 秒

两秒之后：02 时 00 分 01 秒

三秒之后：02 时 00 分 02 秒

四秒之后：02 时 00 分 03 秒

现在革命了，咱们往石英钟内灌入 Enigma 思维，让它双重步进

> 时钟状态：01 时 59 分 59 秒
>
> 一秒之后：02 时 00 分 00 秒
>
> 两秒之后：02 时 01 分 01 秒
>
> 三秒之后：02 时 01 分 02 秒
>
> 四秒之后：02 时 01 分 03 秒

请特别注意双重步进时，"一秒之后"和"两秒之后"这两步的变化。仔细琢磨一下我们就会发现，现在的石英钟实在是有点见鬼了：02 时 00 分，总长度本应该是一分钟的这"一分钟"，真实长度居然只有一秒钟！

而我们所说的双重步进，其玄机就在这里。分针到达进位点后，再次步进则带动时针步进，形成进位，这不稀奇。而时针进位之后，在紧接着的下一"秒"，还会反过来带动分针，让分针再次步进一位，看起来简直就是"裹挟"！要是各位家里的石英钟也这么走，估计大伙非砸了它不可，可 Enigma 的转轮组，实实在在还就是这么运行的！

好了，让我们来深入分析一下吧。当你打开一部 Enigma 时，会清楚地观察到机器内的转轮组。现在，我们把你左手边的转轮命名为左轮，中间的则是中轮，右手边的则是右轮。

要特别留神一点的是：操作员输入的字母信号，并不是从左轮流入转轮组的，而是从右轮流入的。换言之，如果你正襟危坐在 Enigma 前，那么它的转轮组对一个输入的字母信息，加密的流程就应该是

> 后续加密步骤 …… ← 左轮 ← 中轮 ← 右轮 ← …… 输入字母

这样的。

如此的流程顺序，跟我们一贯从左向右的阅读习惯正好满拧，但也没有办法，谁让它就是这么设计的呢——在这个流程状态下，充当石英钟秒针的角色就是右轮，分针就是中轮，时针则是左轮。

现在，我们假定左、中、右轮的凹口圈，其凹口位置分别为 E、F、G，即左轮的进位点为 E，记为左轮（E）；中轮的进位点为 F，记为中轮（F）；右轮的进位点为 G，记为右轮（G）。

在此基础上，我们再假设当前转轮组的初始位置为 A、A、A。那么，转轮组的情况就是

	1（凹口 E）	2（凹口 F）	3（凹口 G）
初始位置	A	A	A

现在，我们就开始在纸面上模拟一下它的加密过程。其中的每一行，都表示操作员一次新输入后的状态：

	1（凹口 E）	2（凹口 F）	3（凹口 G）
初始位置	A	A	A
第一种情况 （单纯进位）	A	A	B
	A	A	C
	A	A	D
	A	A	E
	A	A	F
	A	A	G①
	A	B	H②
	A	B	I

································ 继续加密 ································

	1（凹口 E）	2（凹口 F）	3（凹口 G）
第二种情况 （双重步进）	A	B	F
	A	E	G③
	B	F	H④
	B	G	I⑤
		G	J

································ 继续加密 ································

	1（凹口 E）	2（凹口 F）	3（凹口 G）
第三种情况 （单纯进位）	D	E	E
	D	E	F
	D	E	G⑥
	D	F	H⑦
	E	G	I⑧
	E	G	J⑨
	E	G	K
	E	G	L

① 注意，3已经到了进位点

② 进位完成，2步进一格；3的步进，则是因为新输入

③ 注意，3再次达到进位点

④ 3对2的进位完成；注意，2也达到了进位点

⑤ 2步进的同时产生进位，带动1步进

⑥ 3达到进位点，即将进位

⑦ 2步进，本身也达到进位点

⑧ 2步进的同时产生进位，带动1步进；1也到达进位点

⑨ 1并未进位，特殊情况结束

先让我们看第一种情况，即单纯进位的情况吧。在单纯进位的时候，低级转轮（即相对位置在右边的那个转轮）步进，并将通过进位的方式，带动高级转轮（即相对位置在左边，并且直接与低级转轮相邻的那个转轮）步进。而实际上，在 Enigma 转轮组中，这样的情况只出现于右轮和中轮之间。

其次就是第二种情况，双重步进。在某个转轮"上有老，下有小"的时候，双重步进才会发生；而在这 3 个转轮中，满足这一条件的，只有中轮。当它到达进位点前一位，即将进位时，双重步进将按以下方式发生：①接受右轮的进位推动，中轮步进一位，达到进位点；②随着右轮的再次步进，无法稳定停留在进位点的中轮继续步进一位，因此越过了中轮自己的进位点，对左轮形成进位，于是，左轮也步进一位。整体来看，就好像是左轮在步进的同时，也要"捎带着"中轮再步进一次。如果说左轮是领导，中轮是手下的话，那么这位领导的"谱"未免也大了点儿……

而这个机制，就是我们所说的双重步进。容易看出，能够实现双重步进必须具备两个条件：第一，存在着低级转轮的进位推动；第二，存在着高级转轮。缺了一个，双重步进都不可能发生——这就是双重步进必然发生在"上有老，下有小"的中轮上的最根本原因。

看到这里，细心的朋友肯定会问：为什么中轮和右轮之间就不会发生双重步进呢？中轮进位后，带动右轮再次步进，也是符合这个原理的啊……

为了回答这个问题，也请各位再仔细看看上面的列表分析，特别请注意右轮这一列的变化情况。稍微留心就不难发现，右轮的变化可以说是不受任何影响的，典型的小胡同放牛——"一条道走到黑"，永远是心无旁骛地一位位顺序步进着。实际上，右轮的步进，并不是由于任何根本不存在的更低级（也就是更右边）的转轮进位推动而来，而是由操作员的直接输入产生的。因此，它每次仅仅针对输入做出直接响应，中轮怎么样，左轮怎么样，跟它都是完全没有关系的。它眼中的"领导"不是中轮或者左轮，而是报务员——在江湖上，人们把右轮这种我行我素的风格概括为：

走自己的路，让别人进位去吧。

为了更清楚地了解中轮在转轮组的特殊性，且让我们看看上表所列的第三种情况。如列表中分析的那样，中轮进位推动左轮到达进位点，再次输入字母后，按理说左轮也处于进位点这个不稳定的位置，这时候该步进了；可是，由于不存在更高级（也就是更左边）的转轮来"裹胁"它，左轮就只好在这个位置待下去了——这就是说，它根本就不会动！换言之，同样位于进位点，表现在"分针"上，那"一分钟"的长度只有一秒钟；而表现在"时针"上，那"一小时"却扎扎实实地依然是一个小时！

领导永远与众不同——这一点，确实是放之 Enigma 而皆准的真理啊。

总结一下，我们不难发现：凹口，也就是进位点，无论对于左轮还是右轮，都是完全无效的。无论出现什么情况，这两个转轮都不会出现双重步进，这一现象，仅能发生在中轮身上。联系到实际操作，整个转轮组的运行状态大致如下：

1）操作员每次输入的字母，都将直接推动右轮步进一格；

2）当右轮越过凹口圈上凹口对应字母位置的时候，将带动中轮步进一格；

3）当中轮越过凹口圈上凹口对应字母位置的时候，将带动左轮步进一格；

4）当左轮越过凹口圈上凹口对应字母位置的时候，将正常步进一格。

唯一特殊的是：中轮在越过凹口以前，只是在凹口的位置"停留"了一次而已。因此连起来看的话，这个中轮可是连续步进了两次。这就意味着，3）、4）所指代的现象其实是一回事。

那么，这个"看上去很美"的双重步进——估计大伙会把"美"字换成"烦"字——在实用中，究竟又有什么价值呢？实话实说，它确实没有什么特殊的用处。非要说有，那也只是在数学上，告诉我们 Enigma 转轮组生成的变化不是 17576 种而已。

分析了这么多，我们现在可以来试图回答最开始的问题了：转轮组到底能生成多少张换字表？为了清晰起见，这里就再列举一次刚才的转轮组"步法"分析吧。

还以上面的设定为例，当3个转轮分别转到 A、E、F 时，下一次就将变为 A、F、H，这一步倒还没有什么；再下一次，受双重步进的影响，将变成 B、G、I——注意：在此设定下，正常步进状态下该出现的 B、F、I，并未出现；因为中轮已经不能继续停留在 F 上，而是被双重步进所推动，变成了 G。因此当我们连续不断地输入字母时，如果中轮正好位于进位点，那么它只能在这个位置上停留一次，在下次输入时便会进位；而如果中轮不是位于进位点的话，它都能在同一个位置消停地呆上 26 次。

总结一下就是：Enigma 转轮组的中轮，到了进位点，下一步必然会进位；它在这个位置，必然也只能停留一次。这实际上就是说，中轮在进位点的那个字母位置时，只能特定地对应一次特定的左轮、右轮位置；越过它以后，就可以分别对应左轮、右轮各 26 种位置了。所以，凹口虽然在三个转轮上都有，但只在中轮上发挥了另外的作用。精确点儿说，就是减少了它的变化可能。

如此一来，我们可以先计算一下当中轮不在进位点时，转轮组的变化情况。如果还是以 P 表示各转轮所能生成的换字表数量的话，则

$$P_左 \cdot P_中 \cdot P_右 = 26 \times (26 - 1) \times 26 = 16\,900$$

这减掉的 1，就是中轮处在那个进位点位置时，所可能的产生变化。而这个

16 900，才真正是正确答案——虽然，上面列出的算法，其实也还有个漏洞……

为什么算法上有漏洞，结果却又是对的呢？很显然，出现如此现象，必然是有什么因素互相抵消了。没错，在转轮组中，我们还真可以找到这个互抵的因素。将刚才的表格抽取一段，我们会发现一个现象：

左轮（E）	中轮（F）	右轮（G）
D	E	G
D	F	H
E	G	I
E	G	J

其中，中轮在 F 停留了一次，这就意味着，下一步它将变成 G。而在正常情况下，被右轮进位所推动的中轮，首次对应的应该是右轮进位点后的一个字母；在本例中，中轮的 G，对应的应该就是右轮进位点 G 后的一个字母，即右轮的 H。如此说来，D、F、H 的后一步，应该就是 E、G、H。

可在这个实例中呢？却是 E、G、I；而那个该死的 H，又跑哪里去了呢？——还是中轮的步进点，那个 F 捣的鬼。实际上，它越俎代庖地替中轮的 G，率先对应了右轮的 H。这也很正常，毕竟中轮的 F 也是进位而来，首次对应的自然该是右轮的 H，这一点跟其他字母没什么不同。不正常的是，由于 F 本身又是中轮的进位点，迅即导致双重步进，才让后来中轮的 G 没有右轮的 H 可对应了。因此，由于 F 的存在，使 F "替" G 对应了一次右轮的字母。如此看来，这笔关于 F 的糊涂账，实际应该算在 G 头上。

知道了问题所在，那么解决办法也就很简单了。只要把这一次的对应，记在中轮的 G 的对应关系里，那么 G 也就对应了右轮的所有 26 个位置，当然，它同时也就能够对应左轮的 26 个位置了。这也就提示我们，中轮进位点那额外对应的一次变化，可以计算它后一个字母内；毕竟这额外多出来的一次变化，正是以它之后那个字母减少一次变化为代价的。而"先加一再减一"，结果不正好是相互抵消嘛……

这样一来，在计算整个转轮组能够生成的换字表数量时，发生在中轮进位点的特殊情况就可以完全排除了，整个算法也一下变得简洁清晰起来——有此一个前提后，我们就可以用另一种算法来计算。这个算法也不复杂，就是用理论上转轮组能够生成的换字表总数 P^Q，减去中轮位于进位点时整个转轮组所能生成的换字表数量 $P_{中\text{-}进位点}$，得到的结果就是在实际运行中，转轮组真正能够生成的换字表数量

$$P_{转轮组} = P^Q - P_{中\text{-}进位点} = 26^3 - 26^2 = 17\ 576 - 676 = 16\ 900\ 种$$

与刚才计算的一样——当然了，用 26 的立方减去 26 的平方，不就相当于

$26 \times 25 \times 26$ 么……

而这个 16 900，就是 Enigma 转轮组能够生成的换字表总数。在本书前面提到这个数字时，曾经多次沿用 17 576 那个数字，也只是为了行文简洁——毕竟，要说清楚为什么是 16 900 而不是 17 576，实在是太费电了……

上面我们分析的，都是 Enigma 最常见的转轮组，而也有些型号的 Enigma，它里面转轮组的结构，跟上面的分析又略有不同。比如，在军事情报署型 Enigma（Abwehr Enigma），和海军的某些型号上的转轮组里，转轮的数量就不是 3 个，而是 4 个。不过，军事情报署型 Enigma 的转轮组里，4 个转轮的确是名副其实；而海军型 Enigma 上，这多出来的第四个转轮，就多少有那么点儿鱼目混珠滥竽充数瞒天过海以次充好的嫌疑了。

在海军型 Enigma 的第四个转轮上，也有刻着 26 个字母的字母轮箍，也有拨轮等，猛一看跟别的转轮也没什么区别。不过，这第四个转轮是不会步进的，它的旋转是临时靠手动调节的——就凭这一点，就可以把它排除在转轮组以外。因此计算起来，M4 上的 4 个转轮，能够生成的换字表数量也比较容易计算，正是

$$P_{转轮组} \cdot P_{第4转轮} = 16\ 900 \times 26 = 439\ 400$$

其实，想得到正确的答案，往往只需要自己动脑筋思考一下，动笔算一下。不是吗？

如前所说，双重步进对使用方来说，并没有什么特殊价值，如果不考虑它实际减少了转轮组生成变化的话。说到底，它不过是个机械实现方法，并不是什么特别的高技术。不过，双重步进比普通的步进看起来要复杂一些，对这一点大概也不会什么争议。可谁又能想到，叠床架屋的双重步进没有给对手什么机会，反倒是看起来平易近人的、普普通通的步进和进位，却给敌人亮出了一个巨大的破绽……

根据我们以上的分析，我们可以看出：操作员输入电报最开头的几个字母，也就意味着右轮连续旋转了几次。而在这几次旋转中右轮能够位于进位点，进而推动中轮的概率其实是很小的。退一步说，即便右轮进位，推动中轮步进，这时候的中轮也极有可能并不在它自己的进位点附近，因而中轮－左轮的双重步进发生的概率，将是小之又小。总之，双重步进即便有漏洞，给对手提供的机会也太少太罕见了，特别是只在前几位输入时。

而与此同时，随着每次输入必然发生的右轮逐次旋转，却成了一个活靶子！忽略掉那些并不影响结论的非转轮组加密部件后，我们就会发现：在 Enigma 密文中，头几个字母仅仅通过单独的右轮转动，而不是右轮－中轮联动乃至右轮－中轮－左轮联动加密产生，这个现象的发生概率将非常之大——回顾书里前面讲述的故事，我们很快可以想起，波兰人实际正是从这里突破 Enigma 的！

那时德国人的标准操作，就是"3 字母组连续加密两次"，并将生成的 6 个字母作为报头。按这个操作进行计算的话，我们可以知道，在右轮连续转动 6 次时，

$$\frac{右轮到达进位点并越过进位点的位置总数}{右轮可能位置总数} = \frac{6}{26} \approx 23.1\%$$

这里要补充一句：之所以分子是 6 而不是 5，是因为右轮的初始位置完全可能就是它的进位点。也就是说，"第一次输入即导致进位"的现象，完全是可能发生的。

那么，这个 23.1% 又意味着什么？

它只意味着一件事：由于此时转轮组内部出现进位的概率还不到 1/4，也即中轮乃至左轮已经转动的概率不足 1/4，波兰人便可以相当有把握地认定：他们所截收的全部电文的前 6 个字母，全部是由右轮"单独加密"而得到的！那么相对而言，究竟是分析单个转轮生成的密文容易，还是分析整个转轮组生成的密文容易？答案应该是不言而喻的。而这个来不及进位的右轮，也因此成为了貌似天衣无缝的 Enigma 身上的第一道裂口！

本书提到过，那第一位应该得到花环的马里安·雷耶夫斯基，就得出了这样的结论。为了破译，他显然必须要算出每个转轮凹口圈的环位置（ring settings，参见前文），以便确定转轮的进位点；而电文报头那 6 个很少受到干扰的密文字母，就为他提供了非常难得的"单右轮运行"的研究样本。不仅如此，由于右轮还没来得及进位，实际上不仅排除了其他转轮的影响，同时还屏蔽了凹口圈的作用。

如此一来，我们不妨以战前波兰人的角度思考一下：

1）密钥，也就是转轮排列和位置的更换，初期很长时间内都是以季度为单位，后来变成月（开战后才变成日乃至更短，不过那已经跟战前的破译没有关系了）。

2）既然如此，同日截获的同一密钥网内的电文，转轮的初始排列和位置必定都是相同的。

3）每个报务员可以任选指标组，但是这个指标组，有超过 3/4 的可能，只由右轮单独加密而成。

于是，整理所有同日、同密钥网所截获的电文的前 6 个字母时，我们就可以发现：总是那个特定的右轮，总是从同一位置开始，不厌其烦地对指标组所涉及的 26 个字母，来来回回地进行加密。而没有转轮组"干扰"的"纯右轮加密"，再加上相当大的截获量，想要破译它的构造，难道还是一件难比登天的事情么？

说到底，如此"单纯"的"背景"计算对象，实在是破译人员求之不得的啊！也因此，雷耶夫斯基最先攻破的，正是当时使用的 Enigma 右轮的内部连线配置。尔后，对比进位前后的影响，右轮凹口圈的环位置也就可以确定了，在此

基础上，右轮的一切秘密，也就荡然无存了。

而在那时候，也就是在 1936 年以前，德国人还是 3 个月才更换一次转轮的组合顺序的。这也就意味着，不管德国人选择了哪个转轮当作右轮，它都会在这个右轮的位置上呆满 3 个月。而这么个"悠长假期"内，波兰人将会截收到多少报文、获得多少个六码组来作为对比分析的资料啊。老实讲，这么多的资料，对于计算该转轮内部连线配置以及环位置，可实在是充分得都有点奢侈了。当然，这种德国式的慷慨，雷耶夫斯基之后的英国同行们，可就再没这个福气享受了。没办法，谁让大战打响以后，德国人就改变了这个做法呢？不过话说回来，没有德国人帮忙，图灵还能算出这个内部配置来，也足可见"青出于蓝而胜于蓝"这句话是多么正确了。

言及至此，而我们对"多表加密模块"的分析，也终于可以告一段落了——也建议大家休息一下吧，这东西看起来，真是比较累啊……

2. 附加模块

（1）反射板

报务员输入的字母信号，辛辛苦苦穿过了 3 层转轮，到现在总算是出来了。不过，出来了也白搭，因为它们还得回去——横在这些电信号前面的，赫然竟是面镜子！这面所谓的"镜子"，就是我们要说的反射板（［德］umkehrwalze，［英］reflector）。说是"板"，其实怎么看也不像块"板"，也有人翻译做"反射子"——只是，walze 在德语里有"轮子、辊子"的意思，似乎翻译成"反射轮"更加合适一些。不过，为了和后文还要提到的反射轮相区别，这里，还是继续沿用反射板这个称呼好了。

说它是"镜子"，其实只是个形象的比方而已。镜子这东西，反射的是光线，而反射板这面"镜子"，"反射"的却是电信号。回想一下我们介绍过的转轮组内部工作流程，正是由于转轮内部的连线，和转轮彼此之间的"触针－触点"式连接，整个转轮组才构成了通路。做个示意图，大概就是这样的：

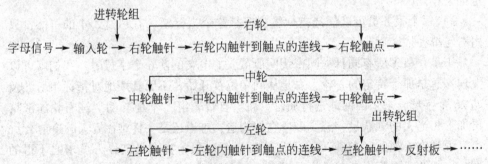

为了说明反射板，这里我们还得介绍一下新出现的组件——输入轮（［德］eintrittwalze；［英］entry wheel, entry stator）。这输入轮有点"神似"转轮，但是

跟转轮又完全不同。打比方说，它有点像个挤压成型的机器，专门负责把原料挤压成一定形状，供后续工序使用。不很精确地说，在使用 Enigma 加密时，报务员要通过键盘不断地输入字母，而这些字母信号也要通过键盘的特定电路，才能不断地进入转轮组。而这段负责传递字母信号的特定电路，其本质就是一束电缆。要它们安安静静地传递信号可以，但要它们总能与旋转不停的转轮组右轮的触点、触针们逐个匹配，要求也实在高了点儿。于是，德国工程师们在这束电缆和转轮组中间，专门插入一个输入轮；它一面可以与电缆们分别接好，另一面则有着转轮般的触点。这样一来，通过输入轮的"梳理"和中介，字母信号就可以直达不断旋转的右轮了。不过，虽然输入轮和转轮长得有点神似，但毕竟并不相同——输入轮肯定是不能转的，否则它巧笑倩兮地轻轻一转，那些负责向输入轮传递字母信号的集束线缆，还不全拧了麻花啊……

更严格地说，输入轮所接收的，其实还不是操作员直接在键盘上打出来的字母信号，而是被后文要介绍的连接板交换过一次后的字母信号。这个倒不影响我们对输入轮功能的理解，因为传进输入轮的字母信号无论是什么，后续的步骤都是一样的——不都是字母信号么？通吃通吃……

总的来说，输入轮其实就像一座桥，让通过它的字母信息可以顺利地抵达彼岸——转轮组——并被加密。既然是桥，允许去彼岸，那么从彼岸折返回来自然也是可以的。这个"折返"，就是指信号经过反射板，再回到转轮组，最终又回到输入轮。这样，能够被转轮组识别的"触点－触针"式字母信号，又在这里被转换成线缆信号，从而可以送入后续的连接板。

关于输入轮还有个小型八卦。在前文中我们提到过，那就是输入轮的内部映射关系，着实难住了诺克斯师徒。在商用型的 Enigma 上，操作员输入的字母是按键盘顺序被映射的，举例来说，他通过键盘输入 Q、W、E、R、T、Z、U……，将被输入轮分别映射为 A、B、C、D、E、F、G……，并传入后面的转轮组进行进一步加密。这个 QWERTZU……的顺序，正是所谓的键盘顺序映射，如下：

输入字母	Q W E R T Z U I O A S D F G H J K P Y X C V B N M L
映射结果	A B C D E F G H I J K L M N O P Q R S T U V W X Y Z

看了上面这张映射表，不难发现 Enigma 的键盘顺序，和我们今天用的键盘有点不一样。大家也不用辛苦去一个个按表对比了，本书前面的图 168 已经给出了这个键盘顺序了。

而军用型 Enigma，它的输入轮映射关系是这样的：

输入字母	A B C D E F G H I J K L M N O P Q R S T U V W X Y Z
映射结果	A B C D E F G H I J K L M N O P Q R S T U V W X Y Z

说了半天，不就是"M 对 M，N 对 N；一百年，不许变"么？还搞东搞西的——可话是这么说，当破译者完全不知道军用型的输入轮会偷偷地改变的时候，面对怎么也对不上的计算结果，恐怕首先先怀疑的该是自己的计算方式吧？何况，转轮组、反射板、连接板都是可以变化的，所生成的变化，也实在令人头大如斗。在此情况下，还能想到问题可能会出在这个最不起眼的输入轮上，雷耶夫斯基之厉害，也就可以想见了。而且，即便想出来问题出在这里，在经年累月的辛苦解算下，在"Enigma 是非常复杂的"这么种潜意识的干扰中，还能把正确的映射规律搞出来，那思维更是非一般的活泛了——虽然，我们的雷耶夫斯基同志其实是猜的，不过恰好还猜对了……

话说回来，正是因为军用型 Enigma 的输入轮的映射规律比较简单，看上去实在是很平常，很多文献资料在介绍 Enigma 构造的时候，干脆就把它给忽略了。好，关于输入轮就八卦到这里；现在，让我们接着来看本节的重点，Enigma 的标志性装置——那极有个性的反射板吧。

图 197　反射板与转轮组的相对位置关系

上文说过，转轮的左面有触点，右面有触针。那么，为了和转轮相连接，反射板应该是"右面"有触针的，实际也正是如此。

和输入轮一样，反射板也是和转轮组直接连接的，所以它的模样也多少跟转轮有点儿像。在 Enigma 机里，反射板位于转轮组的左边，或者说，反射板的右面和转轮组左轮的左面相连。

图 198 编号为 A6367 的 B 型反射板，"右面"向上

图 199 突出的触针，可以和转轮组左面的触点相沟通，构成回路

图200　装在机槽内的 B 型反射板，右面是有触针的一面

　　这些触针说明了一个问题：所谓的"反射"，其实不过是通联电路的折返而已。而要说明白这个机理，实在比较麻烦，我们还是看图吧。顺便说一句，图中所示均为简化情况，别真去找 26 个触点哟——就为这点玩意儿，真是活活画了一个下午加一个晚上……

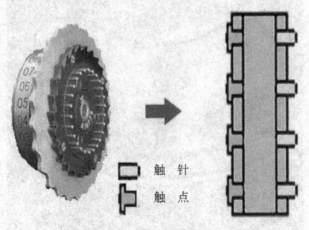

触　针

触　点

图 201　Enigma 转轮示意图
这是单个转轮的抽象图
只画了 4 个触点和触针，意思意思而已

现在我们上转轮组了：

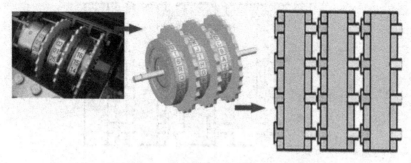

图 202 Enigma 转轮组抽象过程示意图

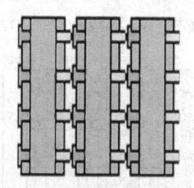

图 203 这就是抽象出来的转轮组

同样的办法，把反射板、输入轮也抽象化：

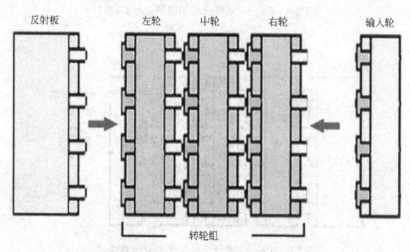

图 204 Enigma 输入轮、转轮组、反射板示意图
在机器内，它们的相互关系就是这样的，只差紧密扣在一起了

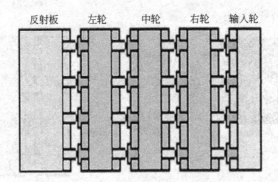

图 205　好，现在它们亲密无间了

这下，我们就可以开始研究 Enigma 的加密过程了。首先，我们输入一个字母 R。

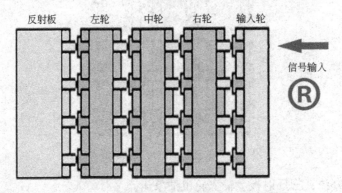

图 206　Enigma 字母信号加密原理示意图-1

字母信号 R 从右侧输入

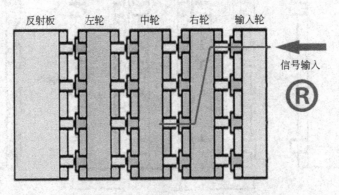

图 207　Enigma 字母信号加密原理示意图-2

它穿越转轮组的右轮，已经进入中轮了

注意，R 在右轮内之所以掉头折下，是因为右轮内部，触针-触点之间的连线就是这么连接的。

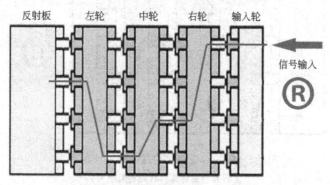

图 208 Enigma 字母信号加密原理示意图-3

现在它杀到反射板了

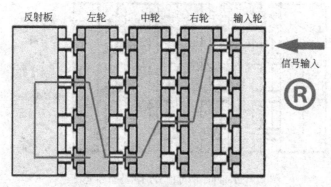

图 209 Enigma 字母信号加密原理示意图-4

得，在反射板里来了个大窝脖儿，并被遣送回了转轮组

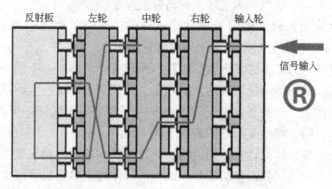

图 210 Enigma 字母信号加密原理示意图-5

经过左轮进入中轮

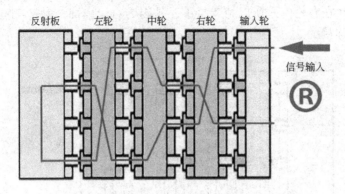

图 211　Enigma 字母信号加密原理示意图-6

辛辛苦苦，总算是从转轮组里出来了

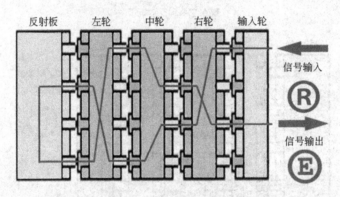

图 212　Enigma 字母信号加密原理示意图-7

不用说，出来的肯定跟进去的不一样了

　　怎么能不发句牢骚呢？画这些图真是麻烦死了……

　　一个我自认为比较清晰的流程就是这样的，反映了加密单个字母的情况。图 213 所反映的，则是连续加密两个字母的情形了。

　　有必要说一句的是，这张图没有版权，原作者也不详——不能不承认，人家画的是真好啊，又简练又说明问题，而我也只是把它翻译了一下而已。不过，没有前面的烂图铺垫，这张图也许还不太容易一下看懂——而能一下看懂的朋友，就别说什么了，咱总得给自己的拙劣画工找个台阶下吧……

　　到了这个时候，什么转轮的构造啊，转轮组的构造啊，输入轮的构造啊，反射板的构造啊……之前我们介绍了半天的东西，才终于组合出了强大的威力。正是由于这些组件的精诚合作，一个个字母才会被加密得连它们的亲人都认不出来了——密码机啊密码机，认真琢磨起来，其实也不算太难，是不是？

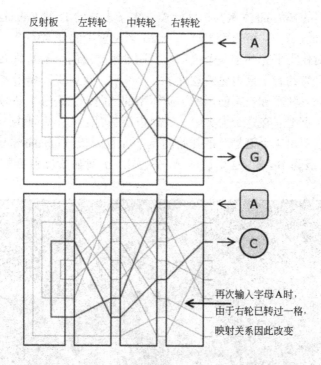

反射板　　左转轮　　中转轮　　右转轮

再次输入字母A时，
由于右轮已转过一格，
映射关系因此改变

图 213　注意，本图忽略了输入轮

　　现在，再来八卦一下这个反射板吧。当然了，我的这类"八卦"和坊间真正的"八卦"，那水准实在差得太远了……

　　反射板这东西，和转轮组的左轮是相连接的，而左轮又是可以转动的，这也就是说，左轮和反射板其实是处于一个相对旋转的状态的。既然是相对旋转，有左轮旋转就够了，反射板完全可以固定不动，一样可以达到不断改变连通电路的要求。于是，在 Enigma 的大部分型号中，反射板都是这么固定着的。毕竟，在图纸上让它转一下容易，可要在机械结构上实现，肯定要增加工序和改动相关零件；而非要这么做，似乎又想不出什么必要，那还是别多此一举了吧。

　　不过，人们对于安全强度的认识，是会随着时间流逝而进步的。当我们观察反射板的发展历程时，就可以很清楚地看到这一点。1926 年，德国海军率先采购了 Enigma funkschlüssel-C（Enigma 无线电收发报机密码-C 型），它的原型就是商用型的 Enigma-C。在商用的 C 型上，虽然反射板在机器出厂后就被固定了；但是在车间组装时，反射板的位置（类似于转轮的旋转位置）最多可以有两种变化，因此，出厂的 C 型机也就有了两种稍有区别的亚型。这实际就意味着人们已经认识到，对密码机来说，一静不如一动，"让反射板老实呆着"并非最好的主意。既然如此，针对反射板的改革很快接踵而至了。

随后，C 型的 Enigma 发展为枝繁叶茂、多子多福的 D 型 Enigma，而它的反射板，也跟着升级了——可以手工调节到 26 个位置中的任意一个。只不过，在对电文加密的时候得事先确定一个位置，中途是不能改的。不管怎么说，这会儿的反射板，已经隐约有了反射轮的意思了。再往后，反射板开始沿着两个不同的方向进化着：一是陆军和空军使用的国防军型的方向，二是海军型的方向。

先说国防军型吧。在这个大类中，反射板都是固定的，只是由于内部连线关系不同，先后发展出 4 个型号。最开始的是 A 型反射板（umkehrwalze A），1937 年 11 月 1 日升级为 B 型（这里说的 A、B、C、D 型都是反射板的型号，不是 Enigma 的型号）。

图 214　左上角的就是反射板。上面的 B 字，清楚地标明了它是 B 型反射板

这次升级后，又沉寂了几年，直到 1941 年，才终于又升级为 C 型。而最后的 D 型，具体装备时间不详，按盟军所记载的发现时间是 1944 年 1 月 2 日。据我估计，大概也是盟军缴获后才发现：呀嘛，构造有点儿不一样了……

明显更复杂的 D 型反射板有个很特别的设置，就是允许报务员部分地改变反射板的内部连线关系。也就是说，本来在出厂时就已经固定了的内部连线，现在可以由报务员手工调整了。显然，从安全角度看，D 型比以前的反射板要好得多。只是它出现的时间实在是太晚了，再过一年多，整个二战都要结束了……

图 215　与 B 型反射板（左）相比，D 型反射板（右）有着很明显的改进

　　无独有偶，类似这种"最后的才是最好的"的现象，也发生在海军型的反射板上。从技术角度讲，海军型 Enigma 应该算是 Enigma 系列的精品。当大西洋海战打得如火如荼的时候，海军 M 系列 Enigma 中的 M4 型，也终于应运而生了。比起 3 年前的 M2 型和两年前的 M3 型，M4 型最主要的变化就在这个反射板上，概括来说就是两点：变薄了；能转了。

　　在这里，我们也多说几句海军型 Enigma 吧。这个系列的型号，从来都跟别的系统使用的型号不太一样。比如，在 Enigma 刚被装备不久的 1930 年，海军型还没有连接板，后来听取了陆军的意见，才有了这个装置。不过自此以后，海军型 Enigma 就开始大踏步地领先其他型号、特别是陆空军使用的国防军型 Enigma 了：1934 年 8 月，在别的型号还是从总共 3 个转轮中选 3 个组成转轮组的时候，海军型 Enigma 已经改成从总共 5 个转轮选 3 个了。

　　5 年以后，当国防军型也终于跟风升级为 5 选 3 的时候，一直在顺利破译德国陆空军密电的波兰人当场就没咒儿念了。从这

图 216　这就是当年的海军 5 轮型 Enigma 的 5 个转轮，放在配发的箱子里，至于空出来的地方，作者目前还没考证出该装什么

个事实也可体会到，海军型的技术有多么领先，毕竟那可是整整 5 年的时间啊。这还没完，海军型 Enigma 很快又变成了 7 选 3，8 选 3——最后发展到 M4 型时，连反射板也可以转了！

而这个 M4，在 Enigma 的大家族当中，肯定算是最出名的一个了，就连当时的德军，都给了它一个响亮的绰号——"海神"（TRITON，可别翻译成和尚大吹的那个"法螺"哟）。而在盟军那边，为它起的代号则是更加凶猛的"鲨鱼"（SHARK）。不过准确地说，"海神"或者"鲨鱼"，其实都是使用 M4 的密钥网络的代号，而最后 M4 居然被爱屋及乌地改了名，估计也是设计师们始料未及的事吧。

同一个家族的产物，为什么会出现这样的差别呢？说到底，还是那句话："客户才是上帝"。经过残酷的战争检验，虽然德国人相当信赖 Enigma，但是从谨慎和多疑的天性出发，海军还是对整机的安全强度提出了更高的要求。而到了这时候，Enigma 已经是个非常成熟的密码机了。要想再增加它的安全度，只有两条路：要么推倒重来，要么进行局部改良。推倒重来的话，时间上肯定是不允许的，剩下唯一可行的办法，只能是对 Enigma 进行局部改良。

而对于密码机来讲，它的安全强度，在制造完毕的时候就已经确定下来了。因此，德国工程师们别无他途，只能一个个重新审视 Enigma 的内部结构模块，并且寄希望于能够以最小的设计改动代价，来实现这个目的。他们看来看去，最后还是看中了转轮组这个绝妙的装置的潜力，并决定为转轮组再增加一个转轮。很显然，从硬件角度讲，生产这个第四转轮，和生产其他转轮的工序大致相同，是个最经济最简单的解决方案；而从软件角度讲，增加第四转轮也基本不需要额外的培训，在使用时，它实在是跟前 3 个转轮的操作没什么区别。即便在安装时，也只要把它和反射板扣在一起，然后装在转轮组的旁边就成了。至于这第四转轮内部结构发生了新变动、本身也不再能够步进等这些机理上的细微区别，根本就不需要报务员们去具体理解和掌握——他们用不着知道这些，照样可以很好地完成任务。

这个第四转轮也有两种型号，即 Beta 型和 Gamma 型，至于理论上应该存在的 Alpha 型，却没有看到资料介绍，或许不是正式定型的型号吧。图217、图218就是 Beta 型第四转轮和反射板、转轮组的全家福。

注意，它的右面有触针。但只要我们仔细看看图219，跟右边的普通转轮一比就知道，第四转轮本身并没有棘轮这个附件；因此，第四转轮与其他"普通"转轮不同，是无法步进的。至于第四转轮上面没有棘轮，也并不是工程师们一时疏忽，而是故意把它省略掉的。

那么，好好的棘轮，为什么要被省略掉呢？

图 217 下方是 3 个普通转轮。上方一排从左到右，
依次是反射板、Beta 型第四转轮、杆

图 218 最左面的是反射板，然后是 Beta 型第四转轮，再右边是 3 个转轮

图 219 放大看看，中间这个就是编号为 M18370 的 Beta 型第四转轮

　　原来，在 Enigma 机槽内，能够推动转轮步进的掣爪（pawl）只有 3 个。这 3 个掣爪具有某种内部机械联动关系，每个掣爪分别对应着机槽内的一个转轮。从机械角度讲，掣爪的作用有两个：第一是推动转轮上的棘轮，使转轮实现步进；第二就是随着转轮步进，掣爪会在某时落入凹口圈内的凹口，此时在联动的机械效应下，它左侧的那个掣爪开始推动自己控制的转轮步进，从宏观角度看，就形成了标准的转轮进位动作。换言之，转轮组的步进、进位和双重步进，都是由于这 3 个联动的掣爪的存在，才能在机械上予以实现。前文为了清晰起见，没有提到这个小装置，而现在就要说一句了：第四转轮不能跟随转轮组步进的最根本原因，正是因为德国人从来就没有在机槽内设计出第四个掣爪来推动它！

图 220　M4 的机槽掣爪，就是那 3 根细扁的、呈折角形状的金属短杆

　　在 4 个小滚轮之下，却只有 3 个掣爪——如果没有了关键的联动的掣爪，这第四个小滚轮下的第四转轮，又怎么可能步进呢？

　　平心而论，要为第四转轮增添一个联动的掣爪，以当时德国的机械工艺水准来说，不是不可能做到的。只不过这样一来，工程师们就必须对 Enigma 的内部机械结构做出相当大的调整才成。相对来说，增加第四转轮，属于擦皮挠痒的小意思，只要对机槽内部做出相应的尺寸调整，再增加一个小滚轮就成；而要增加新的联动的第四掣爪，就必然要改变机槽内的整体动力结构，而这种"伤筋动骨"的大手术，当然也需要相当长的时间。

　　可是，在那军情急如飞火的 1942 年，海军哪里还有那么多时间，能够等着工程师们慢悠悠地改良出"理论上最佳"的 Enigma 呢——时不他待，这个第四掣爪没被做出来，进而第四转轮也不能随转轮组旋转，也就是个可以理解的现象了。

　　正是因为如此，第四转轮也就被我们排除在转轮组结构之外了。既然它不能按转轮组的规律运转，那么，无论长得多像转轮组内的转轮，也得被单独拿出来分析。

不过，第四转轮尽管不能随转轮组步进，它的位置改变只能靠手工调节，却也绝不是可有可无的一个创意。稍微思考一下就会明白，增加这个转轮以后，Enigma能够生成的换字表总量，又将跃升为以前的 26 倍——这个数字无疑也是诱人的，一如我们前面计算的那样：

$$P_{3\text{个转轮}} \cdot P_{\text{第四转轮}} = 16\ 900 \times 26 = 439\ 400$$

于是，这个第四转轮，就被作为 M4 型 Enigma 的标准件被采用了。但是在 Enigma 机器中，供安装输入轮、转轮组和反射板的空间，一直都是比较局促的。当这几位就座以后，机槽里可真是再装不下什么新东西了。现在，凭空又多出一个转轮，那反射板往哪搁？

图 221　Enigma 的机槽只有这么大

前面我们说了，转轮组层层加密的字母信号，必须经过反射板"折射"回来，才能再次逆向进入转轮组；现在可好，假如真装不下反射板了，这被加密过的字母信号，岂非要"大江一去不回头"了？

要不干脆去掉反射板，让加密字母信号从转轮组的左边直接流出，再进行后续处理？这就意味着，把 Enigma 加密－解密同相结构，变成 Enigma 加密，再特设解码机来解密——可如此一来，这个手术的规模，岂非比在机槽内加上第四掣爪还要大得多？

所以，反射板去不得；既然去不得，就得装上。可是空间这么小，到底怎么装？

说句实在话，这种"螺蛳壳里做道场"的小问题，还真难不住德国的工程师们——只要把反射板削薄点儿，再把它跟第四转轮配在一起，让它们小哥俩的总体积，和以前单独反射板的体积一样不就完了嘛。就这样，M4 上这个变薄了的反射板，从此便与第四转轮贴合在了一起。由于第四转轮是可以手工旋转的，因此，变薄的反射板，现在也跟着能转了！

图 222　这是把削薄的反射板和第四转轮，一起装入机槽后的样子

下面还等什么？当然是用那根杆把 3 个转轮串起来，装配成转轮组并装入机槽，如图 223 所示。

图 223　现在齐活儿啦

说来说去，M4 就是在转轮组外，又附加了一个不能步进、只能手动的转轮而已。从这个角度讲，M4 样子唬人，与其他型号的 Enigma 却也没有本质区别。

（2）反射板的作用分析

在前一节我们提到，反射板的作用就是把经过转轮组加密的字母，再次送回转轮组加密；只不过，这一次字母信号经历的转轮顺序由从右往左，"反射"成从左往右而已。那么，这个反射板的作用显然就是把本来经过 3 个转轮的路径，给延长了一倍，变成了经历 6 个转轮——虽然，经历的后 3 个转轮，其实和前面的 3 个转轮是一样的。

看起来，是不是还真有点"镜子"的意思？而伴随着这个镜子般的特性，反射板还带来了一个有趣的结果。为了说清楚，我们还是先来做个智力体操吧。设想转轮组中的某个转轮，它左边的触点相当于字母 A'，右边的触针相当于字母 A——注意，A 和 A'是两个完全不同的字母。我们把它记为

$$A' \, —\!|\!— \, A$$

要注意的是：在转轮组的实际运行中，只有触针到触点的连线关系，并没有 A 和 A'这么两个明确的字母；这里把它暂时具体化，也只是为了便于描述而已。那么，它就意味着输入的字母 A，经过这个转轮以后就被唯一地加密成了 A'。这并不难理解，因为该转轮的触点和触针之间，是用导线一对一连接的。因此，一个字母信号如果从左边的触点流入，并且从右面的触针输出了 A 的话，它就只能是 A'。

Enigma 这东西，属于流式密码机（the Stream Cipher Machine），也就是说，Enigma 对明文字母加密时，不是几个字母一组、几个字母一组地打包成块再整体加密，而是来一个加密一个，像水流一般不停地操作下去。同时，Enigma 每次加密时，都是机械部分率先动作；而在运动当中，Enigma 内部的电路是不通的，只有当机械运动到位后，电路才被连通——这就意味着：在连续输入两个字母之间的这段时间内，整个 Enigma 的机械运动部件必在某个瞬间全部处于"静止"状态。也正是靠着所有机械部件在这个瞬间的静止，Enigma 的电路才会导通，字母信号才会迅速地在迷宫般的机械部件中迂回折返，变成被加密的字母信号。好在电流的速度比机械响应那是快多了，因此，即便操作员打字再快，也不会出现电信号跟不上的情况，倒是机械运动很可能还没到位。这也是为什么电影里出现使用 Enigma 的场景时，操作员总是打得很慢。从片断上看，Enigma 的键盘似乎用起来很费劲，这个应该是特意设计的效果，就是为了直接制约操作员的输入速度。

继续上面的分析。按上面的规则，我们再进一步设定这个转轮为右轮，它的状态为

$$A' \, —\!|\!— \, A$$

右 轮

随后，我们可以继续追加中轮和左轮，最后构造出完整的转轮组的情况：

$$\big|\; C' \, —\!|\!— \, C \; \big|\; B' \, —\!|\!— \, B \; \big|\; A' \, —\!|\!— \, A$$

反射板　　　左　轮　　　中　轮　　　右　轮

⟵　　　　　　　输入信号传输方向　　　⟵

结合上面的设定，这个表达应该不难理解，这里就不再具体解释了。在实际情况中，我们还要考虑上反射板。这个反射板，当然是在转轮组的左边，同时，它把信号折返回去，也就是

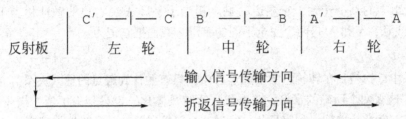

这下就很清楚了：如果还想得出个 A 的最终折返结果，那么在反射板这边，传入的信号就必须是 C′。

而反射板的结构决定了：每一个进入点只连接另一个特定的输出点；宏观地看，就是从左轮传入的某个字母信号，将被反射回左轮的另一个位置，从而变成一个迥然不同的"新"字母。这就意味着：C′进入反射板后，必然是以非 C′的字母输出。既然 C′不能被反射成 C′，那么后面的电路，也就是 C′/C → B′/B → A′/A 就成了无源之水，结果自然也就不会一步步演变成 A 了。换言之，输入转轮组的 A，经过反射板这么一折返，流出转轮组的时候肯定就不再会是 A 了。

所以，由于有反射板的存在，每个输入的字母，都不可能被加密为它本身！换言之，当你看到一份诸如

AGTLG QWLGM QWEOG……

这样的 Enigma 密电的时候，虽然你根本不知道明文是个啥，但是你依然可以非常有把握地说，"我起码知道，明文的第一个字母肯定不是 A，第二个字母肯定不是 G，第三个字母肯定不是 T……" 咱虽然不懂 Enigma 的密文，也不懂怎么破译它，但是，咱知道怎么让大伙崇拜咱，是不……

"任何字母都不会被 Enigma 加密为它本身"，这个特性虽然很有意思，但从密码安全的角度看，却绝对不是什么好消息。最最起码，当敌人破译出明文以后，拿这份明文和密文一对照，就知道自己的破译有没有原则性错误：两份文本对齐，上下对照着一看，如果同样位置有同样的字母，那肯定就是自己搞错了。而"能够通过最简单的办法，直接验证破译出的明文是否错得离谱"，这也得算 Enigma 的一大特点了。当然，也有可能译文全错，但是又的确没有出现上述这类错误的情况；于是，这个办法并不能成为通用的校验译文正确与否的标准。但是，作为一个最简单的验证措施，它的确还是相当有用的。英国人日后在破译 Enigma 的时候，这个特点可是大大帮助了他们的猜测性明文攻击啊。

通过以上的介绍不难看出，反射板这个部件，为 Enigma 的整体安全性带来了一定程度的危害。从这个意义上讲，反射板是 Enigma 上的一个败笔。也正因

如此，其他国家的密码机，借鉴 Enigma 之处甚多，唯独这个反射板，却往往是唯恐避之不及。令人叹息的是，天才也会犯错误——Enigma 的发明人、德国的谢尔比乌斯同志，终于也在这里栽了个小跟头。

不过，也正因为有了反射板这个独特装置，Enigma 才有了极具特色的加密－解密同相的特征。这一点前文已经多次说过，这里就简单提一下吧——在接到密电以后，操作员只要调整好设置，再把收到的密电，逐个字母地打一遍，就能从显示板上依次观察并记录到正确的明文。道理也很简单：既然明文 P 和密文 C 之间有折返对应关系，P 会被折返成 C，那么同样地，把 C "按"回去，自然还会从 P "冒"出来。于是，不需要额外的解密设备，只靠 Enigma 自身，就可以顺利完成解密。解密的过程如此方便，可就是反射板的功劳了。客观地说，这个特性在实用场合，特别是在烽火连天的战场上，又的确是个很不错的优点。

——败也萧何，成也萧何；这反射板，到底又该怎么评价它呢？

或许，这也应该从不同角度来评判吧。从密码机所必需的安全性角度来看，反射板是个重大错误；但是从机械美学（有这词么？咱光知道有个暴力美学）的角度看，这反射板却又端得让人玩味不已。既然我们不是破译 Enigma 的盟军密码分析家，那么这个缺点，似乎也不妨碍我们体会反射板带来的密码美感吧。

到现在，一个字母历经输入轮、转轮组、反射板、转轮组、输入轮，已经被加密成了一个完全不同的字母；多表替代的威力，到现在也已经发挥得淋漓尽致。尽管如此，经过如此繁复加密的 Enigma，其安全性也还没好到最理想的程度——事实上，如果有数学高高高高高……高手对 Enigma 进行仔细分析的话，他完全可以通过计算来彻底破解 Enigma，而破译工具也很简单，纸和笔就够了。这一点，不仅已经被数学证明，而且也被诺克斯师徒的实践证明了。

这并不是转轮组的设计缺陷，甚至也不是多表替代出了问题，它所折射出的，正是"单一手段加密"的不可靠性。对于密码机而言，这样的结果当然很不美妙，也引起了德国人的警惕。为了解决这个问题，他们又给 Enigma 扣上了最后一道锁。由此，我们对 Enigma 的剖析，也该进入了最后一个模块了。

3. 单表替代模块

图 224 所示，就是单表替代模块的核心——连接板（［德］steckerbrett，［英］plugboard）。

从图 224 可以看出，连接板这玩意儿，倒是没转轮组那么复杂，以致瞟一眼就能让人晕过去——其实，它还是蛮简单的嘛。顾名思义，连接板连接板，就是要连接点儿什么的板子，具体到 Enigma 上，就是"连接字母"。既然是"连接字母"，那么至少也得有两个，或说"一对"字母才能彼此"连接"。在实际操作中，选择一对字母进行连接是可以的，两对字母也是可以的，如此最多可以连

图 224　突出的键盘下方，那"浑身是眼"的板子就是连接板

接 13 对，再多的话，字母表就不够用了……

比如，我们可以把字母 T 和字母 M 相互交换。办法很简单，连接板上不是有 26 个字母的插孔（每个字母占两个插孔，一共 52 个插孔）么？找一根有俩插头的导线，一个插头插进字母 T 的插孔中，另一个插头插进字母 M 的插孔中——这么"短路"一下，T 和 M 就被交换了。

图 225　这就是插头，具体说就是
海军型的 M4 上的插头

图 226　两个插头，就这么被一根
连线连接起来

如图 227 所示接好线后，进入连接板的字母信号中，A 就被替代了成 J，而 J 被替代成了 A。S 与 O 也是这样，从此在江湖上改换了身份。

简单吧？

不得不承认：连接板这个设计的代价不大，操作也不繁琐，字母替代的效果却相当好，实在是很经典啊。不过精确地说，连接板所起到的作用，却还不是严格意义上的"单表替代"。作为对比，严格的单表替代加密应该是类似这样的形式：

明文字母表　A B C D E F G H I J K L M N O P Q R S T U V W X Y Z
　　　　　　| | | | | | | | | | | | | | | | | | | | | | | | | |
密文字母表　B C D E F G H I J K L M N O P Q R S T U V W X Y Z A

图 227　用两根连线，把 A 和 J、S 和 O 分别连接起来的样子

可以看到，明文的 A 对应密文的 T，而密文的 A 却对应明文的 H，二者并无关联。而如上文所述，连接板导致的字母替代，却是"互代"的。也就是说，如果 A 被加密成 T，那么，T 也一定会被加密为 A。思考一下不难发现，连接板交换字母对所能带来的变化数量，比典型的单表替代所能提供的要少得多，充其量也只是单表替代的一种特殊形式。同时，由于连接板所交换的字母对是可变的，生成的换字表当然也不止一张，因而总体上看，又可以将它的作用归于"多表替代"范畴内。但是在正常应用中，在加密每份电文的过程中，连接板的设置是不会改变的。这就是说，针对每份密文来说，连接板使用的都是同一张换字表，所起到的，仍然还是"单表替代"的作用。因此本书各章节均将连接板的功能简单概括为单表替代，这一点还请大家留意。

连接板操作简便、直观固然是个优点，但是模样多少有些失之粗糙。如果单单"以貌取机"的话，它实在是不怎么吸引人，也实在看不出有什么特别高深的"技术含量"。何况我们刚才还分析过，它的原理就决定了，它所能生成的变化数量，也不可能达到理想的单表替代的最完美水准。可是即便如此，我们只要稍微计算一下就会知道，这个其貌不扬的连接板，照样是个厉害角色！而关于这个计算，却又得容我在此稍微扯远一点了……

说来有趣的是，"连接板究竟能给 Enigma 带来多少变化"这么个纯粹的排列组合问题，各种资料给出的答案却是五花八门。从理论上说，连接板的设计既然已经定型，这个问题就该只有一个答案；可我在查找各种资料的时候，却至少发现了六七种。关键是，这六七种答案还各有各的道理，更气人的是，它们之间的差距也实在大了点儿——最大的和最小的两个数字，之间差了可不是一星半点，也不是一倍两倍，而是一个难以描述的巨大差距……

　　精确地说，这个差距居然是 10^{80}！——而 10^{80}，又意味着什么？

　　按目前公认的学说，整个宇宙（还不是说咱们脚下这个年轻得多的地球）的年龄，即便以秒为单位来说，这个数字也才大约是 4.4×10^{17}。那么假设我们有一台性能异常强大的计算机，每秒可以运行一亿亿次（放心，这个速度，远远超过目前最牛的巨型计算机的水平；日本计划开发的"地球模拟器"倒是可以达到这个水准，可惜，预计到 2010 年才有希望造出来）；同时，再假设世界上那个最最善良的 1001n 基金会，免费为地球上全部的 60 亿人，每人发一亿亿台这样的计算机。最后，这些计算机都是从宇宙诞生那一刻开始不停地计算，一直算到今天——那么，它们一共算了多少次呢？

　　——结果是 2.6×10^{43}，离 10^{80} 还差着不知道多远呢！

　　《金刚经·妙行无住分第四》中，弟子须菩提没听懂佛的说法，就问佛：您所说的"菩萨应如是布施，不住于相"，是个什么意思？佛，也就是下文中的世尊，就此和须菩提展开了一段耐人寻味的对话：

> 　　东方虚空，可思量不。
>
> 　　不也世尊。
>
> 　　须菩提，南西北方四维上下虚空，可思量不。
>
> 　　不也世尊。
>
> 　　菩萨无住相布施福德，亦复如是不可思量。

　　而我们所说的这个差距，真真好似这"四方虚空"一般的"不可思量"！简直是开玩笑一般带出的这个骇人听闻的数字——10^{80}，实在是个远超过人类感性所能理解的数学概念啊……

　　说来说去，不过就是计算一个连接板的变化嘛，就算有差池，也不至于如此离谱吧？没办法，还是得自己来——毛主席不是教导我们"自己动手，丰衣足食"么？经过四处求援，现在终于有了一个比较清晰的思路和答案。在此要感谢花眠、马鹿以及爱妻……多谢各位！

　　首先，字母对是用一条连线沟通的。这就是说，每条连线可以连通两个字母，n 条连线就可以连通 $2n$ 个字母。每插好一条线，候选的字母数量就减 2，因此下次可选的字母数量就是 $(2n-2)$。而连接板所提供的变化，其实就是这些过程的乘积。

在这里，C_{26}^{2n} 表示 26 个字母里，选择 $2n$ 个字母进行连接的变化；其次，$(2n-1) \times (2n-3) \times \cdots \times 1$ 为这 $2n$ 个字母可组成的所有字母对的数量。那么，这二者的乘积，就是连接 n 对字母的变化总数。于是我们就有

$$\text{变化总数} = C_{26}^{2n} \times (2n-1) \times (2n-3) \times \cdots \times 1$$

$$= \frac{26!}{(26-2n)(2n)!} \times (2n-1) \times (2n-3) \times \cdots \times 1$$

$$= \frac{26! \times (2n-1) \times (2n-3) \times \cdots \times 1}{(26-2n)(2n)!}$$

$$= \frac{26!}{(26-2n)! \times 2^n \times [n \times (n-1) \times (n-2) \times \cdots \times 1]}$$

$$= \frac{26!}{(26-2n)! \times 2^n \times n!}$$

这个结果，就是连接板上，接插了 n 条连接线后的变化总数。

即便连线全用上、插满 26 个字母，n 最大也无非就是 13。因此，n 的取值范围，必然落在 0～13。下面，给出 n 从 0 到 13 的时候，连接板所提供的变化总量

　　　　$n = 0$，可能变化总量为 1

　　　　$n = 1$，可能变化总量为 325

　　　　$n = 2$，可能变化总量为 44 850

　　　　$n = 3$，可能变化总量为 3 453 450

　　　　$n = 4$，可能变化总量为 164 038 875

　　　　$n = 5$，可能变化总量为 5 019 589 575

　　　　$n = 6$，可能变化总量为 100 391 791 500

　　　　$n = 7$，可能变化总量为 1 305 093 289 500

　　　　$n = 8$，可能变化总量为 10 767 019 638 375

　　　　$n = 9$，可能变化总量为 153 835 098 191 875

　　　　$n = 10$，可能变化总量为 150 738 274 937 250

　　　　$n = 11$，可能变化总量为 205 552 193 096 250

　　　　$n = 12$，可能变化总量为 102 776 096 548 125

　　　　$n = 13$，可能变化总量为 7 905 853 580 625

瞧瞧，虽然这连接板长得不好看，可要说它相当强悍，却也并非言过其实啊——连接 11 对字母时，它所能产生的变化，竟然要超过 200 万亿！

但仔细观察这个结果，我们也会发现一个似乎有点不合情理的现象。当 n 取 11 时，连接板能提供的变化达到了登峰造极的程度；再继续接插，变化总量反而会减少……

为什么呢？为什么呢？

此外，当 n 取 12 时，连接板上只剩下最后两个字母未被连接。粗粗看来，这时候无论再怎么着，能做的也无非就是把剩下的最后一对给连上了，因此，n 取 12 或取 13 时，结果应该是一样的。可我们都看得很清楚：公式给出的结果，显然不是这样。

这又是为什么呢？为什么呢？

再说句题外话吧。我所能查到的资料，要么直接给出个数字，要么直接给出个错误公式——别笑，至少有 3 种文献给出的公式，都在分母中，把那个 2^n 变成了 $2n$；更有甚者，直接拿组合相乘开练，即（26 选 2）乘以（24 选 2）乘以（22 选 2），直到最后 2 选 2 为止……总之，如果从资料上一抄了事，那么这里提供的结果只能是我最先看见的那一个，也就是令人肃然起敬四方虚空的那个了。说实在的，这连接板能提供的变化无论怎么算，都是个极为庞大的数字。那么，非要精准地得知到底是多少，到底有没有意义呢？

我个人认为，结果究竟是 234 567 还是 4 567 890，其实都没什么区别；但是，如何正确求出这个 234 567 或者 4 567 890，才是真正有意义的地方。比如说，有资料给出的公式就很搞笑：插上第一根线，结果确实是对的；再插上第二根，得出的结果就完全不知所云了……如果不去仔细分析计算的思路，当五花八门的答案都出现在自己面前的时候，随便挑一个自己看得顺眼的列上来，估计朋友们也未必会认真复核，也就算蒙混过关了……但是我始终觉得，这本书的写作绝对不是一个卖弄和表演的机会，而是一个自我学习的过程；我也一直认为，这个学习的过程很快乐——Enigma 的加密原理，更像是一个思维游戏，而且以我并不很高的智力和数学能力来说，它的挑战性很强，也很有意思。我本人的数学一塌糊涂，以上的分析过程，怕是要让各位擅长理工的朋友暗笑不已：如此啰嗦，三两行解决的问题，非要写三两千字，真是拖沓得可以。但是，昨天不懂的问题，今天懂了，我还真是很高兴；因此也愿意献丑，把自己的心得和大家分享——而这个能够不断感受到自己进步的学习过程，其实也是这本书能够写完的一个很重要的动力吧。

拉回来，继续说为什么 n 取 12 或 13 时结果不同吧。最最简单的一个解释是——虽然这个解释让爱妻整整想了半个小时，而我连想都没想出来——当 n 取 13 时，所有的字母均被配了对儿，一切可能的变化也就随之被完全落实了；而 n 取 12 时，并不是所有可能性都被落实了，因此变化要多一些。这句话不好理解，我们还是举例吧。假设我们按以下最简单的规则配对，即

$$\text{A-B, C-D, E-F, }\cdots\text{, W-X, Y-Z}$$

现在，令 $n = 12$，也即配 12 对，并空出最后两个字母 Y 和 Z 不连接，也就

形成了如下的集合，即

$$集合 1 = \{A\text{-}B，C\text{-}D，E\text{-}F，\cdots，W\text{-}X\}$$

这是一种连法。之后，再设置另外一个连法，就是空出头两个字母 A 和 B 不连接，而把剩余的 24 个字母分别配对连接起来，即

$$集合 2 = \{C\text{-}D，E\text{-}F，\cdots，W\text{-}X，Y\text{-}Z\}$$

显然，这是不同的两个集合，即

$$\{A\text{-}B，C\text{-}D，E\text{-}F，\cdots，W\text{-}X\} \neq \{C\text{-}D，E\text{-}F，\cdots，W\text{-}X，Y\text{-}Z\}$$

在此基础上，我们再把第 13 根线，也就是最后一根线连上。这就是说，当 n = 13 的时候，所有字母都将被连上——上面所说的集合 1 里，空出的字母 Y 和 Z 将被连上；集合 2 空出的字母 A 和 B 也将被连上。结果，自然是下面这样的：

$$集合 1 = \{A\text{-}B，C\text{-}D，E\text{-}F，\cdots，W\text{-}X，Y\text{-}Z\}$$
$$集合 2 = \{A\text{-}B，C\text{-}D，E\text{-}F，\cdots，W\text{-}X，Y\text{-}Z\}$$

所以，

$$集合 1 = 集合 2$$

这就意味着：在已经连通 12 对字母的变化基础上，再连通第 13 对字母，必然将出现重复计算的情况。在本例中，本来关系"暧昧"的 Y-Z 和 A-B，由于连通后被"落实了政策"，导致最终出现"集合相等"的结果；而相等的集合只会被公式计为一次，从而使重复的情况被排除，导致计算的结果减少。扩展开说，n 取 12 时，用公式计算的结果，正好是 n 取 13 的结果的 13 倍。这个又是为什么，也请各位朋友做回脑力体操吧。

至于 n 取 11 的结果比 n 取 12 要大，其实倒不难理解。仔细观察公式：

$$变化总数 = \frac{26!}{(26-2n)！\times 2^n \times n!}$$

就会发现，分母的大小，跟 n 实在是密切相关。由于分子已定，影响公式结果的，最终只能是分母内部的此消彼长。因此，n 取 11 时公式的结果将出现极大值，倒也不是很难理解的问题。而这个结果也告诉我们，对于 Enigma 而言，最棒的选择应该就是连接 11 对字母——而当年的德军却往往并非如此：他们一开始只连接 6 对，到后来越连越多，到最后干脆经常是连接上所有的字母对，也就是把 13 条连线全用上。

从道理上讲，无论是连 13 对，还是连 12 对或 11 对，其变化都是个非常庞大的数字，其中的差距只有用纸和笔才能算清楚。如果脱离这个对于理性思考最重要的工具，只是靠感性泛泛去"估计"和"判断"出个正确的结论，即便不是不可能，起码也是非常困难的。我想，这大概就是为什么德军会选择插接全部 13 个字母对最根本的原因——很有可能，他们根本就没仔细算过到底交换多少字母对，才会给敌人造成最大的麻烦；进而，也就"跟着感觉走"一般地用上了

全部连线。如上所述，计算这个结果其实并不难，因此我个人估计，大概就是当年制定 Enigma 使用手册的工程师们，一时疏忽忘记强调了吧。

即便如此，把 13 对字母全部连上，也还不是很差的选择。首先，从上面中我们可以看出，连接 13 对字母以后，连接板的变化将减少为连接 11 对时的 1/26。虽然说大大减少了，可这时它依然能够提供 7 905 853 580 625 种变化，翻译成简体中文，也是七万九千零五十八亿五千三百五十八万零六百二十五种变化啊——怎么说，那也绝对不是个小数字了……

其次，德军"常常"使用 13 对连线而不是"只"使用 13 对连线，倒也有个不错的结果，那就是：无法使敌方密码分析人员在公式中彻底"固定"这个连线数量。这就是说，虽然德国人常常交换 13 对，但是有时也许就只交换 8 对，有时候就交换 10 对；这样，敌人在破译的时候，还真不能只考虑某种固定的连线数量（比如 13），于是破译起来更加麻烦。

饶是如此，连接板在实际使用的时候还是有纰漏的。且不说交换 13 对字母，本身已经削弱了反射板的加密潜力；更令人哀其不幸怒其愚昧的是，德国人大概是唯恐敌人破不了自己的机密，又自废武功地制定了使用时的规则——连线时，不能选择相邻的字母。而所谓"相邻"，指的是按字母表顺序，前后相邻的字母。这就是说，字母 B 既不能连接 A，也不能连接 C；字母 K 既不能连接 J，也不能连接 L。老实说，如此规定倒也不全是没动过脑子的。他们认为，这样连接的话，会给对手提供某种令人不放心的可乘之机；虽然不知道对手会用什么方式利用这个可乘之机，但还是先从制度上消灭了它比较好。考虑到懒惰是人的天性（哪怕是那些制定连接板字母交换规则的人们），德国人的担心好像也不能简单地说成是杞人忧天，至于这个斩草除根的规定，确实也是可以理解的。

但是历史一再告诉我们，好的动机未必一定导致好的结果。德国人这么一规定，东边的确是不出太阳了，可西边却已暴雨成灾——诸如 A-B，B-C，K-J，U-V 等这样的交换组合，现在已经是不可能出现的了。而所谓的"不可能出现"，自然就意味着这样的情况可以直接排除！一直虎视眈眈的盟军分析专家们，当然也不会放过这个密码学意义上的重大漏洞。其一，这样本身就大大减少了因连接板导致的变化数量，可以让计算变得更加容易一些；其二，在利用种种手段破译出密钥后，当专家们反过来推算当天 Enigma 机器设置时，如果连接板呈现出相邻字母被两两互换的情况，那么这个密钥肯定就是算错了——就这样，德国人又慷慨地送上了一份供对手验算破译结果的礼物！也因此，连接板继反射板之后，成为了第二个可以部分地判断密文正误的根据……

老实说，出现这样的结果确实有点不可思议。密码机这东西，看起来神秘和强大得不得了，但是实际一用起来，居然就会出现可以用来验算破译结果的特征，而且还不止一个——如果不是 Enigma 的机理及使用规则确实如此，当年盟军的破译人员又确实利用了这样的漏洞，说出去又有谁信呢？

不过，尽管德国人制定了愚昧的规则，但就连接板本身来说，它也绝对不是 Enigma 的败笔。相反，如果没有它的话，Enigma 或许早就被敌方的数学家简单地用纸和笔击败了。正因为它的存在，使 Enigma 在转轮组提供的多表替代加密之上，又复合了单表替代的大锁，使得那些可以用来分析多表替代的路数，在 ENIMGA 面前变得毫无用武之处。

连接板的出现，使转轮组"安全"了；而转轮组，反过来又保证了连接板的"安全"——那些能够对付单字替换的路数，现在也不灵了——这就提示我们：

　　　　至少在古典密码体系下，若要获得更大的安全强度，多种不同结构
的复合加密应该比多次同类加密更可取。

关于连接板，就分析到这里吧。同时，对于整个 Enigma 的加密系统的介绍，也就全部结束了。这一路上拆出了这么多零件，也难为各位一直坚持用极大的耐力来阅读了。不过，光有这么一堆乱七八糟的零件，也是没法工作的。那么在下一节，还是让我们打开管状视野，来看看全豹吧。

四、如何操作 Enigma

经过前文 5 次的连续分拆，这 Enigma 的加密结构算是给剖析得差不多了。不过，这些零件得合起来才能发挥作用。现在，我们就来看看作为一个整体的 Enigma，究竟又该如何使用吧。

把时间拉回到 1942 年，现在，假定你就是 U 艇中的一名译电员。就在半分钟前，U 艇刚刚发现了敌人的护航船队。为此，U 艇必须把这个消息向远在千百海里外的总部发送。这毫无疑问就是你当前最重要的事情了，而你，又该怎么做呢？

首先，当然要调整机器。具体来说，你要分 5 步来完成机器的设置，分别是"初步设置机器"、"确定指标组"、"发送指标组"、"按指标组设置机器"和"加密并发送密文"。

（一）初步设置机器

1. 选择正确的转轮

按密码本上的记录，今天的转轮顺序是Ⅲ Ⅴ Ⅱ（也即我们前文中说的 3 号、5 号和 2 号转轮）。那么，你就要先从盒子里找出这 3 个转轮。

2. 设置转轮的凹口圈并调整好转轮组

按密码本上的记录，今天的凹口设置是 N T V。于是，你再把 3 号、5 号、2 号这 3 个转轮的位置分别调整到 N、T、V。这一步并不难，其实只要稍微费点力

气将字母轮箍"拉开来",就可以把转轮上专门用于固定凹口圈的小装置拨开。

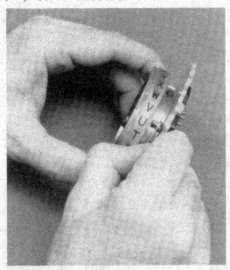

图 228　拨开固定凹口圈的小装置,以便调节凹口圈
本图扫描自《Seizing the Enigma: The Race to Break the
German U-Boat Codes 1939—1943》,原作者 David Kahn

尔后旋转凹口圈,使凹口对准规定的字母位置,转轮的凹口设置就算完成了。之后,就可以拿那根杆穿过已经调节好的 3 号转轮轴孔了。尔后把 5 号转轮也调节好并穿在杆上,再对 2 号转轮依法炮制。

图 229　挨个把转轮调节好,并串在杆上
本图扫描自《Seizing the Enigma: The Race to Break the
German U-Boat Codes 1939—1943》,原作者 David Kahn

这样，转轮组就组装完毕，可以装入机槽内，并扣好盖板了。从现在起，如果要观察转轮组各个转轮的位置，就只能通过盖板上的观察窗口了。

3. 设置连接板

按密码本上的记录，今天的连线关系是 A-P、E-F、M-Z、N-R、T-V、C-Q、B-O、U-W、D-Y、J-S。找 10 根连线，照此将各字母对连接起来。

图 230　现在，A-P、E-F、M-Z 已经连接好了，后面还有 7 根连线没有接上

本图扫描自《Seizing the Enigma：The Race to Break the
German U-Boat Codes 1939—1943》，原作者 David Kahn

估计大家想不到的是，这一步往往才是最费时间的——为了保证可靠接触，插头和插孔被设计得很紧，颇是要使一些劲儿才能插好。光是把这 10 条乱线、20 个插头给一个个对付好，大概就得用一两分钟。顺便说一句，本例中的 E-F，由于在字母表上是顺序相连的，而这样便违反了德军的相关规定，因此理论上讲是不应该出现的；在这里，我们也只是拿它当作例子泛泛地讲解一下而已。

4. 设置转轮位置

按密码本上的记录，今天的转轮位置是 WQD。通过盖板上那些小小的观察窗口，依次把 3 号、5 号、2 号转轮的位置调节为 W、Q、D。由于盖板上也预先为转轮边缘的拨轮开了槽，因此，你在拨动转轮时，就不用再把盖板打开了。

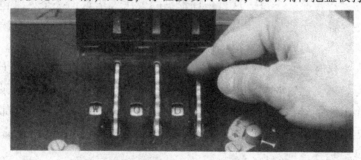

图 231　拨动转轮边缘的拨轮，将每个转轮调整到位

本图扫描自《Seizing the Enigma：The Race to Break the
German U-Boat Codes 1939—1943》，原作者 David Kahn

至此，机器设置工作已经完成。

说起来好像挺麻烦，但实际上，一个熟练的译电员还是可以很快搞定所有这4步的——如果他力气比较大，手又比较巧的话。以国外模拟操作的录像片断来估计，总共大概需要两三分钟。

（二）确定指标组

然后呢？然后就跟跳水比赛一样，规定动作做完，可以开始自选动作了——现在你的任务就是看看键盘，然后任意找出3个互不挨着的字母。你看了半天，决定使用 C、U、A 三个字母。由此，CUA 就是即将发出的电文的指标组。

（三）发送指标组

CUA 作为指标组，你自己知道，但是接收电文的人并不知道。所以，你还要把它告诉接受方，办法是连打两遍，即 CUACUA。连打两遍的目的是防止手误，比如，你第一次把 CUA 打成了 CIA 的话，这两遍的结果就成了 CIACUA。对方把机器调整好并解密你的密文后，一看你这 CIACUA 的报头就知道：得，肯定是你这边自己弄错了，重新发吧。

（四）按指标组设置机器

这一步很简单，既然指标组是 C、U、A，那么，把3号、5号、2号转轮再依次调整到 C、U、A 的位置也就是了。

（五）加密并发送密文

后面的工作基本就没有什么技术含量了——拿来明文，一个个字母挨个敲完一遍，就算大功告成。不过，这只是理论上的说法，毕竟，一个人来包办加密和发送，实在太容易出错了。于是，当年德军在发送 Enigma 密电的时候，一般都由两个人来操作，有时人手富裕，还可以由3个人来操作。

两个人操作时，水兵甲照着明文，一个个字母地按下去，显示板上，一个个字母也就亮起来——这时候，水兵乙就在旁边，挨个把显示的字母记录下来。这些陆续被显示的字母，记录下来以后当然就是 Enigma 的密文。等全部明文都被甲输入完毕后，就该由乙来收尾了：他一边看着自己记录下的 Enigma 密文，一边用发报机滴滴答答地发报。

在这里也强调一句：Enigma 本身是不能发报的，它只是密码机。而发报机跟我们在电影电视上见到的也没什么不同，大小和样子都跟订书机差不多，滴滴答答地按着就是了。

图232　标准的二人操作

图233　图上六人，只有坐着的二位在操作

　　有意思的是，某些时候报务员比我还懒。

　　不是已经用 Enigma 加密，并也已经记录下密文了么？OK，如果此时收报方恰好与自己有电话线路相连，就索性一个电话拨过去，然后在电话里挨个把密文字母念一遍。

　　如此这般，连发报这个程序都省了，如图234 所示：

图 234　这样的偷懒行为，当时似乎并没有明文禁止

　　关于这个问题，我们在后面还要再次提到，这里就不多说了。

　　而在 3 个人操作时，水兵甲负责一个个地念出明文字母，乙则边听边打，丙负责记录 Enigma 的显示板上的闪光字母。之后，丙把记录好的密文交给甲，再由甲一边看着密文，一边直接使用发报机发出全文。这个流程其实跟俩人工作也差不多，区别就是把负责 Enigma 加密的那个人给解放出来，让他专心按键盘去——所谓机械化大生产，不就是把工人的劳动无限简单化嘛……

图 235　现在是三人操作了
其实，仨人还真未必有俩人效率高
当加密完成、等待发报时，这站着的一位基本就是在旁观了

以上，就是 Enigma 的一个完整工作顺序。如前所述，为了生动起见，我们把你临时安置在了 1942 年的大西洋战场。但是有必要强调的是，如果那时候你真是在那么一条 U 艇里的话，整个操作步骤至少还得修正两处：

1）开战后不久，德国人就废弃了对指标组连续加密两次的做法。在没废除这个规定的战前，波兰人还能从这里下手破译 Enigma；而在开战之后的大部分时间里，英国人是没有这个便利条件的。而在 1942 年的 U 艇里，自然也不例外，按当时规定，你只需要打一次 C、U、A 就够了。

2）说是 1942 年，其实，还得看是 2 月 1 日之前还是 2 月 1 日之后。如果是之前，那没什么大问题；如果是之后的话，U 艇就已经启用了新型的 M4 密码机，上面就有 4 个转轮了——这已经在前文交代过了——所以，各种与转轮相关的密钥，相应地也该是 4 位。

此外还有一点，也有必要交代一句，那就是：在两遍输入的指标组之前，报头其实还有其他部分，是用完全不加密的明码发出的。它的内容主要是一些便于接收方核查的信息，比如报文全长是多少个字母，被分成了几个部分，本部分一共有多少个字母等。由于是明码直接拍发，也就排除了因为密码操作失误导致的误会，在接收方全部接收完毕后，就可以借此检查自己的抄报有无错漏。在这些明码发送完毕以后，才开始指标组与密文的发送过程。顺便说一句：在 Enigma 的使用中，对每份电文的长度是有明确规定的，即不能超过 250 个密文字母。如果明文内容比这还长，对不起，发报方必须把它截断成几份，使每份的长度都在 250 个字母之内才能发出。具体这个问题，在后面也将略有涉及。

总的来说，以上的操作，是 Enigma 的惯常使用方法。由于 Enigma 本身在不断变化，使用规则也在不断完善，所以上述的惯常操作方法会有微小的变动。比如，在后面我们会看到，某些型号的 Enigma 也配有可以直接打印密文的附件打字机，这样，就又省下了一个报务员——不过，万变不离其宗就是了。

从这些描述中我们不难看出，Enigma 正常通信的基础，就是密码本。如果没有密码本，你作为 U 艇里的译电员，是无法正确调整机器设置的——哪怕你手头就有一部 Enigma 机器，也照样无法与岸上指挥中心或其他任何大洋里的 U 艇联系。

而密码本，又是个啥样子呢？

在很多惊险小说和间谍电影里，这密码本，似乎都是全篇争夺的终极目标。其实，密码本本身没什么神奇的，它就是本书，每一页记录着密密麻麻的密钥而已，看起来跟小学时候用的对数表差不多。不过这么介绍也跟没说差不多，为了生动一点，我们还是从一个真实的故事说起吧。

1944 年 6 月 4 日，在一次海战中，编号为 U-505 的纳粹海军的ⅨC（9C）型潜艇，被美军完整俘获了。这个胜利可不太寻常，因为它是美国海军自 1815 年起算起的 129 年里，第一次在海上（而非港口附近）生俘敌军作战舰艇；而这个纪录，至今也仍未被打破。毕竟，敌舰艇被击沉或逃跑都是更容易发生的事情，而要活捉敌舰艇，实在需要太多天时地利人和的条件来配合了……

图 236 被迫上浮的 U-505，右下角是冲上去俘虏它的美军小艇

图 237 这就是当时的 U-505
美国大兵上了艇不说，国旗都给换成星条旗了

图 238 在纳粹的"海狼"上那叫一个兴高采烈，自也不必多说

图 239 美海军"瓜达尔卡纳"号护航航空母舰正拖曳着倒霉的俘虏回港

战功卓著的 U-505，就在这一天，走到了自己战斗生涯的尽头。不过它的结局还真算不错的了，除了与美军战斗时被打死了一个人以外，艇内的其他 56 个人都是被生俘的。对这 56 个人来说，比起其他在深海中被默默击沉、甚至死不见尸的其他 U 艇水兵们，能够活下来已经是极大的幸运了。除此以外，在 U-505 被俘获的同时，随艇配发的密码本也被美军搜缴了。

这个密码本最终能被缴获，也真算美军运气好，毕竟这么重要的东西，哪能随便就被敌人掳去呢？原来，U 艇上的密码本是用特殊的纸张制作的，一遇到水就开始溶化。设计密码本制作材料的官员一定是这么想的：一旦 U 艇被击沉，总得进水吧？一进水，敌人就是再去打捞，还能捞上啥来呢——可是天算不如人算，谁又想得到，一向具有顽强战斗意志的纳粹潜艇部队，其中的 U-505 竟然是被生俘的。按说，即便向敌人投降，也该首先毁掉密码本才是——自己失去了战斗意志，总不能再祸害其他 U 艇上的战友吧？而且这个销毁工作也不怎么费劲，泼点水，或者索性扔到茫茫大海里就是了。可是怪异的事情再次发生了：这艘潜艇上上下下，居然压根就没人想到去毁掉密码本；而这幸存下来的密码本，还就真被美军给找着了！

扯了这么远，终于可以回到正题上来了。下面就让我们来看看，U 艇上真正的密码本，到底是个什么样子吧：

图 240　这就是大家闻名已久的密码本
它正是从 U-505 上缴获来的

看不清楚？我们把局部放大一点再看看。

图 241　每页用粗竖线隔开了 4 大列，每列内又有 3 个小列

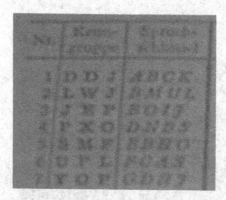

图 242　把第一大列再放大，这下基本可以看清楚字母了

从上面可以很清楚地看出，密码本的每页分为 4 个大列，每个大列又分为 3 个小列。其中第一小列为序号；第二小列依次为 3 个转轮上凹口圈的凹口位置（如前所述，第四转轮是不能步进也不能进位的，故而密码本上没有它的凹口圈位置），也就是我们前文说过的进位点；第三小列则为全部 4 个转轮的初始位置。

我们现在知道，U-505 是 1941 年 8 月 26 日下水的。如果那时候它就被俘、而不是等到 1944 年才被俘，那么在密码本里，第三小列就不会有 4 个字母，而只会有 3 个字母了——本书前面提到过，潜艇部队一直用的都是 3 转轮的 Enigma 的，直到 1942 年 2 月才装备 4 转轮的 M4 型。

当然，以上这些只是借 U-505 说密码本的事儿而已。至此，整个 Enigma 就算被我们彻底拆解完了。作为一个尾声，下一节我们再来讲讲 Enigma 的一些零散逸闻吧；其中，一些是对前文的补充和细化——这回，咱也咬牙再八卦一次，看看效果到底咋样！

五、技术性花絮

☆ 1923 年，Enigma-A 这种被认为是 Enigma 家族元老的机型诞生了，它的体积颇为惊人，足有 0.1 立方米。这 0.1 立方米又是个什么概念呢？如果你的电脑是台式机，机箱又恰好是最常见的标准 ATX 结构的话，那么你把两个机箱绑起来，差不多就是 0.1 立方米……此外，它还得和一台打印机配合工作，至于总重量嘛……如果你不常锻炼，抱起来还真有点费劲——足足 50 公斤，正好两袋大米的重量！

☆ 早期型号的 Enigma，实在不是为战场准备的。比如下面这种如今已非常罕见的商业型 Enigma，就活活装备着 8 个转轮，给人一种"看着都眼晕"的感觉。

图 243　这是打开了盖板以后的样子

☆ 1926 年，Enigma 的发明人谢尔比乌斯在同事威利·科恩（Willi Korn）的建议下，为 Enigma 增加了标志性的设置——反射板。由此，Enigma-C 正式诞生了。

☆ 1927 年推出的 Enigma-D，不仅使用广泛，而且"海外关系"还堪称众多，用户名单包括瑞典、荷兰、美国、日本、英国、波兰、西班牙、意大利……

☆ 意大利海军采用了 Enigma-D，并命名为"海军密码-D"型（naval cipher D）。有资料说，意大利人特意取消了连接板。看看上文就知道了，Enigma-D 本

图 244 长叹一声：看来发明精密而复杂的机器，的确是德国人的长项啊

身就没有连接板，谈何取消？可见，信手一写容易，想要还原真相，倒是且得查一阵资料才成啊……

　　☆ 既然意大利海军采用的是到处可以买到的商业版的 Enigma-D，按说应该很容易被破解才对。可事实正好相反。原来，意大利海军虽然打起仗来让人实在无法恭维，但是对密码使用还是有一定心得的。比如他们规定，Enigma 只在很小的范围才能使用。这样一来，被截收的电文就很难达到密码分析所需要的"临界量"，整个 Enigma 系统也就变得相对安全多了。

　　不过，之所以我们说意大利人对使用密码机"有一定心得"而不说"很有造诣"，不仅因为这样的密码最终还是被破译了（例子我们已经提到过），而且也因为他们同时还用着哈格林密码机（Hagelin cipher machine）。前文我们介绍过，哈格林密码机，那可是盟军正在用着的密码机啊——具体故事太长，这里就不讲了。总之，意大利人的盟友、德国的那位"沙漠之狐"隆美尔，和他那个在撒哈拉大沙漠中苦苦等候着装备和给养的北非军团，可真是被害惨了，也因此郁闷透了……

　　☆ 顺便说一句，意大利人军事情报系统使用的不是密码机，而是密本制密

321

码，其中有些被证明是极难破译的。

☆ 瑞士人也在使用 Enigma，他们的型号就是所谓的"瑞士 K 型"（Swiss K）或"型号 K"（model K）。瑞士 K 型 Enigma 与 Enigma-D 极为相似，但是转轮内的连线被重新设计过。瑞士人把这样的 Enigma 变种用在外交和军事用途上。

☆ Enigma-G 是个比较特殊的型号。它主要是为德国的友好国家制造的，不过，也有 200 台 Enigma-G，出于某种"特殊目的"被送到了德国最高统帅部（OKW）——当然了，这个"特殊目的"也并不难理解。此外还有一种机器，有时也被称作 Enigma-G，它就是大名鼎鼎的军事情报署型 Enigma（Abwehr Enigma）。

☆ 军事情报署型 Enigma，已经比前辈 Enigma - A 轻多了，只有 12 公斤，体积也只有 Enigma - A 的一半不到。

☆ 军事情报署型 Enigma，是 Enigma 家族中一个极为怪异的家伙。它还没有发展出连接板，却已经有了 4 个转轮；同时，凹口圈上还有多个凹口（进位点），比如在凹口最多的那个号型的转轮上，居然密密麻麻地分布着 19 个！由此，也导致它的转轮组内部进位规律极为复杂⋯⋯

图 245　这就是 Enigma-G，
或者军事情报署型 Enigma

图 246　它的特点一目了然：
4 个转轮，没有连接板

图 247　这是位于最左面的第四转轮。不愧是名机，果然妖气逼人

图 248　位于最右边的转轮，也很仙风道骨

图 249　就连凹口圈上的凹口们，都是那么的多、那么的具有个性……

☆ 1928 年，Enigma-G 被陆军改进后采用，这个新型号就是国防军型 Enigma（Wehrmacht Enigma）。从这个型号起，Enigma 家族中出现了单表替代的设置——连接板。陆军为此还比较得意，反过来劝海军也在自己的 Enigma 上增加连接板。不过也如前文所说，没过多久，从善如流并且青出于蓝而胜于蓝的海军，所发展出的机型就彻底把陆军型甩到了后面。

☆ 英国空军借鉴 Enigma - K 发展出来的 TypeX 密码机，取消了连接板，再用打印机取代了显示板，并增加了第二个输入轮。尔后，经过安装特定的"通用附件"，TypeX 还可以与美军的密码机互相通信，即互相解密。这样一来，美英联军在作战的时候，彼此的通信就方便得很了。

☆ 日本海军也得到了 Enigma。根据双方海军代表于 1942 年 1 月 18 日签署的《日德海军战时通信协议》以及 1942 年 9 月 11 日签署的两国海军通信计划，卐字旗和旭日旗下的两支海军明确了相互通信的途径和具体方法。据此，双方建立了新的联合密码体系，代号为"日德第三号通用密码"（Japanese-German Joint Use Code No. 3）。作为这个密码体系的核心，德国人专门开发了 Enigma-T。

图 250　Enigma-T 也是 4 轮型的

☆ Enigma-T，也被写作"T - Enigma"，有时候又叫"Enigma 型号 T"（Enigma model T）。由于它同时装备了德国、日本两个国家，密码代号也略有不同。比如在德国，它就被称为 Tirpitz；在日本，则被拼作 TIRUPITSU。追根溯源，这个 Tirpitz，似乎是指那位有着"德国海军之父"之称的著名德国海军将领阿尔弗雷德·冯·提尔皮茨（Alfled von Tirpitz）。

☆ Enigma-T 的名字已经够乱了，然而还不是全部。一直盯着轴心国密码不放的美国人，也来锦上添花了。在美国海军的破译机构内，赋予 Enigma-T 机器本身的密码代号是"OPAL"（猫眼石）；而 Enigma-T 密电被截获后，它的密码特征又被统一归类，最终划入统一整理的日本海军密码命名体系内，代号为 JN-18。

☆ 按照协议，日本人很高兴地订购了 800 台 Enigma-T，并计划在 1942 年年底即开始使用。但是，由于原材料匮乏和产能不足等原因，德方研制和生产的速度大大延迟了。据说，到大战结束为止，日本人总共获得了大约 500 台 Enigma-T。

☆ 1934 年，海军的 M 型 Enigma 诞生。从此，这一系列以 M 打头的 Enigma，如 M2、M3、M4、M5、M10……陆续开发成功。不过后来，M 系列中的某些型号不光是海军在用，陆空军也在用了。比如 M5，就是三军通用的型号。

☆ M4 型 Enigma 上有一种可选的附件"打字机"（Schreibmax），其实就是个打印机。把显示板卸了以后，就可以把这个打印机装上去。于是，解密电文的时候，就不需要一人击键一人记录显示字母了。特别是在 U 艇中，这个设置很有用，例如，一些只能让艇长看的电报，从此就不再需要译电员在旁边帮忙了。

图 251　注意压在 M4 型 Enigma 上方的那个黑东西，那就是 Schreibmax
现在，它和它的母体——U-505，都在美国芝加哥科学和工业博物馆展出

顺便说一句，这台 Enigma，依然是从前文所说的那艘被倒霉生俘的 U-505 上缴获的。介绍文字是这么说的：

这是 1944 年 6 月 4 日从 U-505 上缴获的两台 Enigma 中的一台。它有一个试验性的打印装置，取代了字母显示板的位置。该打印机消除了手工写下密文字母的必要。由于它还是一台试验性装置，因此需要第二台 Enigma 作为备份。登艇搜索队从潜艇中一共搬出了两台 Enigma，加上装满 9 个邮包的密码本和手册，总重量达到了 1100 磅。

☆ Enigma 的确是密码界名副其实的一代名机。据估计，Enigma 一共造出了大概 10 万台，其中 4 万台是在二战中制造的。

☆ 英国人比较坏，这一点从他们战后的举动就能发现。他们把缴获的 Enigma 卖给自己的殖民地国家，并告诉他们 Enigma 是不可能被破解的。限于科技发展水平，殖民地国家普遍缺乏破译常识，一听介绍，这么复杂和高深，那肯定没人能破掉啊，于是纷纷购买使用。问题是 Enigma 的售价并不便宜，一般单位、公司和个人还真用不起，结果导致真正的用户往往是政府。而如此一来，值得用 Enigma 加密的电文，一般而言都是对该国相当重要的电文。于是，英国人不仅得以深入了解该国的情况，还顺便锻炼并维持了自己的密码破译队伍……

☆ 说 Enigma 是一代名机，还不仅仅因为它制造的数量多。更重要的是，Enigma 的设计和原理，实实在在地影响了世界各国之后的密码机研制思路。就拿现在在欧盟中动辄叫唤知识产权保护，处处占据道德制高点，不遗余力压制中国的英国人来说，至少他们当年对待 Enigma 就不是那么光明磊落的。Enigma-D 在英国是申请过专利的，而英国人自己的密码机 TypyX，其中有相当部分都是直接抄自 Enigma-D 的专利设计，并且从来就没向德国人付过一分钱——说到底，开始照本宣科大抄特抄的那时候还没开战呢，英国政府根本没有任何赖账的借口。

☆ 有美国"密码之父"称号的威廉姆·弗里德曼（William Friedman），从 Enigma 的构造和原理受到启发，设计出 M-325 密码机，密码代号为 SIGFOY。SIGFOY 同样有 3 个转轮和反射板，在 1944～1946 年短暂的两年服役期内，共制造了 1100 多台，供美国国务院用于外交用途。

☆ 根据 Enigma，日本人也开发了自己的密码机，被美国人称为"绿密"（GREEN）。这里有很多很多故事，一两句话是根本说不清楚的，本书就不提了，或许会在下一本书中予以介绍吧。在这里只贴一张图，说一句：日本人思维比较怪异，如果不说变态的话——好好的 4 个转轮，日本人非给它横过来，看着跟老式的磁带机似的……

图252　这就是江湖上著名的绿密
怎么？太阳旗下还有个"祈 武运长久"？别逗了……

☆ 随着二战的结束，早已停止了技术开发升级的 Enigma 仍然被广泛使用，直到 20 世纪 70 年代才渐渐退出了实用密码领域。不说别的，只看这半个多世纪的服役历程，就已经足够说明 Enigma 的经典程度了。

☆ 现在的 Enigma，一般是作为展览品使用的。比如，在当年的交战国（主要是英国、美国、德国）都还保存着一些 Enigma。

☆ 如果各位有兴趣，在欧洲的朋友可以去英国的布莱奇利庄园、德国慕尼黑的德意志博物馆（Deutsches Museum）参观。布莱奇利庄园里有不少各国各种的密码机展示，而在德意志博物馆里，三转轮、四转轮、民用型的 Enigma 都有。

☆ 在美洲的朋友，可以去位于美国马里兰州米得堡（Fort Meade）的国家安全局（NSA）。别害怕，我们不是去那给自己找别扭，而只是进到里面去参观向公众开放的国家密码博物馆（National Cryptologic Museum）。除去不少 Enigma 收藏之外，里面的其他密码设备藏品一定会使各位大开眼界。

图 253　美国国家密码博物馆的 Enigma 藏品展示

从左到右，依次是

左边一间：商用型、Enigma-T、Enigma-G（军事情报署型）、不详

右边一间：空军型、带额外附件"Uhr（钟）"的陆军型、海军型

☆ 而在大洋洲的朋友，也可以在堪培拉的澳大利亚战争纪念馆（Australian War Memorial）看到 Enigma。

☆ 1942 年 4 月 14 日，U-85 在美国东海岸被美国海军击沉。55 年后的 1997 年 8 月，潜水员 Roy E. Parker 在当年 U-85 的沉没海域，打捞起了它所携带的两台 M4 的部分转轮，分别是编号为 M2946 的机器上的 2、3、6、7 号转轮，以及编号为 M3131 的机器上的 1、3、4、6、8 号转轮。将近 4 年后的 2001 年 7 月 3 日，一个潜水队又来到 U-85 沉没海域，打捞起了这两台 M4 的其他一些相关零部件。

图 254　这就是 M2946 上的转轮们，已经锈蚀得不成样子了

图 255　还是 M2946。看了以后只好承认，时间永远是美丽容颜的大敌啊

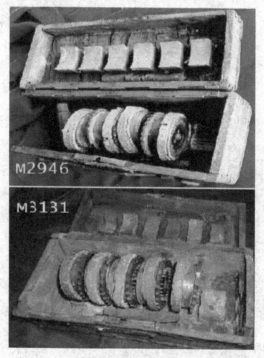

图 256　都泡成这模样了，哪里还有密码机的风采呢……

　　☆ 在中国，普遍对 Enigma 了解比较少。在西方世界，随着 20 世纪 70 年代兴起的二战密码战的解密狂潮，人们对 Enigma 的兴趣也与日俱增，针对 Enigma 进行复制也成为了一种专门的兴趣，相关作品不断涌现。图 257 所示就是一台很漂亮的复制品，制作于 2002 年。当然，比起六七十年前的正品Enigma来说，它在怀旧的同时，也做了一些改进：每个转轮有 40 个位置，这样，不仅可以包括 26 个字母，还可以包括 0～9 十个数字以及几个标点符号。

图 257　这就是由 Tatjana van Vark 精心制作的 Enigma 复制品

好看么？跟我们平常理解的模型制作还是不太一样吧？转到侧面再看一看：

图 258　它一共有 509 个独立部件

所有工作，从设计、制造装配到上清漆，全部由 Tatjana 独自完成

Tatjana 很酷地说："我想有一台自己的密码机，然后我就开始做。"整整 8 个月之后，成品就这么呈现在我们眼前了。

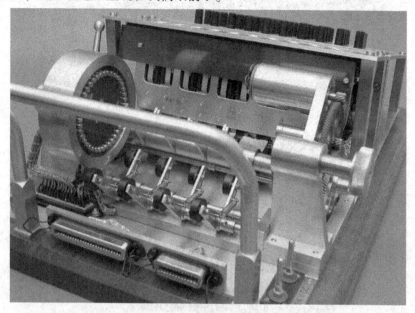

图 259 拆掉了转轮组，以便看清内部结构的后视图

M4 是可以配打印机的——对于这一点，作者 Tatjana 当然并没有忘掉。

图 260 Tatjana 式 M4 打印机，还是那种写意的风格

图 261　打印机顶视图

图 262　左侧的排线接口可以连上 Enigma 复制品，从而在解密时打出明文

在复制品中，转轮组的 3 个转轮都有着 26 个字母、10 个数字以及 " + "、" – "、" · "、" \ " 4 个符号，共 40 个位置；第四转轮也是 40 个位置，但却是用数字表示的——特意突出了第四转轮与众不同的特性。

图 263　怎能不赞叹——真是精美的艺术品啊

图 264　反过来再看一眼。左中右轮都被归零了，
这个时候的第四转轮更是显得分外不同

图 265　每个转轮的做工都务求精美

　　Tatjana 对自己制作的 Enigma 极有信心："我敢打赌，100 年内，没人能破得了我用我的机器加密出来的短信息。"这条牛哄哄的密文这里也原样附上：

　　GUK59 XBOFJ -AFF1 SGU65 0-KME YKCL7 76PRO LIKNY /WVSZ X-JYI OS6GN
9GLYL CTOSE -UBO6 OFD7P I+M3J

　　真是能气死谁，这还真是用 Enigma 习惯的 5 码组形式表述的……而你能想到么？Tatjana 其人，是这个样子的：

图 266　看上去，实在有点像电视里渲染的那种"科学怪人"

　　而且……Tatjana 是女人……不是说我有性别歧视，而是……请问，一路看到现在的各位，你们事先能想到么？

　　——好，继续回到 Enigma。

　　☆ 说来有趣，英国人最自豪的是破解了海军型的 M4，而 M4 也是各国密码爱好者复制 Enigma 的首选对象。或许，正是因为它该有的都有——国防军型 Enigma 以后才有的连接板、军事情报署型 Enigma、Enigma - K 才有的第四转轮、M4 之后才有的能转的反射板、Enigma - K 才有的打印机（Enigma - A 就算了吧，那东西实在不是主流）等这些，都在 M4 上有所体现。更具吸引力的是，M4 是装备在那令人心魂动摇的战争机器 U 艇上的，并参与了 U 艇最热闹也最具对抗性的一段大战。或许正是如此，M4，而不是之后的 M5、M8、M10……才会如此长盛不衰地赢得军迷的热爱吧。

　　☆ 说到这个 Enigma 复制，我在搜集资料期间，曾经找到了相当数量的 Enigma 复制网站。在那里，大家兴高采烈地把自己的作品照片发上去，真是琳琅满目。当然了，做的最好的几个网站往往不是公益性质而是盈利性质的。即便如此，这种景象也令人感慨：如果没有一般民众的兴趣，网站的利润又从何而来呢？Enigma 是纳粹的密码机不假，但是，科学技术还是不要打上意识形态标签为好。反观国内，这方面的教育……唉，简直是零啊……

　　☆ 在复制 Enigma 时，动用数控车床已经不是新闻了。在几个网站上我就看到了用 AutoCad 设计出的三维建模，并以此控制机床切削零件；而无论是三维模型还是最终产品，真的都是很漂亮啊。而从流派上说，现在似乎也有了绝对仿真的"写实派"，和写意式的"现代派"的区别——这是我自己瞎命名的——而刚才那张 2002 年的 Tatjana 复制型，大概就属于写意派的吧。

☆ 从硬件上原样仿制 Enigma 由来已久，而用计算机软件模拟实现 Enigma 的功能，也是屡见不鲜了。各位搜索一下，应该能找到不少 Enigma 的模拟器，在电脑上就能运行。你可以调整好各个参数，试验性地运行一下，找找当年使用 Enigma 加密的感觉。

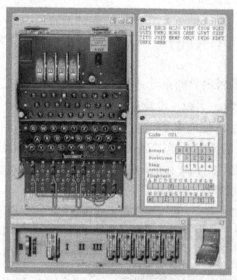

图 267　这就是一个模拟 M4 界面的 Enigma 模拟器

我仔细看了半天，做得还真像，就连电池盒上的"4 伏"字样都跟真的似的。下面这个则更偏重于传统的程序外观：

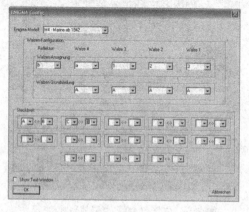

图 268　这个粗糙一点，不过看上去应该挺容易上手

☆ 既然有相当多的人关注，它必然也会成为一个商业卖点。在不少国外网站，都能找到出售 Enigma 的信息：有的全一些，报个整机价；有的缺胳膊少腿，也能报出个"两个转轮"的价。从道理上讲，复制品的价格最低，而真机的价格，则相对比较波动。比如，机型越久远、产量越小、品相越好（这里借用了一下集邮的术语，实在是不知道该怎么形容）、配件越齐全的 Enigma，价格越高。当然这个规律也不一定，比如 M4，既不是最早的也不是产量最少的，但架不住喜欢的人多，价格还是挺贵的……

☆ 一般来说，一台 Enigma 现在大概能卖到两万多美元，甚至更高。至于各位朋友，家里估计是不会有祖传的 Enigma 吧？这份身外浮财，咱们也就别指望了，呵呵。

☆ Enigma 不仅是密码界的泰斗，战后，又成为各种文艺创作的宠儿。具体的就太多了，纪实文学、小说、电影……到处都是。偷个懒，我就不一个个列出了，比如，2001 年的好莱坞电影《拦截密码战》，其本名是 *Enigma*，改编自 1996 年 Robert Harris 的同名小说，反映的正是布莱奇利庄园内的故事。当然，如果想从《拦截密码战》来了解 Enigma 及其破译的真实情况，其难度大概不会比从电影《珍珠港》中寻觅珍珠港事件的玄机来得轻松吧。

图 269　电影《拦截密码战》的海报

☆ Enigma 这个名字本来源于希腊文，意思就是"谜"。1996 年，亚特兰大奥运会宣传片的主题歌叫什么来着？不用 Google 搜索了，它就是 Return To Innocence（回归纯真），作者是一对夫妻搭档。这对乐感极好的夫妻创作了很多动听的新世纪音乐，你肯定在哪里听过，哪怕只是一个片断——而他们这个德国乐队的名字，正是 Enigma。

☆ ……

扯了这么远，我也真行啊我……还是 Return To Innocence，接着说我们作为密码机的 Enigma 吧。

六、回眸 Enigma

1918 年，谢尔比乌斯在发明 Enigma 的时候，估计他无论如何也不会想到，他这个发明居然会如此深刻地影响了整个人类历史的走向。是啊，谁又能事先想到后来发生的一切呢？如果我们能够让时光倒流，并退回到那个一战刚刚结束的年代，以当时的科学技术水平，各位能不能自行发明出这样一台密码机来？至少对我来说，这是个根本不可能完成的任务，而且我也很难想像出，究竟有谁能完成这样的任务。

而谢尔比乌斯却做到了——本书中我们一直在说，这个 Enigma 传奇中的第一个花环应该献给他，也确实不是过誉。虽然，他也参考了别人的设计，但是，他投入了大量的心血，进行了相当有效的改进，使 Enigma 作为第一台真正实用、好用的密码机，在广泛应用的同时，也筑就了自身难以动摇的密码学里程碑地位。

作为本章的一个纪念，这里贴上几张 Enigma 的原理图吧。

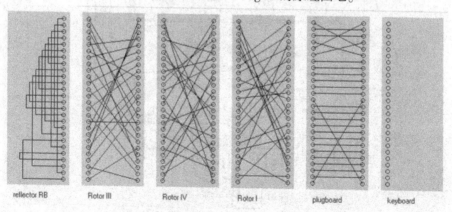

reflector RB　　Rotor III　　Rotor IV　　Rotor I　　plugboard　　keyboard

图 270　字母信号从右面的键盘流入，依次经过连接板（交换了 6 对字母）、
1 号转轮、4 号转轮、3 号转轮、反射板，再折返回来

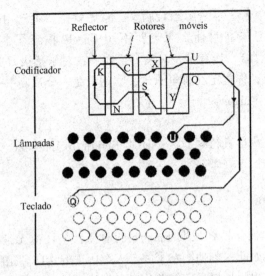

图 271 Enigma 加密原理示意图

注意，该图忽略了连接板

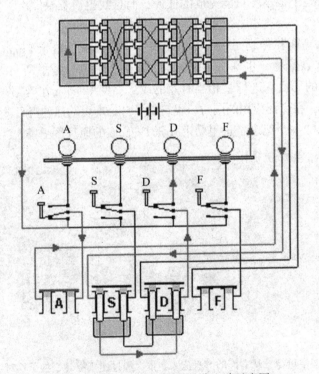

图 272 完整的 Enigma 部件工作电路示意图

图中由于 S 和 D 被连接板交换过，因此输入 A 最终将得到 D 而不是 S

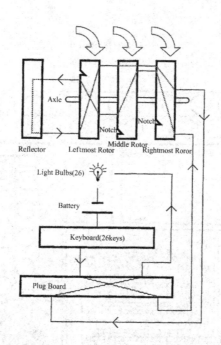

图 273　美国国家安全局（NSA）的 Enigma 电路示意图，又是另一个风格

居然连凹口圈上的凹口、串起转轮组的小杆都给特意给画出来了

　　下面，是谢尔比乌斯自己在为 Enigma 申请专利时所做的示意图。

　　现在再看这张图，也许会令真正的密码专家哑然失笑。是的，就像当年的 U 艇与现代的核动力潜艇，当年的 T–34 坦克和现在的主战坦克，当年的螺旋桨飞机和现在的隐形轰炸机……的差距一样，Enigma 面对今天的高科技加密手段，同样已经完全落伍了。但是，科技的发展，不就是这么一步步地、承前启后地走过来的么？假如没有 Enigma，没有那个时代百花齐放的转轮密码机们，又怎么会有后来更先进的密码机、更先进的加密概念呢？在今天，当我们方便地享受着诸如电子银行等现代加密技术带来的方便时，真的不应该忘记：历史上，曾经有一种密码机，名叫 Enigma。

　　而 Enigma 本身，同样也是密码学发展史乃至科技发展史上，一个硕大而耀眼的花环。即便它曾经一度成为纳粹的帮凶，但是作为机器，Enigma 本身是无罪的。由于 Enigma，人类真正迈入了机器加密的时代——至于这个意义，或许就不简单是一台机器的诞生所能概括的了。

　　本书的重点一直聚焦在 Enigma 本身上，而对它的发明人、德国的亚瑟·谢尔比乌斯博士（Dr. Arthur Scherbius）介绍得太少了，只是在第 22 页附了他的照片，希望能够以此来缅怀这位为人类密码科技进步做出卓越贡献的聪明人。

Jan. 24, 1928.   1,657,411

A. SCHERBIUS

CIPHERING MACHINE

Filed Feb. 6, 1923

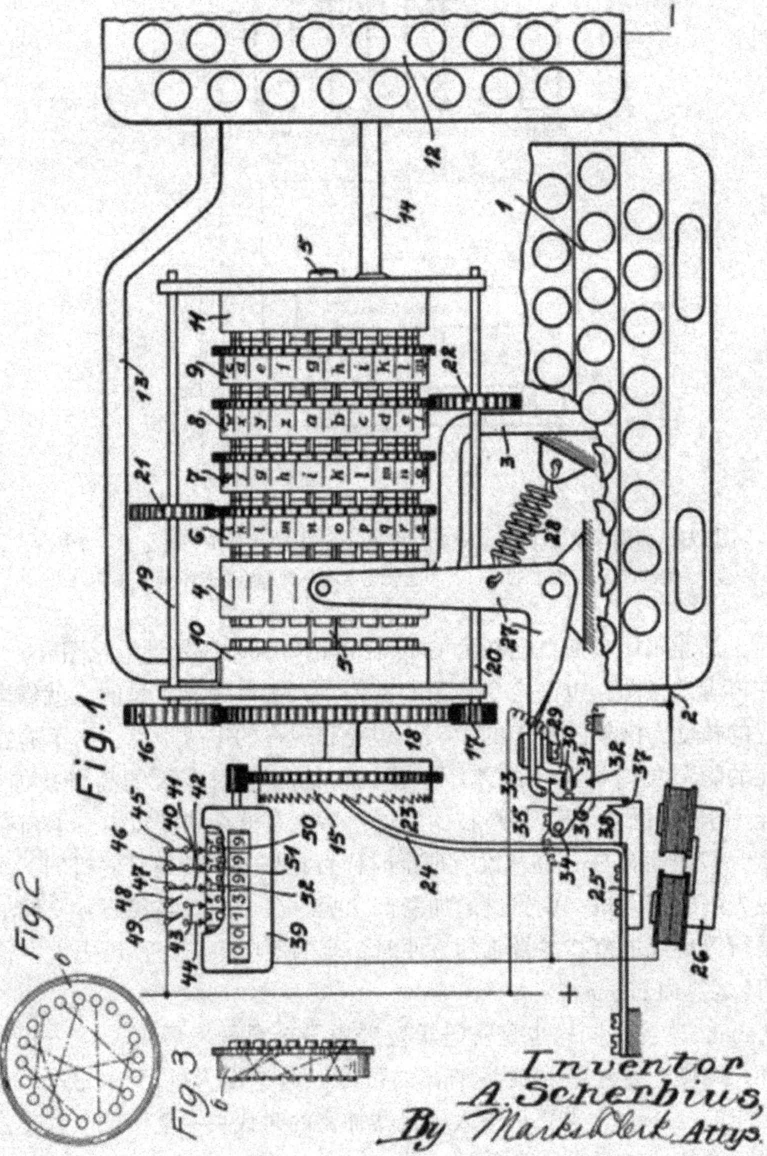

图 274　谢尔比乌斯的密码机专利示意图

1928 年 1 月 24 日，获得 1657411 号专利

他的发明，确实从根本上改变了无数人的命运。但是，这些带有血腥气息的改变，与博士、与他的发明本身无关，就好像发明飞机的人不该对纳粹的狂轰滥炸负责、发明潜艇的人不该对纳粹的无限制潜艇战负责一样，博士也不该对纳粹使用 Enigma 而造成的罪孽负责——再怎么说，他也没有活到纳粹上台的那一天。真正的罪犯，是使用这些发明荼毒人类自身的那些战争狂人；而谢尔比乌斯所做的，只是倾尽自己的智慧，造出了人类有史以来最好的密码设备，如此而已。

从另一个角度来讲，谢尔比乌斯以一人之力、最多在区区几人的启发和协助下改进出来的发明，却几乎难倒了当时世界上最顶尖的数学精英群体。就是这台从最初开发出来之后，基本原理一直没有重大改变的密码机器，害得敌方居然要举全国之力、在极不"公平"的前提下才能镇住——也如前文中所展示的 Bombe 和 Enigma 的体积之比一样，这个事实，的确也是撼人心弦：

在跷跷板的那头，是波兰、英国、美国的大批数学精英、密码天才，背后是无数的国家级人力、物力、财力投入。

在跷跷板的这头，几乎只有他一个人，而背后不过是起初的那个小小的公司。

——也正因此，作为一代名机之父的亚瑟·谢尔比乌斯博士，有足够充分的理由，在人类科学技术发展史上，永远地留下他自己的名字。

七、Enigma 究竟输在哪里

Enigma 作为一代名机，以极高的起点傲然出世，多年后又遭到了毁灭性的打击。再联系上波澜壮阔的第二次世界大战，其戏剧性之强，在密码学历史上，实在最有看点的一段对抗。

"没有刺不穿的盾"，这句话在密码分析中，更具有特别的味道。如果我们把破译按时效性分为有效破译和无效破译（比如我们今天再去破译当年的德军电文）的话，那么英国人的有效破译甚至已经发展到了"准实时"的程度，某些时候甚至比敌方统帅更早看到报文——Enigma 竟然惨败到这种程度，也着实令人慨叹。

我们已经知道，由于自作聪明的反射板的设置，使 Enigma 出现了"自反"的特征；而这大大简化了需要暴力穷尽的对象数量，也因此使有效破译成为可能。但是，英国人对 Enigma 那令人瞠目、史无前例的全面有效破译，难道仅仅是由于 Enigma 的设计上有问题么？

我个人认为：绝不是。

甚至，很可能都不是最重要的问题——关键的关键不是机器本身，而是制定规则的人和使用机器的人。

我们说 Enigma 是一代传奇名机，不仅仅是因为它诞生得早，也不仅仅因为它跟纳粹德国那剪不断的关系。其实，Enigma 是历史上第一种，很有可能也是迄今为止唯一一种既广泛而长期地投入实用，又被相当彻底地"曝光"的机械密码体制。说真的，当我每每翻查资料，对比 Enigma 和其他密码机乃至其他密码编码体制时，不禁常常感慨：要是所有密码编码体制都能得到 Enigma 这样的"优待"，每个都有丰富的资料可以查对，那我们的密码故事，又该增加多少有意思的篇章啊……

Enigma，由此成为密码学上一个非常非常经典、非常非常难得的生动标本，仔细分析它失败的原因，对我们更深入地理解密码学实践中的一些基本原则，应该有着极大的帮助。那么，我们不妨就在这里，认真看看德国人在 Enigma 身上犯过的大大小小的错误吧。

总结一下，我个人认为：Enigma 的失败，大概有 7 个比较大的原则性失误。

（一）军民混用

从一开始，Enigma 就不该出现在民用市场上。

尽管民用型号和军用型号有着不小的差别，但是 3 个转轮，每个转轮有 26 个位置，每加密一个字母，转轮就运动一次——诸如这些最基础的设置，在 Enigma 被发明出来的 20 多年里，从来就没有变过（M4 型 Enigma 等机型有 4 个转轮，但 3 转轮构成的转轮组仍是它们的基础）。试想，如果 Enigma 从来不曾公开上市，当敌方截获 Enigma 密电时，能不能很快发现这是由什么办法加密出来的？能不能迅速认识到这是机器密码，并反推出机器的内部结构？而没见过实物、没操作过实物，特别是没有见过所谓的"反射板"时，敌方又怎么会知道 Enigma 密文具有"自反"的性质？又怎么能在此基础上，发展出关于"字母循环圈"的理论？进而，又如何研制出破译机器？也如前面的故事所说，波兰人在熟练破译德军手工密码的时候，骤见到 Enigma 密电，当场就被震得晕头转向；而这个晕头转向期，持续了至少一到两年，直到后来他们得到 Enigma 机器时才渐渐结束……

战后，论及 Enigma 的失败时，当年德国空军密码处官员自己都认为，允许 Enigma 自由出售，甚至允许在国外出售。

这样做，一开始就给潜在的对手的破译工作，提供了重要的有利条件。

而那本堪称密码学圣经的《破译者》（*The Codebreakers*）的作者戴维·卡恩，更是把这一条作为 Enigma 失败的四大技术性原因之首。

当然，按 Enigma 的发展史看，这也是没办法的事情。先有民用型号并大批量上市，再被军方看中，才有军用型号的陆续登场——对密码机公司来说，这很上算，但对于大量采购而很少改动根本原理的军方来说，恐怕就完全是个错误决定。虽然 Enigma 的安全基础是密钥（转轮设置、连接板交换字母设置等）而不是算法（机器本身），本身并不是一种很怕被公开的机器，但是如果能够做到不让对方知道算法，是不是也更可取一些？

总之，正如后来遭到德国破译的美国 M-209 密码机一样，它们都是吃了军民混用的亏。

（二）叛卖

在前面的故事里，我们已经介绍过德国奸细是怎么把 Enigma 军用型号的详细资料传递到法国，尔后又被交流到波兰的。

再好的机器、再严密的保密制度，也经不起叛卖。

（三）使用规则制定错误

1. 初期转轮组设置的变动周期太长

直到 1935 年 12 月 31 日，这些设置还是 3 个月一变（季密钥），从 1936 年 1 月 1 日起一个月一变（月密钥），同年 10 月 1 日起改为每日一变（日密钥），后来在二战中，才终于缩短为每 8 小时一变。

如此磨蹭地缩短变动周期，确实给波兰人提供了太慷慨的破译时间。

2. 转轮进位点设置错误

为了让 Enigma 转轮组的步进和进位看起来更复杂一点，德国人特意固定了设置，结果是这样的：

转轮名	进位点
1 号转轮	Y
2 号转轮	M
3 号转轮	D
4 号转轮	R
5 号转轮	H

因此，转轮组运转起来，猛一看确实让人眼花缭乱，很难一下找到北。可是，由于每个转轮都有自己独特的进位点，那么对敌人来说，一旦完全破译了转轮组中转动最勤快的右轮的具体设置，就可能暴露出它本身是几号转轮。依此类推，当德国人改变转轮组设置时，那么被新换到右轮位置的转轮也就跟着倒霉了；而雷耶夫斯基也正是这样，一个个地破解了转轮的内部设置。直到 1938 年，德国人似乎才明白过来，他们在新增加的 6、7、8 号转轮上，确定了相同的进位点。这一次，改正不算太迟——虽然已经投入使用的 5 个转轮，无一例外都已经

被敌人彻底搞清了内部设置。

3. 加密的指标组与密文一起传送

1938 年起，指标组被要求连写两次并加密；这是 Enigma 使用规则上的一个堪称致命的错误，由此催生出了波兰的 Bomba。波兰灭亡后，直到 1940 年 5 月 10 日为止，这种办法一直在被德军沿用，只是做了少许修改：被加密出的 6 个字母改放在报头第四到第九个字母的位置；至于增加的前 3 个字母，则是转轮组的当前位置。

《密码编码与密码分析：原理与应用》一书的作者，弗里德里希·L·保尔（Friedrich. L. Bauer）尖刻地评价道：

> 使用指标组，削弱了密码的安全性，而德国人对此毫无顾忌，因为密钥是由 Enigma 加密的，而 Enigma 被认为是坚不可摧的。谁也没注意到，这是一个逻辑上错误的怪圈。

但在这一点上，全怪德国人也是不公平的。在"公开密钥加密体系"被聪明人琢磨出来以前，"如何安全而又高效地传递密钥"始终是传统密码学的一个命门。总之，德国人面对的是一个历史性的难题。只要他们还没有发明出"三次问答式加密传输"来解决这个问题的话，那么密钥传输总是会以其他方式出现漏洞的——虽然这个问题的解决难度非常之大，但是德国人给出的答案，也确实是太糟糕了。

4. 新旧机型的混用

打个不太恰当的比方来说，这完全就是在自毁长城。

（1）党卫队保安处（Sicherheitsdienst）方面

1938 年 9 月 15 日，德军改变了加密规则。3 个月之后的 12 月 15 日，又启用了 4、5 号转轮。

但是，党卫队保安处并没有跟着改变加密规则，却也按期启用了新的转轮。这样一来，4、5 号转轮总有机会被选用，其中就有被安装为转轮组右轮的可能；而波兰人对于按旧规则破解右轮的内部配线，实在是太熟练了。

结果是：4 号、5 号两个新转轮投入使用不久，就都被波兰人彻底破解。

（2）海军方面

1）潜艇部队。1942 年 2 月 1 日起，海军 M4 型 Enigma 装备 U 艇。但当它们与同属海军的海岸电台联络时，对方装备的仍是旧的 3 转轮型 Enigma，也就是所谓的 M3。为确保彼此能够顺利通信，M4 的第四转轮必须空置，同时转轮组内的 3 个转轮，还必须与海岸电台的 M3 保持一致——实际上，就是让新机型以削足适履的代价，来与 M3 保持完全兼容。

1942 年 12 月 13 日，破译的密电使英国人知道了这个情况。由此，英国人只需在已经破译的 3 转轮型 Enigma 的基础上，再做适当延伸，即可破译新型的 M4。准确地说，当时以 3 个模拟转轮为破译单元的 Bombe（该型号已经有 60 组破译单元）来对付 M4，破译时间将大约需要 442 个小时，即约 18 天又 10 个小时；而且这还只是理论上计算出的所需时间，由于机器本身"耐力"受限的原因，最终并没有真正解算出来过。而当 M4"兼容"M3 之后，这个时间顿时被缩短为原来的 1/26，只要 17 个小时就能搞定——而 17 个小时的计算，对 Bombe 来说并不困难。

就在得知这个关键情报的当天，困扰了英国人长达 11 个月的 M4 被一举拿下，代号为"海神"（TRITON）的密钥网也陆续遭到破译。从这以后，U 艇组成的"狼群"们在海上大开杀戒、风光无限的作战高潮迅即滑落，而令英国密码分析人员束手无策、伤心绝望的所谓"灯火管制"（blackout）期（在这段时间内，盟国损失了 1160 艘舰船，共计 600 万吨），也被彻底终结了。

2）水面舰艇部队。类似的事情，也发生在纳粹海军水面舰艇部队里。按照装备计划，小型舰船是不装备 Enigma 的，当它必须和大型舰船联络时，只能使用自己的双码替代密码本，以手工方式加密电文。而这样的手工方式，大型舰船自己一般是不用的，因此，它们往往也不主动联络小型舰船。但是，一旦出现紧急情况，比如大型舰船接到通报，说在小型舰船附近发现敌舰，就需要立即联系小型舰船。这时，它也只有把 Enigma 通报先脱密成明文，再"翻译"成小型舰船"看得懂"的双码替代密文，尔后发送过去。这就意味着："新"的双码替代密文，必然跟"旧"的 Enigma 密文之间有相当大的关联——而对双码替代密文进行破译，难度要比破译 Enigma 小的多。就这样，破译掉简单的"新"电文后，其中的关键字词就成了板上钉钉的"可疑明文"，再利用它来对付"旧"密电，整个破译过程也就容易多了。

布莱奇利庄园的专家们，把这种现象称为"园艺"，字里行间，颇有些"无心插柳"的味道。

5. 自我毁灭式的密钥网络设置

（1）海军方面

负责纳粹海军无线电通信安全的路德维希·施特默尔（Ludwing Stummel）海军上将，由于在密码学上的无知和过分热心，再次导致了 U 艇的灾难。他不辞辛苦地建立海军密钥网络，至 1944 年中期，甚至每艘 U 艇，都已经有了自己的独立密钥。可惜，看上去很美的事物，往往经不住逻辑的推敲，这次也是一样。当时的 U 艇经常是就近组队、集群作战的，在这种情况下，同一份电报明文（比如天气预报、作战命令、战况通报等）必将以不同密钥加密后发送。考虑到 U 艇未必都能同时接到电文（比如潜到一定深度以后），有时候这样的密电还会转天再次发布。问题是，在纳粹海军司令部里，没有哪个参谋会有不厌其烦的耐心，专门为每艘 U 艇单独拟定内容相同、文字各异的电报，而在各个基层密钥网络，类似的情况就更加严重。反观盟军，却相当注意这个问题：即便不伪装报头报尾，至少也会把同样的电文分割成两部分发送。

同样明文经过不同密钥加密，结果只能是参与的密钥网络越多，受到的损失就越惨重——最起码，德国人用自己将近 3 万条潜艇兵的生命，证明了这条密码学原理是多么的不该被遗忘。

（2）陆军方面

陆军的情况，也好不到哪里去。1944 年 7 月，陆军北方集团军群的作战日志就记载着，仅仅在这个集团军群内部，就有 11 个不同的密钥网络；而遍布德军武装力量的 200 多个密钥网络，干的也是同样的事。

对国家信息安全而言，建立多密码体系、多密钥网络并存的状态是正确的。但是它有一个大前提，那就是必须针对每个不同的密钥网络，独立地伪装那些需要多网络播发的明文；否则，从密码分析角度来看，纯粹就是找死。因此，德国人这种看起来为了给敌人增加麻烦的做法，最终正是搬起石头砸了自己的脚。

6. 不同密级文件，都由 Enigma 处理

想给在司令部工作的朋友来份生日祝福？还是向各车站发布火车时刻表？诸如此类不着调的事儿，只要有必要远距离传送，德国人都不在乎把它们变成 Enigma 密电。

不同密级的电文（甚至有些根本没必要加密的电文，比如天气预报）使用同样的加密系统，必然对高密级电文的安全构成严重威胁；更要命的是，这种现象，还将直接危及加密系统本身。

犹有甚者。

戈林元帅属下骄横狂妄的空军部队，在使用 Enigma 时简直是无所顾忌。而邓尼茨元帅属下的海军潜艇部队，更是不管大事小事、正事屁事，对着 Enigma 就哇啦哇啦没完没了，刚才说到的那份发给岸上司令部的生日贺电就是海军的杰作——这个现象，连敌人都觉得不可思议。比如布莱奇利庄园的专家们就说，纳粹海军实在是患上了"多话症"。后果自然也很简单：在纳粹陆、海、空三军外加武装党卫队中，最早被成批攻破的，正是空军密钥网群；而一艘接一艘被击沉的 U 艇，最终也成为了水兵们的水下坟场。

又一条被鲜血染红的密码学规则：

> 不必加密的，就不要加密。

7. 电文格式错误

（1）关于标点

除了个别型号以外，Enigma 键盘上是没有标点符号的。如我们所知道的那

样，电报根本也不需要标点，是一种十分紧凑的文体；特别是高级别密码通信，绝对要压缩掉标点——在密码通信实践中，这是一项铁律。

但是德军偏偏画蛇添足，规定 y 表示逗号，j 表示引号，xx 表示冒号，yy 表示分号。这样一来，报文倒是清晰好看了，可是大量出现的规律性的标点符号（特别是如重码 XX、YY 这样形成的标点），又给对手分析密文提供了新的素材。

（2）关于数字

1）数字的界定。Enigma 键盘上同样没有数字，在需要输入阿拉伯数字时，就要转化成德语数字。而德军专门规定，必须在数字的首尾各添加一个比较少用的字母 y，用以界定。用中文来打个比方就是：比如明文中的 535，首先要先转化成五三五，然后再写成 y 五三五 y。

实话实说：这种毫无必要的填充，只是在降低对手破译的难度。

2）数字的替换。在 1937 年，还出现过更糟糕的情况。这次的主角，又是党卫队保安处。

他们内部要求很严格，规定对于要发出的明文，先要由军官手工加密一次之后，才交给报务员用 Enigma 加密发出。这个规定本身是挺好的，效果也不错——波兰人同样破译了党卫队保安处发出的 Enigma 密电，但是恢复的明文根本就无法读通。于是大家被搞糊涂了，觉得党卫队保安处用的大概不是 Enigma，而是别的什么加密系统。就在这时候，党卫队保安处需要发出的某份明文中，出现了一个阿拉伯数字 1。应该指出的是：在军官手工加密操作时，他所变换的对象是字母，而不包括数字。因此，经过这一步变换后，这个 1 并没有被改动。之后，军官也似乎没有和报务员沟通该怎么解决这个问题，以至于在发报时，报务员无法打出这个数字 1，就擅自将它改成了 EIN（德语数字 1）并直接发出。这样一来，在已经被"破译"但依然全是乱码的电文中，唯一能够被识别出来的 EIN，也就显得分外扎眼。细心的波兰人顿时明白了：党卫队保安处用的还是 Enigma，只不过经过了另一次加密予以"遮盖"而已。有了这个重要的提示，他们很快就发现，这另外的一次加密是种非常简单的手工加密。

结果当然也很简单：党卫队保安处的电报，从此全部被破译。

3）数字的指定和重复。更要命的是天气预报。纳粹海军规定，用 A ~ Z（X 除外）这 25 个字母对气温进行编码，即

　　　A：28℃　B：27℃　C：26℃ …… W：6℃　Y：5℃　Z：4℃
然后随着温度的降低，使用的字母顺序再次循环，即

　　　A：3℃ B：2℃ C：1℃ …… W：-19℃ Y：-20℃ Z：-21℃
乍一看，真是很聪明的设计啊；谁会把气温误读，以至于错为 25℃ 范围外的另一个数字呢？类似的，水温、气压、风向、风速、能见度、云层深度、经纬

度等这些指标，也都按预先确定的字母顺序编码。我们承认，德国人的规定实在是很简明扼要，只可惜，这些由变化很小的变量构成的天气预报，对敌人来说，差不多就是明文广播。你能预报某地气象，别人就不能了么？就不能对比么？而且真要是明文广播倒也没什么了，大不了敌人少建一两个气象站，捡个便宜就算了。可是这些"明文广播"，都是用 Enigma 加密的……

关于气象预报中的"风向"这个参数，还可以再补充一点，那就是当时欧洲一般盛行西风……

（3）关于压缩

明文如果需要经过加密发送，应该经过一些修正，但在 Enigma 投入应用的早期，大量明文是被直接加密拍发的。作为电文，报头肯定要写明发给谁，因此"AN"（相当于英语的 TO）是少不了的。当时，德军规定 X 是空格，而明文开头的"AN 某某某"，也就很自然地被加密为"ANX 某某某"。明文报头出现 ANX，似乎没有什么好奇怪的；但是，如果一大堆明文的报头都同样是 ANX 的话，情况又会如何呢？

更要命的是，这个"不压缩非必要明文"的土鳖习惯做法，还被前文提到的那个德奸透露给对手了……

（4）关于重码

后来，报头的规则做了修改，不再用"ANX 某某某"的格式了；但是这并不意味着德国人真正理解了问题出在哪里，因为他们用来取代上述规则的规则，也着实强不到哪里去。那些德国人认为重要的词，比如刚才说到的 AN 和 VON（大致相当于英文的 FROM，常常出现在报尾，用于表示发送方），在送交 Enigma 拍发前，就要被改写成 ANAN 和 VONVON。

对于某些缩写词，出于不跟其他近似单词混淆的目的，其中的某些字母还必须重复三遍，比如替代 Befehlshaber der U-Boote（U 艇艇长）的 BDU，就被改写成 BDUUU；替代 Oberkommando der Marine（海军司令部）的 OKM，则被改写成 OKMMM。

有一次，在回答自己人关于美军口令的询问电文中，德国报务员还强调性地使用了 CHICKEN WIRE CHICKEN WIRE。

——是不是怕对手注意不到这些送上门的礼物？

不知道。

（5）关于敬畏

不该重复的重复了、该压缩的又忘了压缩，还不是最让我们这些观众无奈的。真正最让人没辙的是，有的词句报务员是"不敢压缩"的。比如对于有些电文中无可避免的 HEIL HITLER（希特勒万岁），就没什么人，敢从什么密码学安全的角度予以压缩……那么变通一下，用别的字母挨个替换一下？遗憾的是，如"HEILHITLER"这样由"1234135426"形式构成的德语单词或词组，根本就没有第二个——想换都换不成！

英国人破译了 Enigma 电文后，常常能够发现报头和报尾都充斥着这种无意义的敬畏式废话。这时，就连他们都觉得实在受不了德国人的愚蠢。

写到这里不免有些杞人忧天：在我们的密码通信中，是不是也有一些该压缩却没有压缩的词句呢？……

8. 自作聪明

这一条要说的，和跟前面所说的"漫不经心"相反，完全是多操了白费的心；或者不如说，是典型的"好心办坏事"。

（1）转轮排列问题

转轮组有左轮、中轮和右轮之分，候选转轮也有多个。德国人为了防止给对手可乘之机，专门规定：

禁止连续两天在同等位置放置同号型转轮。比如，昨天的左轮是 4 号转轮，那么今天的左轮就不能是 4 号转轮。

禁止在一个月内出现相同排列的转轮组。比如，本月 3 日的顺序是 2-4-1，则这个排列在这个月都不能重复出现。

于是，德国人犯的这个"人工随机"的大错误，大大节省了英国人连续多日破解 Enigma 密电的时间——昨天有的、这个月有的，都不用再去试探了……

（2）连接板交换字母问题

德国人规定：

在字母表上连续的字母对不许被交换。比如 A-B，M-N 这样的。

在连接板上，上下相邻的字母对也不许被交换。比如 E-X，U-N 这样的，就不被允许（请见 303 页图 227）。

这个规定很受布莱奇利专家的欢迎，因为它明显提高了英国 Bombe 的工作效率；剔除了这些实际不会产生的可能性后，Bombe 的速度又有了很大提高。

（四）操作错误

1. 懒惰的报务员

（1）看着键盘随手就打

按使用手册规定，指标组的那 3 个字母，都是由操作员任意选取的；而人肯定是有惰性的，特别是在没有规则强力禁止的前提下。于是，每天要发送不知多少电文的操作员们往往偷懒，随便瞅见一个字母就连敲 3 次，造就了大量诸如 AAA、KKK、ZZZ 这样的三重码，或者 PYX、NML 这样在 Enigma 键盘上水平相邻的键盘顺序三连码（请见 251 页图 168）。

直到 1933 年春天，这样的行为才被明令禁止。但是，一些更隐蔽的偷懒行为在当时并没有被及时纠正：比如 ABC，HIJ 这样的字母顺序 3 连码，以及 QAY、RFV 这样斜向相邻的键盘顺序 3 连码。

又一份送给波兰对手的礼物——雷耶夫斯基仔细观察了 40 个这样的指标组，得到的结论是令人震惊的：这 40 个指标组里，有 38 个都是 3 重码，或者键盘顺序相邻的 3 连码。只有两个例外，分别是 ABC 和 UVW——在键盘上，它们不相邻；但是，在字母表上，它们还是字母顺序 3 连码。如此偷懒，后果很严重，波兰人很高兴：起初他们并不知道德军规定要在电文报头先打两遍指标组，直到破译了这些随手敲出的偷懒字母组，才明白了德军的电文规则。

（2）想着设置随手就打

还有更懒的。

德军后来改了报头的规则，即先打密钥，尔后再重复打两遍指标组，共计 9 个字母。规定出台以后，懒惰的报务员们就把密钥直接作为指标组，吧唧吧唧再连打两遍就算完事。例如，现在的机器设置是 KWN，那么，就拿它当指标组，再连打两遍 KWNKWN 了事，于是被翻译出来的明文报头上，就会出现 KWNKWNKWN 这样令人无言以对的字母组合。结果，英国人很同情地看着愚蠢的德国报务员，并将这个明显缺心眼儿的行为起名为 JABJAB。而在密码学历史上，JABJAB 也是个挺有名的错误类型。

顺便说一句，大家也不要因此就特别瞧不起德国报务员，因为绝不是只有他们才会犯傻；比如说美国报务员，那也好不到哪儿去。当他们被要求自由选取 6 个字母作为报文密钥的时候，往往喜欢从女朋友名字里找 6 个字母交差。说是浪漫，其根源依然是偷懒。结果自然也是可想而知：同日的多份密电，其密钥都一样！不仅大西洋这边的报务员觉得自己很帅，而且大西洋那头的隆美尔元帅的心情也很好——这美军的 M-209 密码机，简直就是个送情报的机器嘛，值得表扬！

（3）懒得改转轮设置

1940 年 5 月 10 日德军规定，Enigma 不再统一规定转轮的初始位置，而是由报务员自由选定各转轮的初始位置作为密钥，并用 3 个字母表示，发在报头的最开始处。不用说，报务员又开始琢磨着偷懒了。就在当月，布莱奇利庄园的破译专家约翰·亥瑞威尔（John Herivel），发现这个月截获电文的特点是：某部特定的 Enigma，在加密新电文时的起始位置，往往非常接近它前一天加密最后一封电文时的结束位置。

"懒得挨个把转轮们多转几下"，正是这一现象产生的直接原因。这么一来，需要计算的可能性立刻大大减少——形象地说，在昨天破译出的转轮位置的基础上，"前后转动"几下也就差不多找到正确位置了。

（4）懒得用发报机发报

Enigma 是密码机，本身并不能发报，因此加密出的 Enigma 密文，必须使用发报机手工发出去才可以。按说，这本来没什么可偷懒的；但是，在这个疯狂的世界里，又有什么能阻拦住万能的报务员们偷懒呢？很快，他们就盯上了四通八达的野战电话网。报务员们通过实践发现，对着话筒念一遍密文，比滴滴答答发一遍要方便得多，而且还杜绝了对方抄报不全而要求自己返工再发的可能。因此也毫不奇怪，布莱奇利庄园截获的一些 Enigma 密电，居然是从电话线路上窃听来的。说起来，这实在是个黑色幽默：Enigma 加密的是无线电报，却因为这一点点的偷懒，最后被传统的有线窃听给搞定了。

而且，这种"使用电话传达 Enigma 密文"的方式，不仅没有被明文制止，而且在一些地区还应用得很普遍。制定规则的德国官员似乎没有注意到，英国的海外特工们发动各地的抵抗组织，在广袤的纳粹占领区内"搭"了多少条线。顺便说一句，布莱奇利庄园还以此搞到了 Lorenz 密码机的密文，它本就是通过电传线路进行有线传输的，而通过"搭线式窃听"获得的战果也挺不错。

2. 懒惰的负责军官

喜欢偷懒的可不光是最基层的报务员，他们的上司有时候也勤快不到哪儿去。在纳粹空军，一名负责管理电台的军官大概是出于提高发报效率的考虑，专门命令手下：第一份电文结束时的转轮组位置，直接作为第二份电文的起始位置；第二份电文发完后的位置，再作为第三份的起始位置……如此执行。战后，对这个举动记忆犹新的盟军破译专家说，由于他的这个规定，截获电文之间的密钥变换统统可以忽略掉了。这就意味着，大家只要破译一份"总长度为所有电文之和"的超长电文就可以了，反正转轮组是连续无干扰地运转的嘛。也是在战后，被告知了真相的那位空军军官，总算想明白自己过去的命令是多么愚昧了。他深情地说：

当时，如果按密码机使用说明来做就好了。

呵呵，呵呵。

（五）战时丢失

1940 年 2 月 12 日，英国海军俘获了 U-33 艇，而艇上的报务员居然忘了把 Enigma 的转轮扔到大海里。就这样，继前 5 个转轮后，6 号和 7 号转轮也被英国人彻底掌握。同年 8 月，8 号转轮也被缴获。

1941 年 8 月，在 M4 启用的前半年，U-570 被捕获。搜查潜艇，只找到了装 Enigma 的空箱子，本来似乎也没什么。但是英国人注意到，箱子里为第四个转

351

轮留出了放置空间——英国人由此确定：4 转轮型的 Enigma 即将装备纳粹海军。

　　类似的事情，连续发生在装备着 Enigma 的德国海军 Polares 号、U-13、Krebs 号、Muenchen 号气象船、U-110、Lauenburg 号气象船、U-559 等大小船艇的身上。

图 275　德国拖捞船"Krebs"号于 1941 年 3 月 4 日被俘获

它上面带着 1941 年 2 月的 Enigma 密钥

本图扫描自《Enigma：The Battle for the Code》，原作者 Hugh Sebag-Montefiore

图 276　德军潜艇 U-559 上的 M4

U-559 于 1942 年 10 月 30 日被英国海军击沉在地中海

从图中的这台 M4，到 38 名幸存艇员，都成了英国人的俘虏

好运气不光在英国人一边。1944 年 6 月 30 日，U-250 沉没在芬兰湾——看看地图就知道，为什么这次轮到苏联人捡了个大便宜。

更严重的是，在这些灾难性密码事件发生后，德国人不是以最坏的打算和最快的行动弥补已经产生的损失，而是每次都为事件找到了合适的借口——这个话题，下面还要说到。

（六）　对 Enigma 安全性过于自负

1. 过高估计 Enigma 的安全性

（1）海军

纳粹海军总司令部曾经颁发了关于保密的第 949 号海军勤务规定，其中在关于紧急状态下如何销毁密码的条目里，明确规定了"销毁 Enigma 及其转轮"仅是位列第三的任务。

这也难怪在战争期间，在出现了紧急情况时，为什么 U 艇上的 Enigma 常会因为"来不及销毁"而被生擒；究其根源，正在这里。

（2）陆军

1944 年 6 月，纳粹陆军总司令部发布了一个内部通知，其主要内容就是强调通信保密纪律。通知还列举了很多实例，但是全文中却找不到任何关于 Enigma 密码可能被对手破译的警告和提示。Enigma 会被破译？——陆军总司令部显然是不太相信这一点。

那么，报务员们如果能保证自己不被上司抽查出违规行为，还有什么好担心的呢？他们会凭空想到"也许因为自己胡乱一对付，就可能会遭到对方的破译"吗？他们会这么想吗？

你觉得呢？

2. 大大低估对手的能力

Enigma 多次丢失，此外经过多年使用、多次小修小改，早就面临被破译的危险。但是，德国人往往总是不能正确认识到这一点，虽然战争期间也有不少人和单位（比如邓尼茨、陆军第 16 军、陆军北方集团军群等）已经先后开始怀疑 Enigma 遭到破译，但后来还是在各种侥幸心理支配下继续使用，最终使自己付出了惨重的代价。在这个问题上，海军的邓尼茨元帅的确比他的元首要强得多，面对 U 艇战果的大幅度减少和损失的大幅度上升，他曾经明智地怀疑 Enigma 出了问题。但是他的手下不相信英国人能破译，为此给出了各种似乎"合情合理"的解释，并成功打消了邓尼茨这个密码外行的疑虑，直接导致了更多的 U 艇踏上了深海不归路。

在这个方面，他们远远不如美国人做的到位。1944 年，美军在法国丢了一台密码机，而从发现丢失的那一刻起，美国密码机构开始连轴转，很快在军内全部更换了同型机器的转轮。此外，当他们得知自己的武官密码已经被德国人破译后，立刻就启用了新密码——顺便说一句，在广袤的战场上，全面更换密码机及密码本，确实是一个人力物力代价都相当高昂的专项行动。也正因此，一名美国密码分析人员才敢说：

我们从未像德国人和日本人那样骗过自己。

就是到了二战结束 25 年后的 1970 年，当年纳粹海军无线电侦察部门的负责人仍然确信，盟国不可能破译 M 系列 Enigma。更夸张的是，到了二战结束 29 年后的 1974 年，当第一批 Ultra 情报已经被解密之后，当年纳粹海军中主管海战密码的负责人仍然宣称：

我认为这些是完全不可能的。

联想到另一位密码外行，也就是纳粹元首希特勒面对 Enigma 时所说的，

没有德国专家的帮助，世界上没有任何人能够揭开这个谜。

再到密码内行，也就是某些德国专家，他们也同样认为"英国人不可能破译 Enigma，除非他们造出一间房子那么大的机器"，结果英国人真的造出来了 Bombe，而且确实不比房间小多少……

——等等这些，我们只能指桑骂槐地长叹一声：坑灰未冷山东乱，刘项原来根本就不读书！其实，早在 1883 年，克尔克霍夫斯就把一句极为精辟的密码学名言扔到了世间：

只有密码分析者，而不是任何人，能够评价一个密码体制的安全性。

这句话，应该成为所有密码工作者时刻牢记的座右铭。

（七） Enigma 被过分重视

纵观整个二战期间，德国投入实用的其实只有 Enigma、洛伦兹公司的 Lorenz SZ40/SZ42 以及西门子公司的 T43/T52，共三大类的密码机。其中，Enigma 装备最广（从军队到地方，从中央到地方），时间最久（从军用型开始计算，共 19 年），是第三帝国最为中坚的密码机器。但它的过分兴盛，也埋伏下了它日后全面崩溃的一笔——不难设想，Enigma 一旦被破译，必将使整个纳粹德国的损失极为惨重，这也正是"单一密码体制"的最大致命缺陷。反过来说，如果各位是盟国领导人，又得知对手主要使用 Enigma 以后，会不会集中全部力量对它进行破译，以图"毕其功于一役"？

而且，由于 Enigma 被过分重视，才导致它的服役时间过久。在这么长的时间里，德国人宁可一步步地升级 Enigma，也不肯断然淘汰 Enigma 而换用另一种密码体制。这样一来，敌人也就有可能逐步跟进 Enigma 的演化，而不至于突然

出现断顿——如 M4 型 Enigma 造成的盟军完全无力破译的"灯火管制"期，实在是个特例；而即便是这个特例，也仅仅维持了不到一年时间。

总之，正是因为德国人信任它的"安全"，才会全面铺开使用，而且一用就是 19 年，进而，才会让 Enigma 的"不安全"发挥到最大限度，结果造成了最大的损失。而这，大概就是辩证法吧。

总结：

在德国人使用 Enigma 的过程中，几乎各种可能出现的安全漏洞，都被他们生动地演示过了。我们说 Enigma 这个标本难得，也就难得在这里——谁还能把错误全犯一遍呢？

而这德国人，还就真能！

我们前文提到的那位布莱奇利庄园六号棚屋的负责人，亲自参与了破译 Enigma 并直接改进了 Bombe 的威尔士曼，应该是最有资格对 Enigma 的错误做评价的人了。而他是这样说的：

> 德国人的错误……从头至尾，完全不是 Enigma 密码机的理论错误，而是机器操作程序、报文处理程序、无线电发送程序的缺陷。总之，由一点失误演变成所有程序上的错误。

这些话告诉我们，在密码学的实践中，"人"的因素是多么的重要。再好的密码设计，碰上瞎指挥、乱规定、无纪律、老偷懒、找借口、盼侥幸等形形色色的人们，也必将是死无葬身之地。

威尔士曼还说了一句话，更加意味深长：

> Enigma 密码机，就其本身而言，如果被正确使用，将会是坚不可摧的。

"坚不可摧"的 Enigma 密码体制，最终还是遭到惨败。

而这一切，对今天的密码科学，又有着怎样的启示呢？

八、尾声

1942 年 11 月 7 日，图灵登上了著名的伊丽莎白女王号（Queen Elizabeth），开始了为期 7 天的漫漫海上旅途。他此行的目的，是去大洋彼岸的美国"救火"。

在那里，有人接下了制造 350 台类似英国 Bombe 的密码分析机的订单。但直到他真正着手设计时才发现，干这活，还真非得有金刚钻才行。眼看交不了差，这个承包人就放风说，建造"一台电子的 Bombe 是不可能的"。可是英国人的确有啊，而且只用了 2000 个电子管，就造出了能破译 Lorenz 的 Colossus（也属于 Bombe 大家族的一员），你为什么还说不可能造出来呢？这位美国老兄自己也有点讪讪地不好下台，就改口说，也不是不能造出来，只是每台都得安装 20000 个电子管才行。

问题是，那年头电子管（也就是所谓真空管）刚发明不久，价格比现在一块普通的集成电路还贵得多——好家伙，你老人家一开牙就是 20000 个？按计划我们打算买 350 台，要照你老人家的说法，那还不得活活采购 700 万个电子管？

算你狠！……

此时大战正酣，破译轴心国密码的任务急如星火，根本容不得如此要紧的事情再因为别的问题而耽搁，没法子，美国人只好向英国人求援了。就这样，应邀而来的图灵，作为一个目击者和参与者，在帮助美国人设计和修改 Bombe 之余，也亲身体会了美国在密码破译方面的热度。

就在这片新大陆上，一段新的密码传奇，也正在轰轰烈烈地上演着……

附录 推荐阅读

参考书目

书名（括号内为译著原名；按字母顺序排列）	作者（译著取原作者译名）	出版社	出版年份
Alan Turing：The Enigma	Andrew Hodges	Walker & Company	2000
Code Breaking	Rudolf Kippenhahn	The Overlook Press	2000
Codebreakers' Victory：How the Allied Cryptographers Won World War II	Hervie Haufler	New American Library	2003
Codebreakers：The Inside Story of Bletchley Park	F. H. Hinsley Alan Stripp	Oxford University Press	2001
Enigma：The Battle for the Code	Hugh Sebag-Montefiore	Phoenix	2001
Hitler's U-Boat War：The Hunters，1939—1942	Clay Blair	Modern Library	1996
Seizing the Enigma：The Race to Break the German U-Boat Codes 1939—1943	David Kahn	Houghton Mifflin Company	1991
Station X：Decoding Nazi Secrets	Michael Smith	TV Books, L. L. C.	1999
The Codebreakers	David Kahn	Signet	1973
U-Boats：The Illustrated History of the Raiders of the Deep	David Miller	Pegasus Publishing Ltd.	2000
超级机密（Beyond Top Secret Ultra）	伊温·蒙塔古	北京：群众出版社	1981
超级机密（The Ultra Secret）	F. W. 温德博瑟姆	北京：外语教学与研究出版社	1981
谍光秘影——第二次世界大战中的情报战	傅岩松、朱荣杰 穆永朋、周润根	北京：军事科学出版社	2004
军事密码学	李长生、邹祁	上海：上海科技教育出版社	2001

续表

书名（括号内为译著原名；按字母顺序排列）	作者（译著取原作者译名）	出版社	出版年份
密码编码和密码分析：原理与方法（Decrypted Secrets：Methods and Maxims of Cryptology，Second Edition）	弗雷德里希·L·保尔	北京：机械工业出版社	2001
密码传奇——从军事隐语到电子芯片	鲁道夫·基彭哈恩	上海：上海译文出版社	2000
密码故事（The Code Book）	西蒙·辛格	海南：海南出版社	2001
密码与战争——无线电侦察及其在第二次世界大战中的作用（Die Funkaufklärung und ihre Rolle im 2. Weltkrieg）	于尔根·罗韦尔	北京：群众出版社	1983
破译者（The Codebreakers）	戴维·卡恩	北京：群众出版社	1982
无声的战争——西方海军谍报史（The Silent War）	理查德·迪肯	北京：群众出版社	1981
中外海战大全	赵振恩	北京：海潮出版社	1995

参考电子文档（PDF 格式）

文档名（按字母顺序排列）	作者	网址链接
An Overview Of The History Of Cryptology	Communications Security Establishment（CSE，CA）	http：//www. cse-cst. gc. ca/documents/about-cse/museum. pdf
Breaking German Army Ciphers	Geoff Sullivan Frode Weierud	http：//www. tandf. co. uk/journals/pdf/papers/ucry_ 06. pdf
"Buttoning Up"（A method for recovering the wiring of the rotors used in a non-stecker Enigma）	Frank Carter	http：//www. bletchleypark. org. uk/content/buttoningup. pdf

文档名（按字母顺序排列）	作者	网址链接
Colossus and the Breaking of the Lorenz Cipher	Frank Carter	http://www. bletchleypark. org. uk/content/ lorenzcipher. pdf
Cryptography and Data Security（3）	Brett D. Fleisch	http://www. cs. ucr. edu/～brett/cs165_ s01/ LECTURE15/lecture15-4up. pdf
Enigma Variations：An Extended Family of Machines	David H. Hamer Geoff Sullivan Frode Weierud	http://www. eclipse. net/～dhamer/downloads/ enigvar1. zip
Enigma：Actions Involved In The "Double Stepping" Of The Middle Rotor	David H. Hamer	http://home. comcast. net/～dhhamer/downloads/ rotors1. pdf
Exploring the Enigma	Claire Ellis	http://www. balo. dk/HTX/enigma_ howto. pdf
Facts and myths of Enigma： breaking stereotypes	Kris Gaj Arkadiusz Orlowski	http://ece. gmu. edu/courses/ECE543/view-graphs_ F03/EUROCRYPT_ 2003. pdf
From Bombe "stops" to Enigma keys	Frank Carter	http://www. bletchleypark. org. uk/content/ bombestops. pdf
G-312：AN Abwehr Enigma	David H. Hamer	http://frode. home. cern. ch/frode/crypto/ BPAbwehr/g-312. zip
German vs. Allied Code-breakers in the Battle of the Atlantic	Stephen Budiansky	http://www. ijnhonline. org/volume1_ number1 _ Apr02/pdf_ april02/Final%20set/pdf_ budi-ansky1. pdf
Paper Enigma Machine	Michael C. Koss	http://mckoss. com/Crypto/Paper% 20Enigma. pdf
"Rodding"	Frank Carter	http://www. bletchleypark. org. uk/content/rod-ding. pdf
Some Human Factors in Co-debreaking	Christine Large	http://www. fas. org/irp/eprint/large. pdf
The Abwehr Enigma Machine	Frank Carter	http://www. bletchleypark. org. uk/resources/ file. rhtm/261894/web + abwehr2. pdf

续表

文档名（按字母顺序排列）	作者	网址链接
The Bletchley Park 1944 Cryptographic Dictionary formatted by Tony Sale	Tony Sale	http://www.codesandciphers.org.uk/documents/cryptdict/cryptxtt.pdf
The Enigma Crypto Machine	Bob Harris	http://www.cse.psu.edu/~phicks/readingGroup/enigma.pdf
The Huppenkothen Message	Geoff Sullivan Frode Weierud	http://mad.home.cern.ch/frode/crypto/Flossenbuerg/Huppenkothen_msg.pdf
The Invention of Enigma and How the Polish Broke It Before theStart of WWII	Slawo Wesolkowski	http://www.ieee.org/portal/cms_docs_iportals/iportals/aboutus/history_center/wesolkowski.pdf
The Polish recovery of the Enigma Rotor wiring	F. L. C	http://www.bletchleypark.org.uk/content/polishpaper.pdf
The reduced Enigma	Harold Thimbleby	http://www.cs.swan.ac.uk/~csharold/enigma/Enigma.pdf
TIRPITZ and the Japanese-German Naval War Communication Agreement	Frode Weierud	http://frode.home.cern.ch/frode/pubs/opal.pdf
BREAKING NAVAL Enigma (DOLPHIN AND SHARK)	Ralph Erskine	http://frode.home.cern.ch/frode/crypto/bgac/HMTR-2066-2.pdf

参考链接：

网页地址	简　介
http://www.bletchleypark.org.uk	布莱奇利庄园官方网站
http://en.wikipedia.org/wiki/Enigma_cypher	维基百科-Enigma
http://wikipedia.qwika.com/en/Biuro_Szyfr%C3%B3w	维基百科-波兰密码局
http://en.wikipedia.org	维基百科
http://frode.home.cern.ch/frode/crypto/index.html	Frode Weierud 的密码网站

网页地址	简　介
http://w1tp.com/Enigma	W1TP 的电报与科学仪表博物馆
http://www.codesandciphers.org.uk	Tony Sale 的密码主页
http://www.Enigma-replica.com/index1.html	一个 Enigma 复制品网站
http://www.ilord.com/Enigma.html	Bob Lord 的德国 Enigma 机主页
http://www.rubycon.org/photos/bletchley	Oliver Robinson 的 布莱奇利庄园访问日志
http://www.oursci.org/magazine/200108/010809.htm	三思科学网站专题 《Enigma 的兴亡》
http://www.fas.org	美国科学家联合会
http://www.dgp.toronto.edu/~lockwood/enigma/enigma.htm	多伦多大学 Noah Lockwood 的 MAYA 软件重建 Enigma 展示
http://www.frobenius.com/bletchley.htm	Jack Harper 的布莱奇利庄园相册
http://www.mkheritage.co.uk/bpt/Outstations/Outstations.htm	米尔顿·肯尼斯镇遗产协会 关于不列颠制表机公司的展示
http://www.xat.nl/enigmA-e	电子型 Enigma 复制品展示
http://map.google.com	Google Earth 页面